中国空气动力研究与发展中心系列图书

跨声速风洞声学设计

廖达雄　吕金磊　郭志巍　盛美萍　编著

国防工業出版社

·北京·

内 容 简 介

本书系统梳理了跨声速风洞内的主要噪声源，总结了典型噪声源的数值建模与仿真计算方法，结合大量的试验数据深入分析了跨声速风洞内的噪声源特性。在此基础上，针对典型噪声源提出了降噪方法及特定结构的声学设计方法，包括管路降噪方案、通气壁试验段声学设计等。

本书的主要读者对象为风洞声学设计和试验领域的研究人员、工程技术人员以及高校从事相关工作的研究生。

图书在版编目(CIP)数据

跨声速风洞声学设计/廖达雄等编著. —北京：国防工业出版社,2024. 6. —ISBN 978-7-118-13316-5

Ⅰ. V211

中国国家版本馆 CIP 数据核字第 2024R0388M 号

※

国防工业出版社出版发行

(北京市海淀区紫竹院南路 23 号　邮政编码 100048)

雅迪云印（天津）科技有限公司印刷

新华书店经售

*

开本 710×1000　1/16　**印张** 12　**字数** 216 千字

2024 年 6 月第 1 版第 1 次印刷　**印数** 1—2000 册　**定价** 96.00 元

(本书如有印装错误,我社负责调换)

国防书店:(010)88540777　书店传真:(010)88540776

发行业务:(010)88540717　发行传真:(010)88540762

前言

PREFACE

风洞是空气动力学研究的基本试验设备，对航空航天技术的发展具有重要意义。当前，减振降噪技术已经普遍应用于航空、航天等领域，更低噪声辐射的测试对象对风洞的声学性能也提出了更严格的要求。风洞的背景噪声不仅明显干扰非定常试验如抖振、颤振、模型表面的脉动压力测量，也严重影响定常试验中与雷诺数关系密切的气动量的测量。因此，在新一代风洞设计和建造过程中日益关注噪声问题。

本书所述内容的研究和撰写工作历时六年，凝聚了团队各位同仁的大量心血。王敏庆教授全程指导了项目研究以及论著的编写；黄知龙、孙运强、彭磊、龙炳祥在研究过程中提供了大量的试验和数据支持；项目团队的博士生王帅、王嘉惠、吴晴晴、傅晓晗、屈忠鹏，硕士生张华栋、雷雨、梁晗星、曾皓、关齐飞、王沂、彭焕然、赵拓等参与了书中相关内容的研究工作。作者衷心感谢以上人员对本书的贡献。

若本书能够对风洞声学设计领域的研究人员及工程技术人员有所帮助，作者将深感欣慰。由于作者水平有限及时间仓促，书中难免有差错与不足之处，在此热忱希望各位专家和读者批评指正。

编著者

2023 年 10 月

目录
CONTENTS

第1章 概 述

风洞的发展与航空、航天飞行器的研发有着密不可分的关系，尤其对空气动力学的研究起着至关重要的作用。空气动力学是飞行器相关技术发展所依赖的基础学科，然而气体流动的复杂性及对干扰的敏感性使其发展中的许多问题仅靠理论难以解决，需通过大量的试验寻找规律或验证理论，飞行器外形的复杂性更是决定了在其研发过程中需要大量的试验，例如，空气动力学试验、飞行器的气动力试验等。这些试验主要在风洞中完成。

随着飞行器噪声问题逐渐受到关注，研究者需要在风洞中进行声学试验，这就要求风洞背景噪声不能太大。Kovasznay[1]指出风洞试验段流场的扰动形式可分为涡扰动（vorticity fluctuations）、熵扰动（entropy fluctuations）和声波扰动（sound waves fluctuations）三大类。典型的涡扰动、熵扰动和声波扰动分别为湍流、温斑和噪声。气流噪声为无旋扰动，是典型的声波扰动，是风洞试验段动态流场品质的核心要素。风洞试验段背景噪声对空气动力学试验和测量的影响主要表现在边界层转捩研究、湍流边界层发展特性研究、激波边界层干扰特性研究、尾迹分离流研究、分离流再附着研究、进口与控制面蜂鸣研究、抖振试验和颤振试验研究等方面，风洞的噪声甚至能够影响风洞试验的精度[2]。因此，分析风洞内噪声特性、研究传播和发展规律并采取措施有针对性地进行噪声控制，根据风洞结构特点和主要噪声成因进行特定结构的声学设计，已经成为风洞设计和建造过程中关注的重点之一。

本章分四个小节，主要介绍一些风洞的基本知识，以及一些与风洞噪声相关的声学概念，这是对风洞进行深入声学分析并开展优化设计的基础。

1.1 风洞的分类

风洞是可以人为控制介质流动的空气动力学试验设备，根据风洞试验所需的气动力环境（如流速、雷诺数等），所设计风洞的结构形式、工作原理、动力设施、用途、尺寸和运行时间均会有较大的差异。风洞有多种分类方式，其中最常用的分类方式是按照气流速度范围，因为速度范围决定了风洞的结构、尺寸和工作原理等多种要素，通常很难在一座风洞中提供全部速度范围的气流条件。在风洞内气流流速一般使用马赫数(Ma)表示。按速度范围分类,风洞大致可分为六类,包括低速风洞($Ma<0.4$)、亚声速风洞($0.4<Ma<0.8$)、跨声速风洞($0.8<Ma<1.4$)、超声速风洞($1.4<Ma<5.0$)、高超声速风洞($5.0<Ma<10.0$)以及高焓高超声速风洞($Ma>10.0$)[3]。

低速风洞试验段所提供的稳定气流流速低($Ma<0.4$),可以看成不可压流动。维持低速气流所消耗的功率也比较低,使用电机控制风扇或轴流压缩机即可驱动,所需费用较低,容易实现长时间的连续运转。为了提高试验的雷诺数,低速风洞试验段的尺寸一般比较大。

亚声速风洞的速度范围为$0.4<Ma<0.8$。马赫数达到0.4时必须要考虑气流的压缩性,故而以此来区分低速风洞和亚声速风洞;风洞试验马赫数达到0.8以后模型段的流动开始发生"堵塞",试验段中的流动进入跨声速范围。亚声速风洞结构与低速风洞大致相同,随着气流速度提高,维持气流运转所需的功率急速上升,所以亚声速风洞消耗的功率比低速风洞大很多。功率的增大伴随着气流能量损失的增加,损失的能量经过洞壁摩擦转化成热能,连续运转时会导致风洞回路温度上升,此时就需要增加冷却装置。与低速风洞相比,亚声速风洞的扩压段更长,以增加扩压效率来降低流动中的能量损失。

按照惯例,跨声速风洞的速度范围被限定为$Ma=0.8\sim1.4$。跨声速流动是指模型周围开始出现局部超声速流动至全部成为超声速流动范围内的流动,一般模型所对应的跨声速流动的范围都在$0.8<Ma<1.4$之间。跨声速风洞模型周围混合亚声速流和超声速流导致流动的"堵塞",同时伴有激波反射、洞壁干扰等问题。跨声速风洞设计的主要问题就是要解决气流堵塞、激波反射、洞壁和支架的干扰,以提高试验段流场的品质。在跨声速风洞试验段设计中,采用开孔或开槽的通气壁板可以有效消除"堵塞",利用驻室包裹通气壁,则可使模型周围的流场更均匀。

超声速风洞的气流速度范围为$1.4<Ma<5.0$。当马赫数大于1.4以后,模型周围完全变为超声速流动,试验段的流场相对稳定,已经不需要通气壁和驻室。超声速风洞采用"收缩－扩张"的喷管产生超声速气流,超声速流的马赫数完全由喷管的几何形状与试验段面积决定。为保障风洞试验段具有一定的马赫数范围,通常采用可调节的挠性喷管。为了降低风洞气流运转的功率损耗,利用第二喉道扩散段控制压力比以提高恢复气流动能的效率,是一个被广泛采用的试验段下游出口设计方案。超声速风洞的一个独特的要求是去除空气中的水蒸气,避免在气流膨胀段因温度降低而导致的水蒸气凝结,影响流场品质。

高超声速风洞的速度范围为$5.0<Ma<10.0$。高超声速风洞的主要特点是需要采用加热的流体介质。高马赫数使气流加速膨胀时温度急剧降低,因此需要将空气加热到很高的温度,以避免空气液化。提供高压比的压缩机和维持介

质温度的加热器是高超声速风洞的重要设计内容。

高焓高超声速风洞的速度范围是 $Ma > 10$。要达到如此高的马赫数，不仅需要为流体介质提供极高的压力比和极高的温度，还需要模拟高焓量。由于运转所需的能量极高，高焓高超声速风洞一般设计为脉冲式风洞。

风洞除了按照速度范围分类之外，还有多种分类方式。例如，按运行时间分类，可分为连续式、暂冲式和脉冲式风洞；按结构形式则可分为直流式和回流式风洞。

1.2 跨声速风洞的主要特点

本书所讨论的风洞主要是指跨声速风洞，以下对其主要特点作简要介绍，以使读者对跨声速风洞有一个直观的认识。

跨声速风洞因其流场的复杂性，比超声速风洞出现得还要晚，而且亚声速风洞和超声速风洞都无法提供马赫数接近 1 的流动。对于亚声速风洞而言，当马赫数接近 0.8 时，模型周围开始出现局部的超声速流，再提高马赫数时闭口试验段将发生“堵塞”现象，使来流马赫数无法继续提高，所以亚声速风洞的来流马赫数极限在 0.8 左右；对于超声速风洞而言，试验段也是闭口形式，经过喷管喉道的气流已经产生超声速流动，试验段内部同样为稳定的超声速流。超声速风洞允许的模型尺寸与马赫数有关，当来流马赫数非常接近 1 时，所允许的模型尺寸将非常小，从而失去风洞试验的意义，一般超声速风洞的马赫数都在 1.4 以上。

跨声速风洞试验段的流场比较复杂，模型周围同时有亚声速气流和超声速气流，流场对马赫数变化极其敏感，十分不稳定且不均匀。在低速试验时，为了模拟稳定自由流场，会对试验数据进行洞壁干扰修正。随着马赫数提高，洞壁对流场的干扰变得愈加严重，到了跨声速的流速范围，流场分布变得非常复杂，而进行洞壁干扰的修正也变得更加的困难，目前，较为稳妥可靠的方案还是在跨声速风洞中采用特殊的试验段壁板设计解决洞壁干扰的问题。在超声速流中，为了避免激波反射对模型流场的干扰，模型需处在激波与其反射波构成的菱形区内，菱形区会随着马赫数的降低而变小，当马赫数接近 1 时，激波与壁面接近垂直导致菱形区非常小。因此在跨声速风洞中还需要解决激波反射问题。

综上所述，跨声速风洞的试验段需要一种特殊的结构形式，通气壁就是在这种需要下产生的。通过在壁板上合理设计孔或槽的形式可以有效消除“堵塞”，产生马赫数接近 1 的跨声速流，同时也使得流场更均匀。半开口的壁面削弱了洞壁干扰，也减少了激波反射对流场的影响[3]。

1.3 风洞的声学需求及现状

随着飞行器噪声问题的日益突出以及各项减振降噪技术的快速发展,噪声指标已成为衡量飞行器及地面交通设备性能的一项重要性能参数,关于这些设备的声学性能研究以及相应的噪声控制技术也逐渐成为空气动力学研究的重要延伸,空气动力学与声学的深度交融成为必然。

风洞气流噪声对风洞试验结果的影响在这一过程中被人们认知并重视,在非定常试验中,如抖振、颤振、模型表面的脉动压力测量等,受噪声干扰明显;而在定常试验中,与雷诺数关系密切的气动量(如翼面激波位置、阻力等)也明显受到噪声的影响。自20世纪70年代,世界各国就着手开展风洞的声学环境校准(即测量风洞的背景噪声),并将其列为风洞流场校测项目,或者在已有风洞基础上增建声学试验段或建设新的声学风洞。

至今世界上已有许多专业的低速声学风洞,规模大小各异;非专业的声学风洞也大多进行了声学处理以满足试验要求。

图1-1所示为德国航空航天中心(Deutsches Zentrum für Luft-und Raumfahrt,DLR)和荷兰国家航空航天实验室(National Aviation and Aerospace Laboratory,NLR)合建的DNW(全称为Deutsch-Niederländisches Windkanal或Duits-Nederlandse Windtunnel)消声风洞,该风洞是目前世界上最著名的消声风洞之一,其目标是为用户提供宽频声学测试和模拟平台,用于飞机、导弹、汽车等空气动力学和气动声学测试。DNW风洞有三个可更换的试验段,开口试验段长度达到20m,其消声室尺寸为45m×30m×20m。消声室内壁40%的表面采用800mm高的吸声尖劈,吸声系数为99%,截止频率为80Hz,其余60%表面覆盖有200mm厚的吸声毡,吸声系数为90%,截止频率为200Hz,其背景噪声在125Hz时低于80dB[4]。

图1-1 DNW消声风洞

图1-2所示为位于法国Orsay的CEPRA 19风洞，其开口试验段的圆形喷嘴为可拆卸设计，有半径2m和3m两种选择，可产生的最大流速分别为130m/s和60m/s，能够为模型试验提供不同的试验段尺寸和气流速度。该风洞内的消声室为半径为9.6m的1/4圆球，在消声室和压缩机之间安装有含吸声板的消声器。消声室墙壁和地面使用0.8m长的消声尖劈，吸声系数在315Hz可达到90%。目前该风洞已经完成了包括空客飞机气动声学性能测试在内的多个重大项目的模型试验[4]。

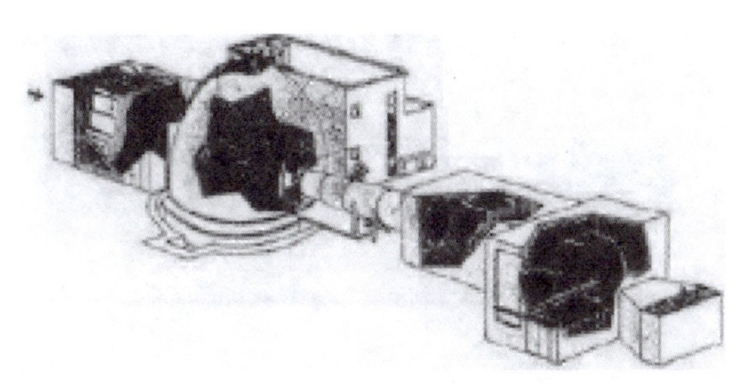

图1-2 法国CEPRA 19风洞

美国圣母玛利亚大学的Notre Dame消声风洞（图1-3）位于海塞实验室，风洞内消声室的尺寸为6.1m×7.9m×2.4m，截止频率为100Hz，吸声尖劈的吸声系数为99%。Notre Dame风洞能够提供高质量的流场，主要应用于航空器和船舶工业。该风洞的特点为：入口流速均匀，喷口流速可以从0.3048m/s均匀变化至30.48m/s，湍流度小于0.08%；进口内壁使用玻璃纤维，以减少噪声向流体传播[4]。

图1-3 Notre Dame消声风洞

日本的大尺度、低噪声RTRI风洞（图1-4）主要用于新干线高速铁路的空气动力学和声学研究，它既有开口试验段，也有闭口试验段。开口试验段主要用于声学研究，喷口的尺寸为3.0m×2.5m，试验段长度为8m，最大风速为400km/h。模型放置在喷口和收集器之间可旋转的试验台架上。闭口试验段的尺寸为5.0m×3.0m×20m，主要用于空气动力学的研究。其背景噪声在300km/h流速时为75.6dB。

图1-4 大尺度、低噪声RTRI风洞

目前世界上在用的大尺寸航空声学风洞有20余座，分布在北美、欧洲和亚洲，包括：由常规风洞经航空声学特性改造而成的美国NASA AMES 40ft×80ft（1ft=0.305m）风洞、NASA Gleen 9ft×15ft风洞、德国Stuttgart大学的IVK风洞、德国Ford-Europe公司的Ford Europe风洞和意大利的Pininfarina风洞等；新建造的航空声学风洞有美国Boeing公司的双试验段航空声学风洞、美国Daimler Chrysier AAWT风洞、德国Audi AAWK风洞、日本RTRI双试验段风洞和韩国Hyundai HAWT风洞等。以上列举的声学风洞大都速度较低，多属于低速风洞，具备汽车和航空声学试验能力。

为了进一步提高试验精度、扩大试验范围，跨声速风洞研究的关注点也逐渐聚焦于噪声环境问题研究。1981年国内第四次风洞试验技术交流会上所通过的高速风洞流场指标，已经把风洞试验段气流噪声测量作为流场校测的必测项目，把试验段背景噪声作为衡量风洞性能的重要指标。

风洞试验段背景噪声给风洞试验结果带来了显著的不利影响，促使风洞设计者在风洞试验段背景噪声产生机理与控制方面展开深入系统的研究。从公开发表的文献可知，对风洞试验段背景噪声的研究更多地集中在单独对风洞试验段背景噪声进行校测与试验段背景噪声抑制方面，很少对风洞洞体回路气动噪声传播特性开展研究。

Schutzenhofer等[5]采用铺网法对NASA马歇尔航天中心的14in（1in=2.54cm）跨声速风洞试验段背景噪声进行了控制。研究表明在试验段通气壁面上铺设适当形式的网格，可有效抑制孔壁试验段的边缘噪声。试验结果显示通过采用铺网法，在试验段马赫数0.75~1.46范围内，试验段核心流压力脉动系数可降低 50% ~75% 。

谷嘉锦和陈玉清[6]研究了铺网法对跨声速风洞试验段背景噪声的控制，研究表明对于不同开闭比的孔壁试验段，将适当形式的丝网铺设于孔壁试验段壁面可有效降低试验段背景噪声水平。研究同时表明控制超声速风洞试验段背景噪声需要对风洞上游噪声进行有效控制。

Varner[7]重点研究了跨声速风洞中孔壁试验段背景噪声的产生机制，研究表明孔壁噪声主要由湍流边界层噪声、孔隙射流噪声以及边缘噪声等构成。作者同时给出了孔壁试验段中孔隙射流噪声和边缘噪声经验估算公式。

Jules 和 Richard 等对 NASA 艾姆斯研究中心的 12ft 压力风洞、11ft 跨声速风洞、14ft 跨声速风洞、7ft × 9ft 超声速风洞试验段背景噪声特性开展了研究。研究表明 11ft 与 14ft 跨声速风洞试验段背景噪声水平相近，当稳定段压力最高时试验段背景噪声最高，声压级为 155dB。12ft 压力风洞试验段最高声压级为 146dB，对应试验段马赫数为 0.6。研究同时表明，相同试验段马赫数工况，Ma = 1.4 ~1.6，超声速风洞试验段背景噪声水平比跨声速风洞中背景噪声水平低 13 ~15dB。研究指出，跨声速风洞的透气壁试验段（孔、槽壁）和试验段外部的驻室是造成跨声速试验段噪声高于超声速试验段背景噪声的主要原因。Medeved 等[8]对加拿大 VTI T-38 跨声速风洞试验段背景噪声进行了测量研究，压力脉动系数测量结果显示试验段核心流压力脉动系数随马赫数变化趋势与国际上其他跨声速风洞类似，压力脉动系数频谱表明气流噪声中的谐振频率在 100Hz 左右，低于国际上其他跨声速风洞试验段气流噪声谐振频率。Dougherty 等[9]通过对若干座风洞试验段噪声特性进行分析指出，风洞动力系统（风扇、轴流压缩机）噪声是风洞试验段背景噪声中离散噪声的来源之一。综合文献结果整理得到国际上典型风洞试验段内压力脉动系数随马赫数的分布趋势如图 1-5 所示。

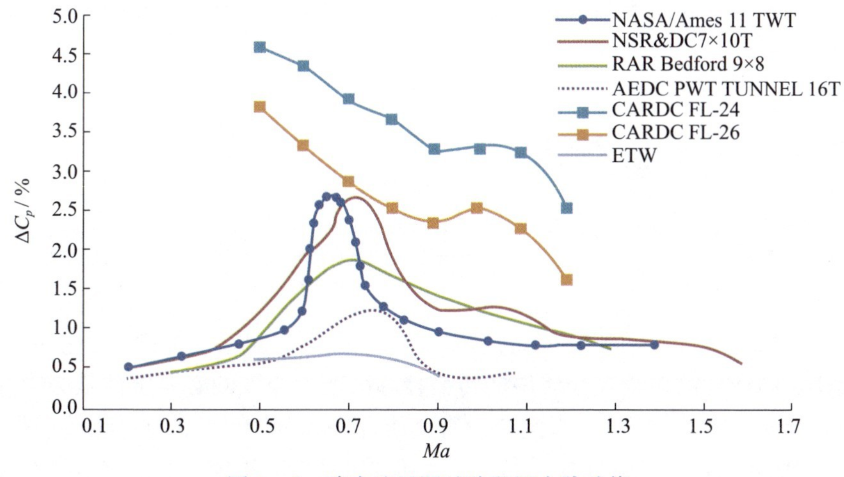

图 1-5 跨声速风洞试验段压力脉动值

Hayden 等[10]对 NASA 兰利研究中心的 4m×7m 低速风洞洞体内部气动噪声源和气动噪声传播路径进行了深入研究。研究表明风扇噪声、拐角噪声、收集器噪声、支架噪声以及风洞辅助动力系统(泵、压缩机等)噪声等是风洞的主要噪声源。噪声在风洞洞体回路中传播至试验段的途径有三类。第一类为试验段上游传播路径,从风扇—第三、四拐角段—稳定段—收缩段—喷管段—试验段;第二类为试验段下游传播路径,从风扇—第二、一拐角段—扩散段—第二喉道—试验段;第三类为结构传播途径,环境噪声/风洞部段噪声通过洞体机械结构传递至试验段。Hayden 和 Wilby 重点研究了第一类和第二类传播途径。研究表明风扇噪声主要沿试验段下游传播路径传入试验段,风扇噪声中频率小于 500Hz 的噪声沿试验段上游传播路径与试验段下游传播路径传播的程度相当。

综上可知,风洞试验段背景噪声将通过影响试验模型表面流动状态(边界层结构、边界层转捩方式与转捩位置等)和风洞试验数据采集等而影响风洞试验结果的准确性。有效抑制风洞试验段背景噪声水平有助于提升风洞试验真实可靠性,从而推动与促进空气动力学的进步与航空航天事业的发展。然而,从公开发表的文献分析,大多数风洞试验段背景噪声的研究工作仍然局限于分析风洞试验段本身,并未将风洞回路作为一个有机统一体进行系统考虑。少有可查到的针对风洞回路整体开展的气动噪声研究,目前仅针对于低速风洞,对连续式跨声速风洞洞体回路整体开展回路气动噪声研究工作少见。国内在高速风洞噪声控制方面的研究工作更为少见,而且大多数工作侧重于风洞设备的噪声测试和针对某个噪声源的控制技术研究,而针对高速风洞噪声综合特性开展的系统研究极少。当前,先进飞行器的研制对地面试验设备的试验能力提出了更高的要求,国内相继开展了多座大型连续式高速风洞的设计建设,这些风洞均对试验段的背景噪声指标提出了很高的要求(试验段脉动压力系数 ΔC_p 小于 0.7%),风洞试验段背景噪声控制方法与理论体系的建立是系统深入地开展此类问题研究的前提。

1.4 风洞的声学评价

1.4.1 声学基本概念

在对风洞进行声学评价之前,需要了解一些声学的基本概念。声波的产生来源于声源诱发的振动在介质中的传播,因此,产生声波的必要条件是必须存在声源和介质(空气、水等)。真空中没有介质存在,因此在真空中不能传播声音。需要注意的是,声波在介质中的传播只是介质振动状态的传播,介质本身并没有向前运动，它只是在其平衡位置附近来回振动，所传播出去的是物质的运动形态，这种运动形态叫波动。声音是机械振动状态的传播在人类听觉系统中的主观反应，这种传播过程是一种机械性质的波动，称为声波。

在气体、液体等理想流体媒质中，声波传播的方向与介质质点振动方向一致，此类声波称为纵波。描述声波的最常见的基本物理量是声压，它是介质受扰动后产生的逾量压强，其单位与压强的单位一致，为帕斯卡(Pa)，$1\mathrm{Pa}=1\mathrm{N/m^2}$。描述声压的基本参量包括幅度、相位、频率和波长等。

存在声压的空间称为声场，声场中某一瞬时时刻的声压值称为瞬时声压，在一定时间间隔内最大的瞬时声压称为峰值声压。如果声压随时间的变化呈现出简谐规律，则峰值声压也就是声压的振幅。在一定的时间间隔内，瞬时声压对时间取均方根值称为有效声压。

声压的大小反映了声波的强弱，为了使读者对声压的大小有一个直观的概念，下面列举一些有效声压的大小。人耳对1kHz声音的可听阈(即刚刚能察觉到它存在时的声压)为$2\times10^{-5}\mathrm{Pa}$，微风轻轻吹动树叶的声音约为$2\times10^{-4}\mathrm{Pa}$，在房间内相距1m进行高声谈话的声音为0.05～0.1Pa，观众距离交响乐演奏者5～10m处的声音约为0.3Pa，相距5m处的飞机发动机发出的声音约为200Pa。

1.4.2 声场中的能量关系

当声波扰动传到原来静止的介质中时，一方面使介质质点在平衡位置附近来回振动，另一方面使介质产生了压缩和膨胀变形。前者使介质具有了振动的能量，后者使介质具有了形变的能量，两者之和即为声扰动使介质获得的总声能量。扰动继续向前传播时，声能量也跟着转移，因此可以说声波传递的过程实质上就是声能量的传播过程。

1.4.2.1 声能量和声能量密度

假设在声场中取一足够小的体积元，其原先的体积为V_0，压强为P_0，密度为ρ_0，由于声扰动使得该体积元得到的动能[5]为

$$\Delta E_k=\frac{1}{2}(\rho_0V_0)v^2 \tag{1-1}$$

其中，v为该体积元的质点振速。在声扰动作用下，该体积元压强从P_0升高到P_0+p，于是该体积元具有了位能

$$\Delta E_p=-\int_0^p p\mathrm{d}V \tag{1-2}$$

式中负号表示在体积元内压强和体积的变化方向相反，例如压强增加时体积将缩小。此外外力对体积元做功，使它的位能增加，即压缩过程使系统储存能量；反之，当体积元对外做功时，体积元的位能就会减小，即膨胀过程使系统释放能

量。对于小振幅声波，位能 $\Delta E_p = \dfrac{V_0}{2\rho_0 c_0^2} p^2$，其中 c_0 为声波波速。此时由体积元的动能和位能即可得到体积元的总能量为

$$\Delta E = \Delta E_k + \Delta E_p = \frac{V_0}{2} \rho_0 \left(v^2 + \frac{1}{\rho_0^2 c_0^2} p^2 \right) \tag{1-3}$$

单位体积的声能量称为声能量密度，即

$$\varepsilon = \frac{\Delta E}{V_0} = \frac{1}{2} \rho_0 \left(v^2 + \frac{1}{\rho_0^2 c_0^2} p^2 \right) \tag{1-4}$$

1.4.2.2　声功率和声强

单位时间内通过垂直于声传播方向面积 S 的平均声能量称为平均声能量流或平均声功率。因为声能量是以声速 c_0 传播的，因此平均声能量流应等于声场面积 S、高度为 c_0 的柱体内所包括的平均声能量，即

$$\overline{W} = \varepsilon c_0 S \tag{1-5}$$

平均声能量流的单位为瓦(W)，1W = 1J/s。

通过垂直于声传播方向的单位面积的平均声能量流称为平均声能量流密度或声强，即

$$I = \frac{\overline{W}}{S} = \varepsilon c_0 \tag{1-6}$$

根据声强的定义，它还可以用单位时间内、单位面积的声波向前进方向毗邻媒质所做的功来表示，因此也可以写为

$$I = \frac{1}{T} \int_0^T \mathrm{Re}(p)\mathrm{Re}(v)\,\mathrm{d}t \tag{1-7}$$

其中，Re 代表取实部，声强的单位是 $\mathrm{W/m^2}$。

需要注意的是，声强是一个向量，其方向表示声场中声能量流的运动方向。

1.4.3　声压级和声强级

本节主要讨论声压与声强的度量问题。实际生活中，会遇到强度变化范围很宽的声音，以人耳可以感受到的最小声音和可以忍受的最大声音为例，两者的声压数值变化范围可以跨越 6 个数量级，直接使用声压的绝对数值很不方便，而使用对数表示的相对数值以突出其数量级的变化则更加明显直观。此外，人耳对于声音的主观感受与强度的绝对值不呈正比关系，而更接近于正比其对数值。基于以上两点原因，在声学中普遍使用对数标度来度量声压和声强等声学参量，分别为声压级和声强级，单位用分贝(dB)表示。

1.4.3.1　声压级

声压级一般定义为[11]：将被测声压的有效值 p_e 与参考声压 p_0 的比值取以

10为底的对数，再乘以20，即

$$L_P = 20\lg\left(\frac{p_e}{p_0}\right) \tag{1-8}$$

在空气中，参考声压一般取为 $p_0 = 2\times10^{-5}$Pa，这个数值是具有正常听力的人对1kHz声音刚刚能够察觉到的最低声压级。在低于该参考声压时，一般人就很难察觉到声音的存在，即可听阈声压级为0dB。

人耳的感觉特性，从可听阈的 2×10^{-5}Pa 的声压到痛阈的20Pa，两者相差100万倍，而用声压级来表示则变化范围为0～120dB，大大简化了声音大小的度量。由此可以得出一般性结论：声压值变化10倍，相当于声压级增加20dB；声压值变化100倍，相当于声压级增加40dB。

1.4.3.2 声强级

声强级 L_I 定义为：被测声强 I 与参考声强 I_0 的比值取以10为底的对数后再乘以10倍，即

$$L_I = 10\lg\left(\frac{I}{I_0}\right) \tag{1-9}$$

为了表示方便，空气中的参考声强一般取为 $I_0 = 10^{-12}\,\mathrm{W/m^2}$，它是空气中参考声压值 $p_0 = 2\times10^{-5}$Pa 所对应的声强值。

1.4.4 脉动压力系数及无因次压力谱密度

在风洞的声学评价中，除了以上常用的声压级与声强级之外，脉动压力系数及无因次压力谱密度也是衡量风洞声学特性的两个重要指标。

脉动压力系数[12,14]可表示为

$$\Delta C_p = \frac{\bar{p}}{q}\times100\% \tag{1-10}$$

式中：$\bar{p}$ 为脉动压力的均方根；q 为来流动压。

无因次压力谱密度 $\sqrt{nF(\mathrm{n})}$ 表示带宽 Δf 内的脉动压力均方根大小，定义如下：

$$\sqrt{nF(\mathrm{n})} = \frac{\Delta p}{q\sqrt{\varepsilon}} \tag{1-11}$$

$$n = fw/U \tag{1-12}$$

式中：Δp 为频带 Δf 内的脉动压力值；f 为频率；$\sqrt{\varepsilon}$ 为带宽比，$\sqrt{\varepsilon} = \Delta f/f$；$n$ 为无因次频率；w 为风洞宽度；U 为当地流动速度。

无因次压力谱密度与脉动压力系数之间有如下关系式：

$$\bar{p}^2/q^2 = \int_{n=0}^{n=\infty} F(n)\,\mathrm{d}n = \int_{\lg n=-\infty}^{\lg n=\infty} nF(n)\,\mathrm{d}(\lg n) \tag{1-13}$$

1.5 本章小结

本章介绍了一些与风洞相关的基本知识,包括风洞的分类、跨声速风洞的主要特点及风洞的声学需求及世界上现有声学风洞的情况,使读者对风洞声学问题有一个直观与基础的概念。进一步,介绍了与风洞声学特性相关的声学概念,包括声压级、声强级、脉动压力系数及无因次压力谱密度等,这些知识为深入分析风洞噪声问题并进行优化设计提供了良好的基础。

第 2 章　风洞噪声源分析

噪声的产生往往依附于结构,所以在对噪声的性质进行研究前,需要确定噪声产生的源头,即产生各种噪声的结构。在本章中,首先介绍了风洞的基本结构,使读者对风洞的构成和运行条件具有直观的认识,以便进一步深入理解风洞中的主要噪声源。

2.1 风洞基本结构

风洞的主体结构较为复杂,大多数风洞都包含试验段、扩散段、回流段、拐角段、稳定段、收缩段等多个部段,如图 2－1 所示为一典型回流式跨声速风洞示意图。

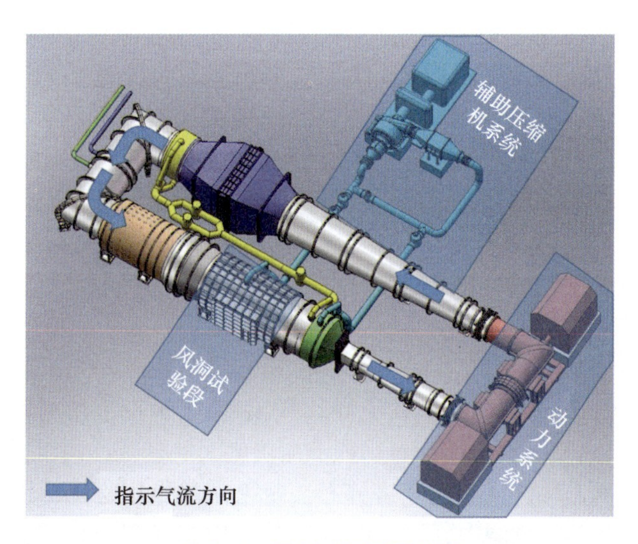

图 2－1　回流式风洞示意图

试验段是整个风洞的核心部段,被测模型即安装在该段进行空气动力学试验。一般衡量风洞的好坏主要看两点,一是试验段气流的流场品质,二是风洞的试验效率。其中试验段的流场品质是风洞各个部段工作性能的集中体现。

扩散段的作用是把气流的动能变成压力能。由于风洞内流动的损失与流速的二次方成正比，所以经过扩散段的气流应该尽量降低速度，把动能转化为压力能。

回流段通常采用扩张管道，因而也可以说是一个扩压段，之所以要采取继续扩张，主要考虑原因如下：一是为了继续把动能转化为压力能，减小气流损失，尤其是经过拐角和整流装置的损失；二是增加管道面积，以得到较大的收缩比。

拐角和拐角导流片是风洞的重要部件。风洞中的气流一般要经过四个90°的拐角，在这些拐角处的全部损失可高达总损失的40%。气流在经过拐角时容易发生分离，出现较多旋涡，造成流动不均匀或发生脉动。气流经过拐角时，由于离心力的作用，从内壁向外壁，压力逐渐增大而速度逐渐减小，在拐角对称线以前，沿外壁的边界层处于逆压梯度下，很容易发生分离。而在内壁上，由于离心力的作用，压力比较低，在拐角对称线前这是很有利的，可促使流速加快，但是转弯过后，速度下降很快，边界层也将处在逆压梯度下，因而同样也容易发生分离。拐角前部的外壁分离、拐角后部的内壁分离，都会破坏流动的均匀性，还会产生很多旋涡，影响下游流动。因此为了防止分离和改善流动，在拐角处必须设置拐角导流片。

稳定段又称安定段。气流经过扩散段、拐角以及动力装置后，不论气流速度还是气流方向都是不均匀的，湍流度也比较高，甚至主流中还可能存在大尺度的旋涡。因此当气流进入收缩段以前，必须经过一个稳定段，使用蜂窝器、阻尼网等整流装置使气流变得均匀，以保证试验段流场品质。稳定段通常是一个等截面管道，下游与收缩段相连，其面积大小取决于风洞收缩比的要求。稳定段较长的等截面管道对流动具有稳定作用，当稳定段不含任何整流装置时，它必须足够长，以使气流在流动过程中有足够长的距离调整其运动方向、速度分布并衰减湍流度。实际上一般稳定段都设有整流装置，主要包括蜂窝器和阻尼网等。

蜂窝器由许多方形、圆形或六角形的等截面小管道并列组成，形状如同蜂窝，故名蜂窝器。蜂窝器的作用在于导直气流，使其平行于风洞轴线，把气流中的大尺度旋涡分割成小尺度旋涡，有利于加快旋涡的衰减。同时，蜂窝管道对气流的摩擦还有利于改善气流的速度分布。阻尼网的作用是降低气流的湍流度，又名湍流网。在一般风洞中，阻尼网很细，其作用与蜂窝器相似，可将较大的旋涡分割成小旋涡以利于旋涡衰减，但阻尼网没有蜂窝器的导直作用。

收缩段的作用是加速气流，使其达到试验段所需要的速度。收缩段应满足以下几点要求：①气流沿收缩段流动时，洞壁上不出现分离。一般来说，气流在加速过程中是不易发生分离的，只要壁面收缩不太剧烈，分离是可以避免的。②收缩段出口的气流要求均匀、平直且稳定。

根据国内外连续式跨声速风洞建设的经验，一般使用压缩机为风洞提供动力输入，以维持风洞内部的气流流动。气流在风洞管道中的能量耗散，表现为压力下降，压缩机的作用是提供气流的压升，当二者达到平衡时，风洞便能稳定运转。

为了分析和验证风洞噪声的频谱特性，本书针对中国空气动力研究与发展中心的一座0.6m×0.6m连续式跨声速风洞（后称0.6m风洞）开展了试验和仿真研究。该风洞具体参数如下：

试验段尺寸：0.6m×0.6m；

试验段马赫数范围：0.15～1.6；

试验雷诺数：(0.1～2.25)×10^6；

主压缩机轴功率：3.8MW。

2.2 跨声速风洞的主要噪声源

被测模型在跨声速风洞中试验时，试验结果及其精度受到自由湍流度、噪声、低频脉动压力、温度脉动以及机械激振等影响。这些扰动会影响模型边界层转捩、边界层发展的规律。模型试验中，试验段、稳定段和扩散段中所有的扰动情况如图2－2所示。

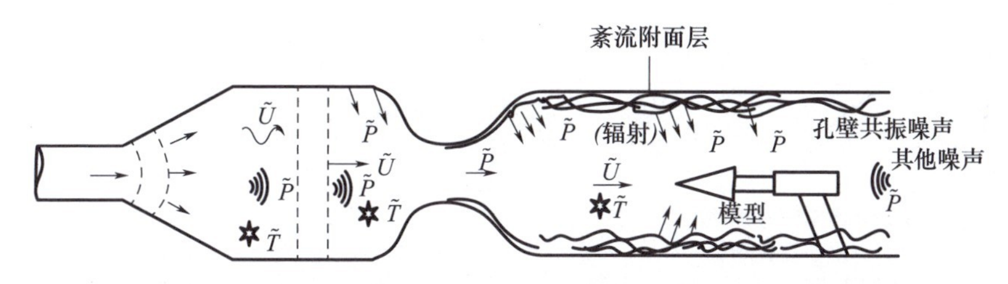

图2－2 跨声速风洞中的扰动[7]

图中$\tilde{U}$表示速度脉动（湍流度），$\tilde{P}$表示静压脉动（噪声），$\tilde{T}$表示温度脉动（熵变）。在不同马赫数下，各类脉动对跨声速风洞的贡献规律如下：

(1) $Ma\leqslant0.6$，$\tilde{U}$通常是主要的，$\tilde{P}$有时是主要的，$\tilde{T}$可以忽略。

(2) $0.6\leqslant Ma\leqslant1.3$，$\tilde{U}$有时是主要的，$\tilde{P}$通常是主要的，$\tilde{T}$可以忽略。

(3) $1.3\leqslant Ma\leqslant5.0$，$\tilde{P}$通常是主要的，$\tilde{U}$和$\tilde{T}$通常可忽略。

由此可见，对于跨声速风洞，在跨声速马赫数范围内，速度脉动（湍流度）和静压脉动（噪声）是跨声速风洞的主要不稳定源[13]。

图2-3所示为跨声速风洞各部段的主要噪声源示意图,图2-4所示为试验段内的主要噪声源示意图。

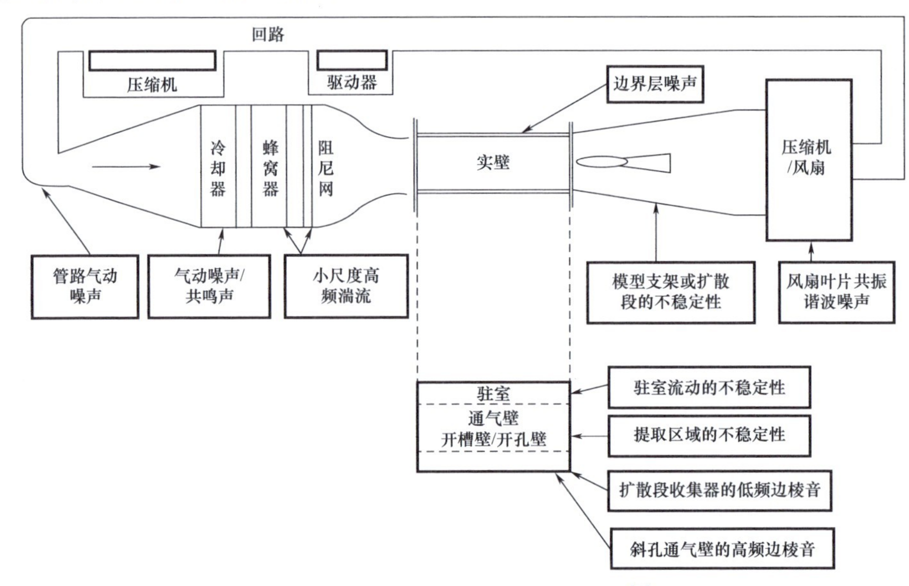

图2-3　跨声速风洞的主要噪声源[8]

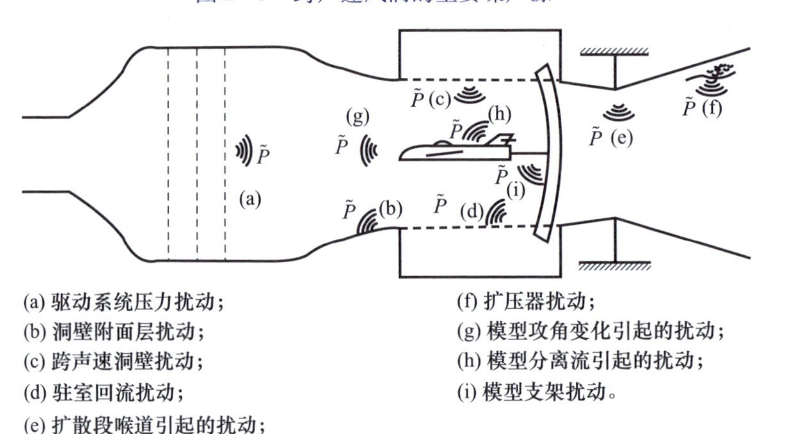

(a) 驱动系统压力扰动;
(b) 洞壁附面层扰动;
(c) 跨声速洞壁扰动;
(d) 驻室回流扰动;
(e) 扩散段喉道引起的扰动;
(f) 扩压器扰动;
(g) 模型攻角变化引起的扰动;
(h) 模型分离流引起的扰动;
(i) 模型支架扰动。

图2-4　跨声速风洞试验段的主要噪声源

气动噪声产生的一个主要原因是边界层的扰动,对于风洞试验段内部产生的这部分噪声很难消除。与流体本身的不稳定问题不同,实际上即使是稳态的流动,这种噪声依然存在。对于通气壁试验段,由于壁板的特殊性,跨声速试验段的噪声形式更加复杂。除了气流流经通气壁自身产生的噪声外,气流经过孔(槽)壁后,排入驻室时还会产生射流噪声(冲击和湍流噪声)。

连续式跨声速风洞的噪声源主要有:

(1)压缩机旋转或压缩机的叶片共振引起的谐波噪声;

(2)回路中的管路气动噪声、蜂窝消声器和阻尼网处的小尺度高频湍流；

(3)试验段的边界层噪声，试验段扩张形成的喷注噪声，通气壁(开槽/开孔)的驻室回流、再入噪声，开孔壁面还存在斜孔边棱音噪声，此外一些通气壁试验段中还存在壁孔与风洞模态发生耦合共振产生的噪声；

(4)模型支架引起的噪声，以及扩散段中的噪声。

按照产生位置来区分，影响到风洞试验段的噪声主要来自于：

(1)洞壁边界层的扰动；

(2)气流流入、流出壁板上的槽(孔)时产生的噪声；

(3)壁孔 - 风洞共振现象产生的噪声；

(4)再入区噪声；

(5)模型支架噪声；

(6)驻室回流噪声；

(7)来流噪声(含压缩机噪声)。

上述噪声中，压缩机噪声可以通过风洞管道内流体介质或者通过结构振动传递等途径由压缩机位置向试验段传递。

以上介绍了风洞内特别是试验段内噪声源组成，对于不同的风洞而言，由于结构上存在的差异，上述列举的噪声源并非都存在，这些噪声源可能造成的影响以及在试验段背景噪声中所占的比重也大不相同。接下来将针对上述分析中几个典型噪声源的特点进行介绍和分析。

2.3 压缩机噪声特性分析

压缩机噪声主要由空气动力性噪声、管道辐射噪声和电动机噪声组成，其中又以空气动力性噪声为主。空气动力性噪声主要由两部分组成，即宽带噪声和旋转噪声，这两种噪声都是叶片后缘涡脱落导致叶片周围气流的不稳定诱发的噪声。

旋转噪声(离散噪声)与叶轮的旋转有关，在高速、低负荷情况下尤为突出。该噪声是由叶片周围不对称结构与叶片旋转所形成的周向不均匀流场相互作用而产生的噪声，一般认为有以下几种：

(1)进风口前由于前导叶或者金属网罩存在而产生的进气干涉噪声；

(2)叶片在不光滑或不对称机壳之间产生的旋转频率噪声；

(3)由于离心风机出风口蜗舌或轴流式风机后导叶的存在而产生的出口干涉噪声。

叶片均匀分布的叶轮旋转噪声的频率可通过下式计算：

$$f = nzi/60 \tag{2-1}$$

其中,n 为叶轮每分钟的转速(r/min),z 为叶轮叶片数,i 为谐波序号($i=1,2,3,\cdots$)。离散噪声具有离散的频谱特性,一般而言,基频 $i=1$ 时对应的频率噪声最强,高次谐波依次递减。

涡流噪声(宽频噪声)是由气流流动时的各种分离涡流产生的,一般有如下四种成因:

(1)当具有一定的来流湍流度的气流流向叶片时,产生的来流湍流噪声;

(2)气流流经叶片表面在脉动的边界层中产生的湍流边界层噪声;

(3)由于叶片表面湍流边界层在叶片尾缘脱落产生的脱体旋涡噪声;

(4)由于轴流通风机叶片两面压力不平衡,在叶片顶端产生的由背风面流向迎风面的二次流被主气流带走形成的顶涡流噪声。

涡流噪声的频率可由下式估算:

$$f_i = Srui/L \tag{2-2}$$

式中:Sr 为斯特劳哈尔数,当 $200 \leqslant Re \leqslant 2 \times 10^5$ 时,$Sr=0.2$;$u=\omega r$ 为半径 r 处叶片表面的气流速度;L 为物体正表面宽度垂直于速度平面上的投影;i 为谐波序号($i=1,2,3,\cdots$)。

由于 r 是由叶根处半径向叶顶处半径连续变化的量,因此涡流噪声是一种频率连续变化的宽频噪声。

为了确定 0.6m 风洞压缩机前后噪声传播规律,对压缩机前和压缩机后的噪声频谱进行了分析。图 2-5 给出了试验马赫数分别为 0.5、0.7、0.9 和 1.2 时压缩机前和压缩机后的噪声频谱图。

由图 2-5 可见,压缩机前和压缩机后的高频线谱噪声特性都十分显著,高频谱峰密集且幅值较高,1kHz 以上峰值频率中包含多组谐频,对应于多级压缩机的各级转子叶片旋转频率。该数据表明,压缩机前和压缩机后的高频噪声中,压缩机机械转子离散噪声占主导地位,同时伴有 10kHz 以下的宽频噪声。

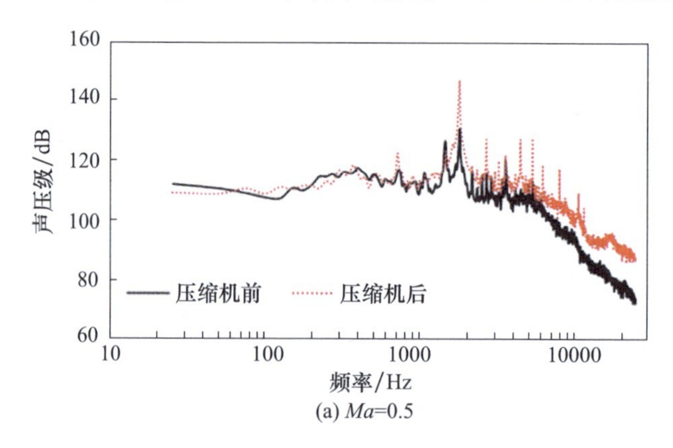

(a) Ma=0.5

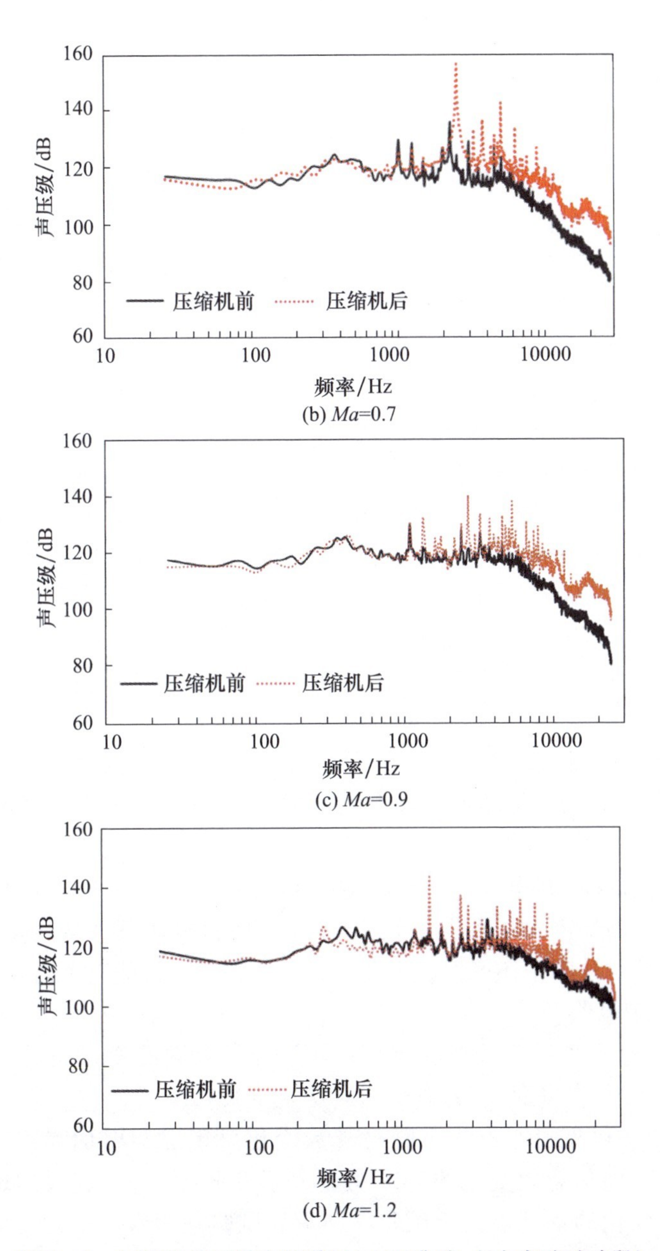

(b) Ma=0.7

(c) Ma=0.9

(d) Ma=1.2

图 2-5　压缩机前后噪声频谱图(上下孔壁、左右实壁试验段)

2.4 试验段内噪声特性分析

由前面章节的分析可知，被测模型在跨声速风洞中试验时，试验结果及其精度会受到自由湍流度（涡流强度）、声响扰动（噪声）、低频脉动压力、温度脉动以及机械激振等多种因素的影响。噪声对于一些非定常试验，如抖振、颤振、模型表面的脉动压力测量等，均会产生较大的影响；对于定常试验，如与雷诺数关系密切的气动量（如翼面激波位置、阻力等）测量，也有明显的影响。因此对于试验段内噪声的测量和分析是风洞噪声分析的重点。以下将对 0.6m 跨声速风洞试验段的噪声测量的结果进行分析和讨论。

2.4.1 孔壁试验段噪声测量及分析

为了获取孔壁试验段内的噪声特性，针对 0.6m 风洞孔壁试验段进行了噪声测量。该风洞孔壁参数如下：开孔壁板安装位置为风洞试验段上下壁，壁板长 1850mm，宽 600mm；气流加速区长度 400mm，壁厚 8mm，开设 60°斜孔，孔径 ϕ8mm，开孔率为 6%；模型试验区长为 1450mm，该区域壁板为双层结构，上层为定板，下层为搓动板，开孔率在 0 ~ 6% 范围内调节，孔径 ϕ8mm。图 2 - 6 所示是马赫数分别为 0.3、0.5、0.7、0.9、1.0 以及 1.3 时壁面和 10°锥核心流的噪声频谱图。

由图 2 - 6 可见，在 200Hz ~ 2kHz 频段，当 $Ma \leq 1.0$ 时试验段噪声频谱有峰值出现，在峰值附近试验段后端噪声大于试验段前端和中端，当 $Ma > 1.0$ 时这些谱峰消失。当频率低于峰值频率时，在 $Ma < 1.0$ 时 10°锥所测噪声低于试验段壁面噪声，且核心流噪声随着马赫数的增大逐渐增大；在 $Ma = 1.3$ 时 10°锥噪声逐渐超过壁面噪声。在峰值频率以上频段，10°锥噪声频谱与试验段后端噪声频谱基本一致。从图中还可以看出，除试验段前端外，其他三个测点的频谱均在 5kHz 左右出现峰值。

图 2 - 7 给出了试验段各测点噪声频谱随马赫数的变化曲线。试验段前、中、后的测点安装在壁面上，另一个测点安装在 10°锥上。

由图 2 - 7 可见，10°锥噪声随马赫数变化呈现出与壁面噪声不一样的规律，10°锥噪声随马赫数变化的幅度明显大于壁面噪声，试验段后端测得的噪声随马赫数变化的幅度也大于试验段前端和试验段中端。结合上文试验段后端和 10°锥声压级大于试验段前端和试验段中端的结论，初步判断：在试验段后端可能产生了新的噪声源；模型支架对 10°锥的噪声测量也可能产生了影响。

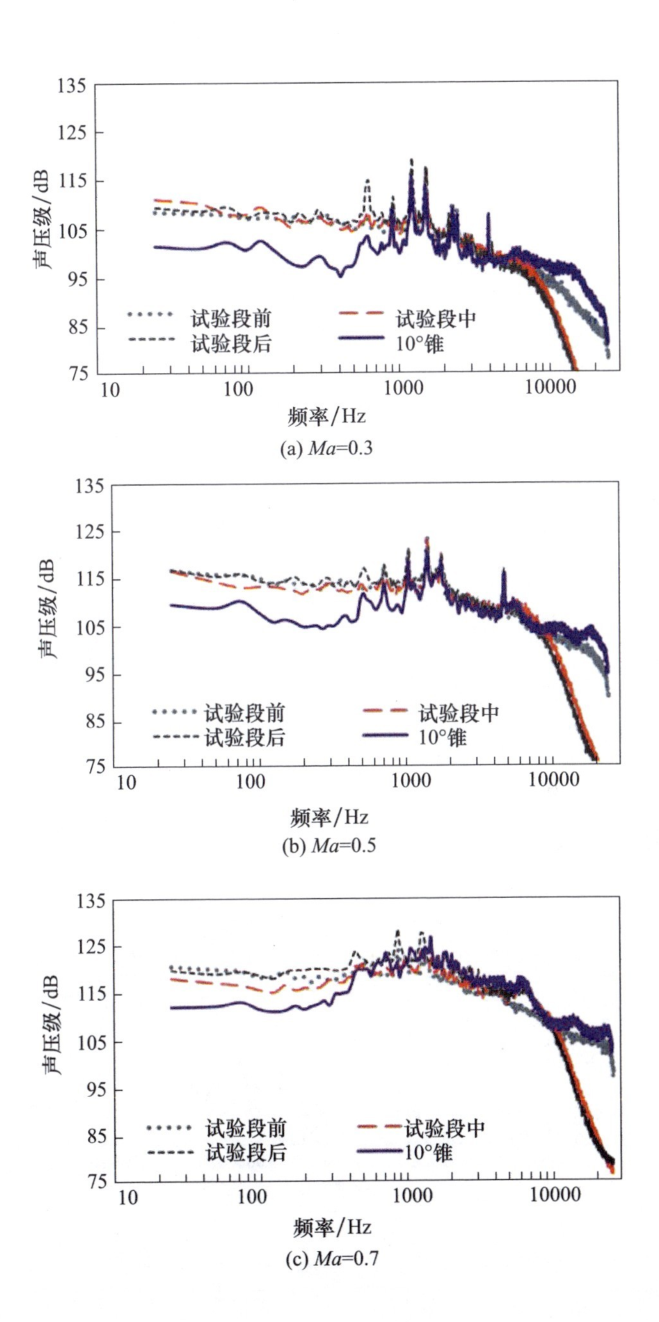

(a) Ma=0.3

(b) Ma=0.5

(c) Ma=0.7

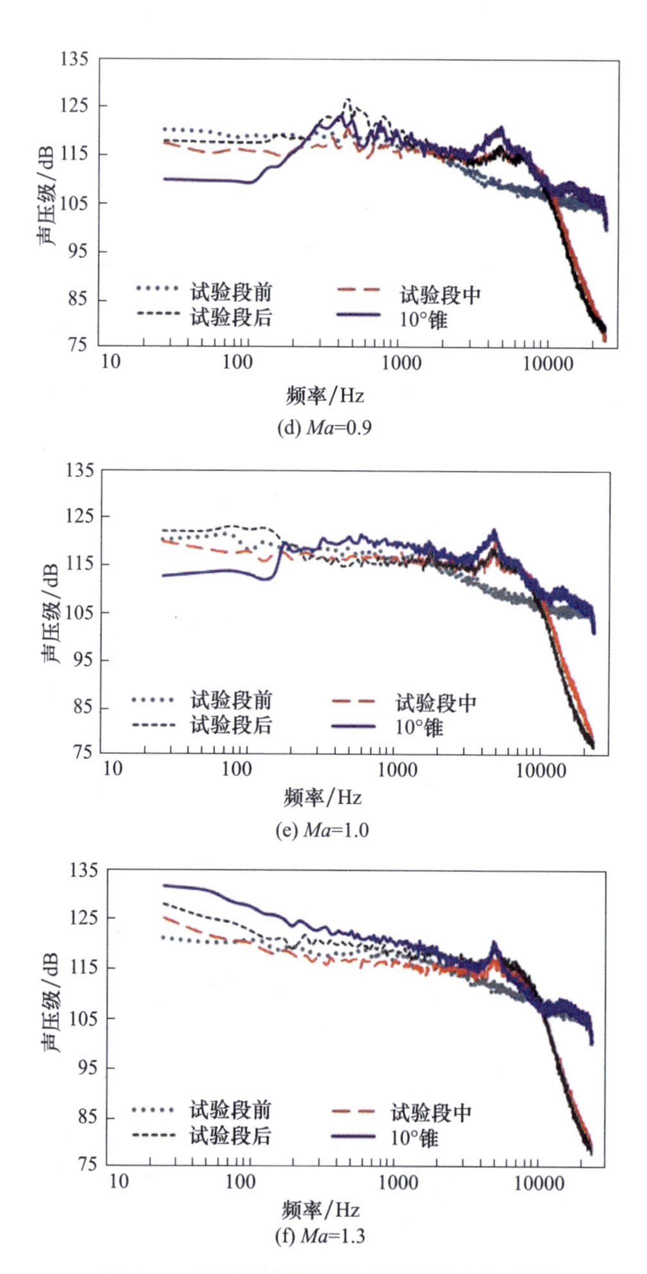

(d) Ma=0.9

(e) Ma=1.0

(f) Ma=1.3

图 2-6　孔壁试验段各测点噪声频谱对比图

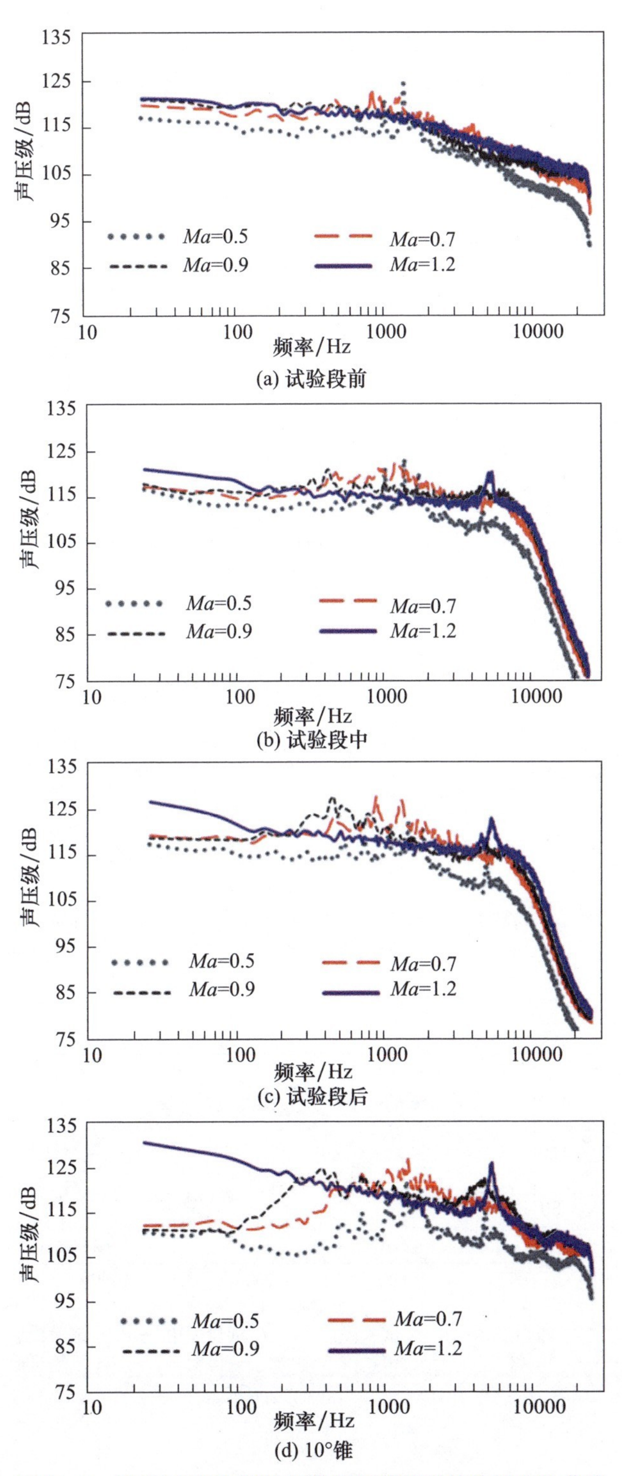

(a) 试验段前

(b) 试验段中

(c) 试验段后

(d) 10°锥

图2-7　孔壁试验段各测点噪声频谱随马赫数的变化曲线

为了进一步研究试验段噪声与试验段上下游及压缩机噪声的关系，对比分析了马赫数分别为0.5、0.7、0.9和1.2时风洞各截面的频谱特征，如图2－8所示。

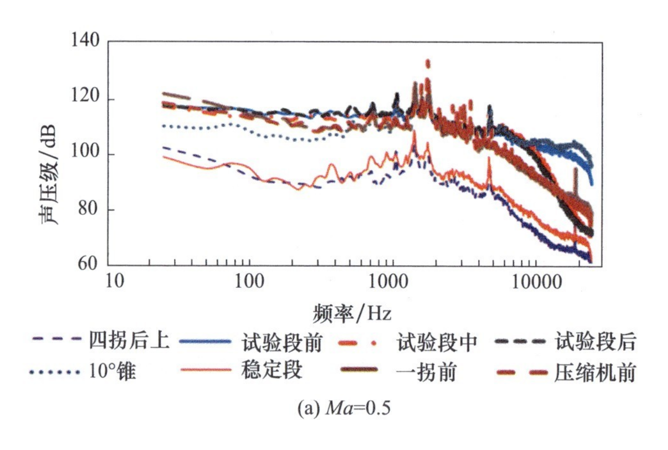

(a) Ma=0.5

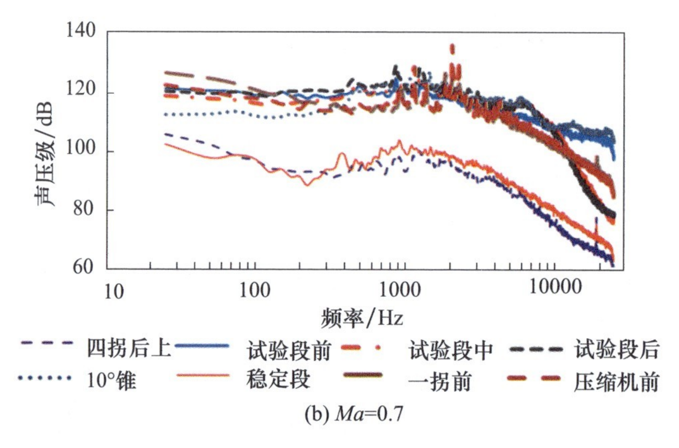

(b) Ma=0.7

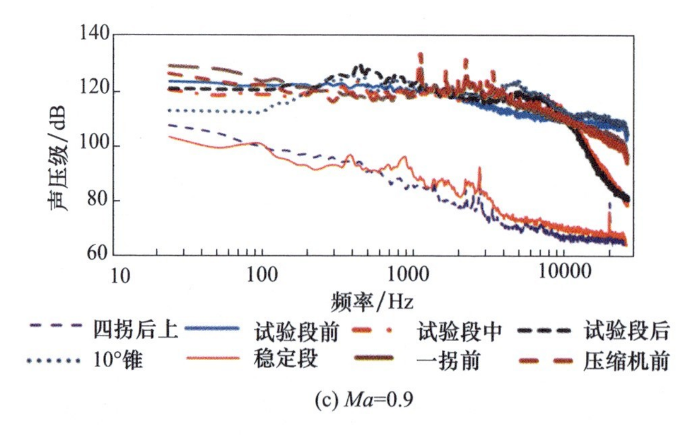

(c) Ma=0.9

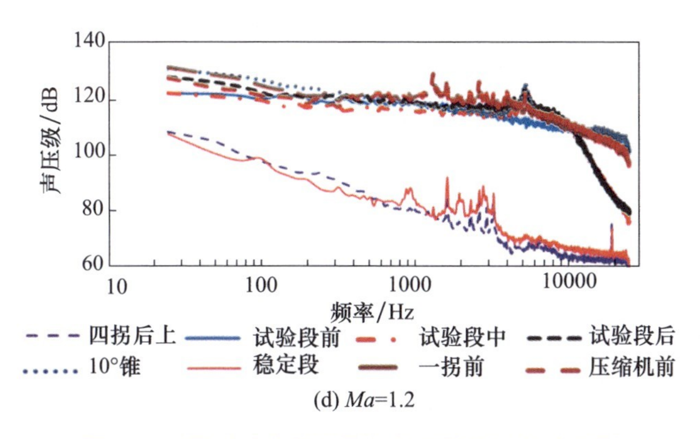

(d) Ma=1.2

图2－8　孔壁试验段风洞各截面噪声频谱对比图

由图2－8可见,试验段上游(四拐后及稳定段)噪声远低于试验段和压缩机前噪声,且在100Hz以上频段,随着马赫数的增大试验段上游噪声逐渐降低,与试验段噪声的差距逐步加大,跨声速时差距尤其明显,这是由于本次试验中四拐导流片和压缩机尾罩都有声学降噪处理。在200Hz以下频段,一拐前噪声略高于压缩机前噪声,在200Hz以上频段,一拐前噪声频谱分布与压缩机前的始终相同,高频峰值频率一致,噪声幅值接近,说明压缩机噪声是一拐前截面的噪声主要来源。

经试验段和压缩机噪声频谱对比发现,在100Hz以下频段,试验段噪声与压缩机前噪声接近。在200Hz~2kHz频段,当$Ma<1.0$时试验段噪声频谱有峰值出现,在该频段试验段噪声显著高于压缩机噪声。其中在700Hz以上中高频,在$Ma<0.7$,尤其是$Ma<0.5$时试验段噪声出现了一些与压缩机噪声频谱相应的谱峰,在$Ma>0.7$时这些高频谱峰消失不见。试验段频谱中在5kHz出现的峰值则与压缩机噪声无关,且$Ma<0.7$时2kHz以下试验段噪声水平高于压缩机前的噪声。可以判断:压缩机噪声对试验段1kHz以下中低频噪声有重要贡献,在1~2kHz频段试验段噪声大于压缩机噪声,其他噪声成分占主导地位,压缩机噪声高频强线谱在低马赫数时($Ma<0.5$)对试验段噪声有一定的影响,高马赫数时试验段高频噪声受气动噪声的影响更大。

2.4.2　槽壁试验段噪声测量及分析

在孔壁试验段噪声分析基础上,试验将0.6m风洞试验段壁板更换为槽壁,以分析槽壁试验段噪声分布情况。槽壁试验段参数如下:开槽壁板对称安装于风洞试验段的上下壁板,壁板总长度2350mm,每块壁板上各分布9条通气槽,中间7条全槽,左亦两条半槽。通气槽总长度2300mm,槽与槽的间距为75mm;壁板上开槽的槽口宽度7.5mm,槽口深度1mm,槽总深度40mm,内腔宽度

22.5mm；在气流加速区前段，通气槽宽度由 0 逐渐扩大到 7.5mm，渐变长度 100mm；在模型试验区，通气槽宽度保持 7.5mm 不变，长度 1700mm，开槽截面通气率为 10%；模型支架区的通气槽分三个部分（编号Ⅰ、Ⅱ、Ⅲ），其中Ⅰ段长 100mm，通气槽的宽度由 7.5mm 增加到 40mm，Ⅱ段长 200mm，通气槽的宽度保持 40mm，Ⅲ段长 200mm，通气槽的宽度由 40mm 逐渐增加到 75mm。

试验实际测试了 0.3、0.5、0.7、0.9、1.0 及 1.3 六个典型马赫数下的噪声，不同马赫数下试验段前、试验段中、试验段后以及 10°锥附近的噪声频谱对比如图 2-9 所示。

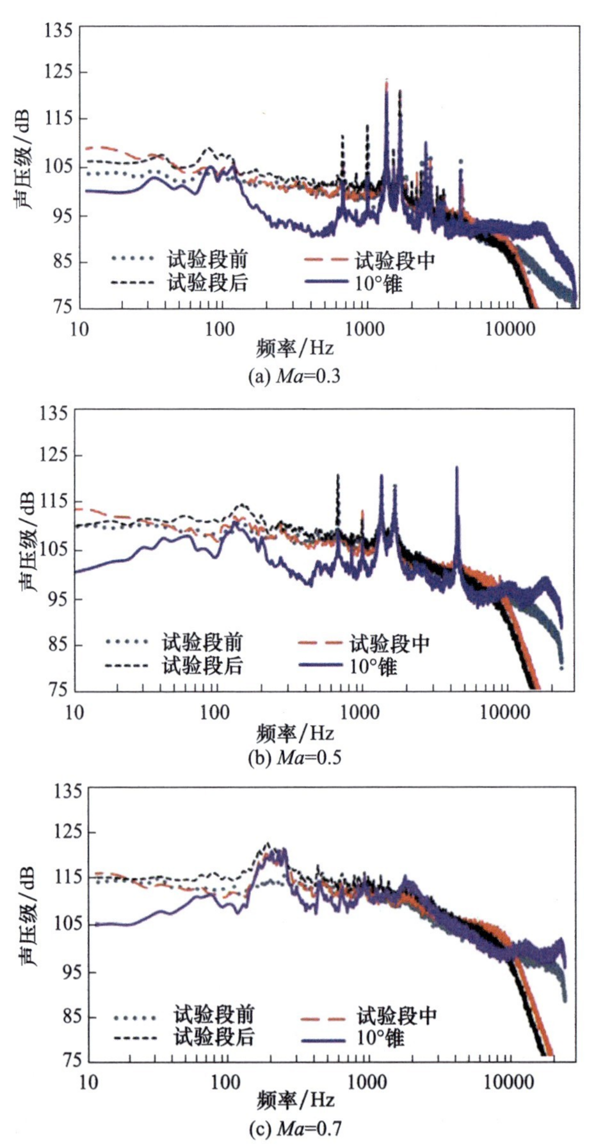

(a) Ma=0.3

(b) Ma=0.5

(c) Ma=0.7

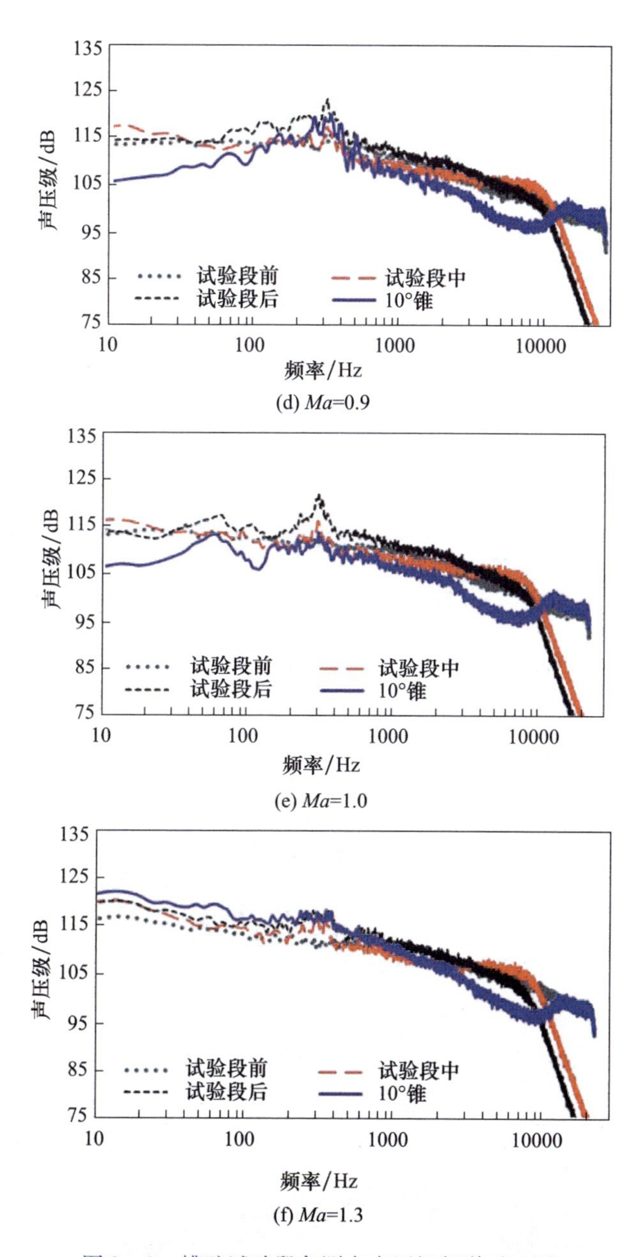

(d) Ma=0.9

(e) Ma=1.0

(f) Ma=1.3

图2-9 槽壁试验段各测点声压级频谱对比图

由图2-9可见,在100~500Hz中低频段,试验段噪声频谱出现峰值,且谱峰随马赫数的增大向高频移动,在$Ma>1.0$时峰值有变小趋势。峰值频率以下频段,在$Ma<1.0$时10°锥所测噪声低于试验段壁面噪声,且随着马赫数的增大而逐渐增大,在$Ma=1.3$时10°锥噪声超过壁面噪声。在500Hz以上中高频

段，$Ma<0.7$ 时试验段壁面噪声和10°锥噪声频谱中都出现了多个峰值，而 $Ma>0.7$ 时这些谱峰随着马赫数的增大逐渐消失，出现这种趋势充分说明二喉道在回路声学设计中的作用，也即二喉道截流使下游回路噪声无法向上游的试验段传播。二喉道作为跨超声速风洞的一个重要部段，对回路声传播的影响正在于此：随着试验段风速的升高，二喉道内的流动速度也逐渐升高，一旦二喉道部位的流速达到声速，下游噪声逆传的通道就会被完全阻断。

图2-10给出了试验段各测点噪声频谱随马赫数的变化曲线。试验段前、中、后的测点安装在壁面上，10°锥的测点安装在截面中心的锥体上。

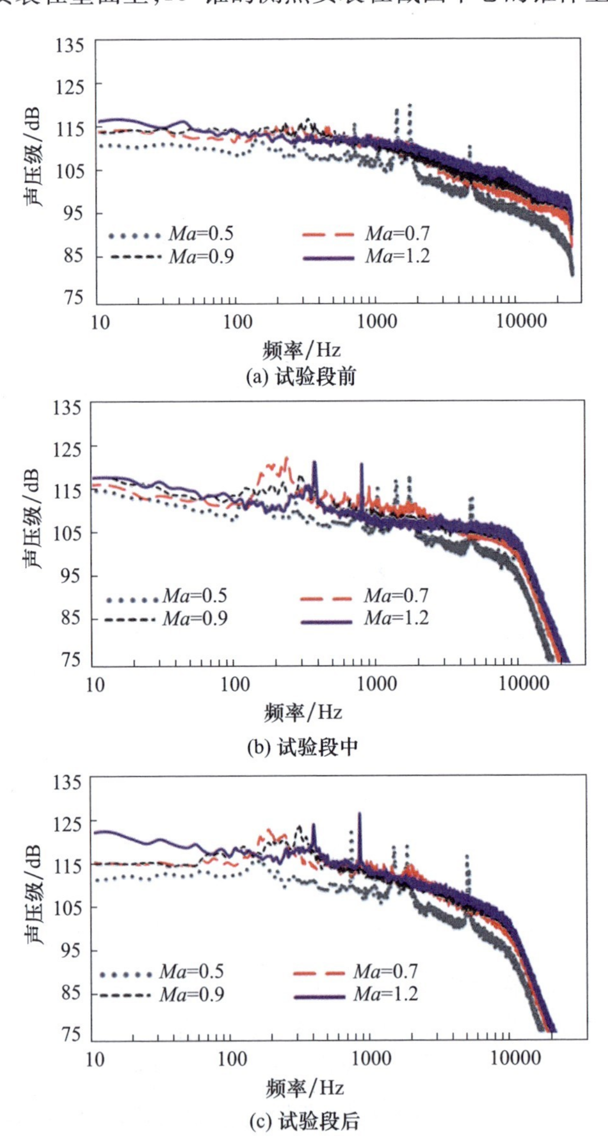

(a) 试验段前

(b) 试验段中

(c) 试验段后

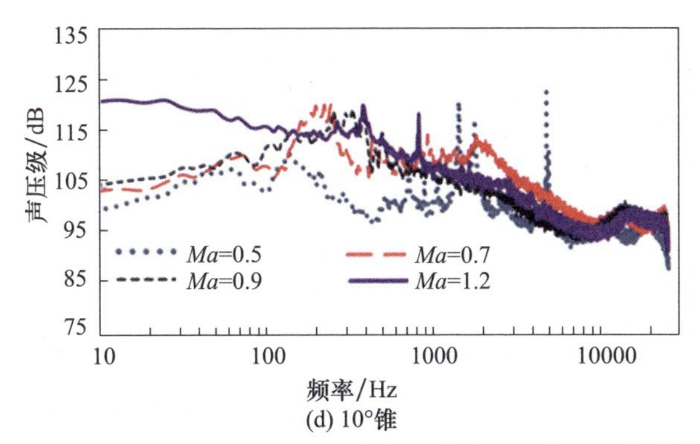

(d) 10°锥

图2-10　槽壁试验段各测点噪声频谱随马赫数的变化曲线

由图2-10可见,10°锥噪声随马赫数变化呈现出与壁面噪声不一样的规律,10°锥噪声随马赫数变化的幅度明显大于壁面噪声,试验段后端测得的噪声随马赫数变化的幅度也大于试验段前端和试验段中端。结合上文试验段后端声压级略大于试验段前端和试验段中端的结论,推测在试验段后端可能产生了气动声源,模型支架对10°锥的噪声测量也受到了影响。

为了进一步研究试验段噪声与试验段上下游及压缩机噪声的关系,本书作者对比分析了马赫数分别为0.5、0.7、0.9和1.2时风洞各截面的噪声频谱,如图2-11所示。

由图2-11可见,试验段上游稳定段噪声远低于试验段和压缩机前噪声,且在100Hz以上频段,随着马赫数的增大试验段上游噪声逐渐降低,与试验段噪声的差距逐步加大,跨声速时差距尤其明显。在跨声速段,二喉道噪声显著高于试验段噪声,而在低马赫数下两处噪声水平差异较小。在200Hz以下频段,一拐前噪声高于压缩机入口噪声;在200Hz以上频段,一拐前噪声频谱与压缩机入口的频谱始终很接近,高频峰值频率一致,噪声幅值相近。由此可说明压缩机噪声是一拐前截面的主要噪声来源。

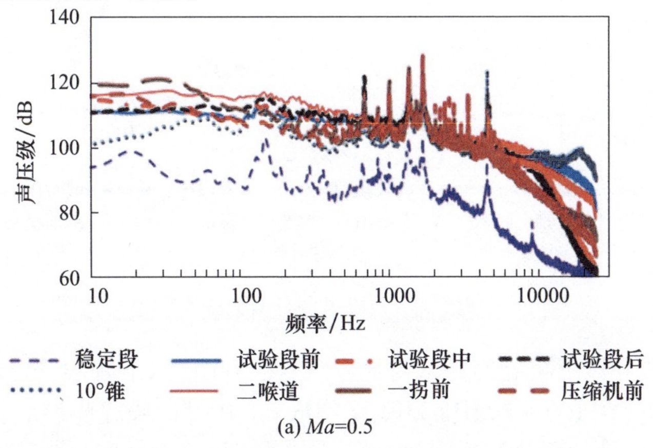

(a) Ma=0.5

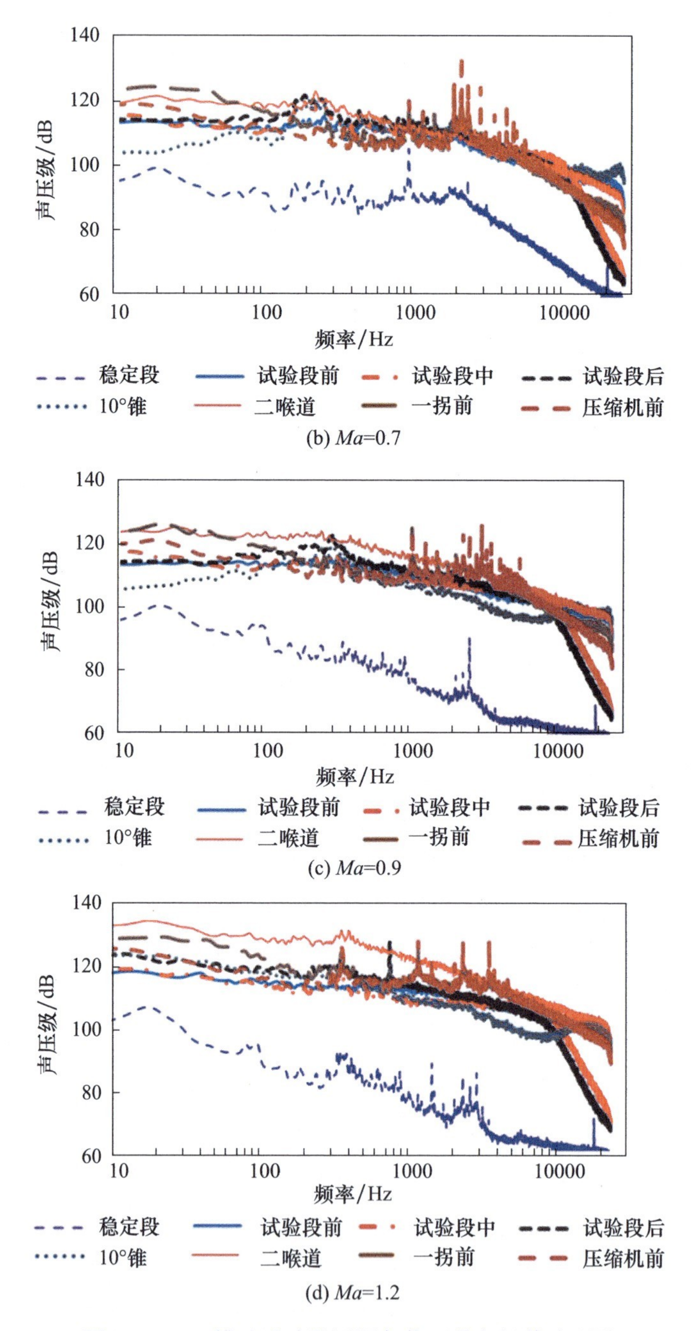

图 2－11　0#槽壁试验段风洞各截面噪声频谱对比图

由试验段和压缩机噪声频谱对比发现：在 100Hz 以下频段，试验段与压缩机噪声水平接近；在 100～500Hz 频段，在 $Ma<1.0$ 时试验段噪声频谱出现峰值；

在 100Hz ~ 1kHz 中低频段，试验段噪声高于压缩机噪声；在 1kHz 以上高频段，在 $Ma<0.7$ 时试验段噪声出现了一些与压缩机噪声频谱相对应的谱峰，在 $Ma>0.7$ 时这些高频谱峰消失不见。由以上现象可以初步判断：压缩机噪声对试验段 1kHz 以下中低频噪声有重要贡献，在 100Hz ~ 1kHz 频段试验段可能发生共振，在共振峰附近试验段噪声大于压缩机噪声。在 1kHz 以上高频段，压缩机噪声高频强线谱在低马赫数时对试验段噪声有影响，而高马赫数时试验段高频噪声更大程度上受气动噪声的影响。

2.4.3 不同形式试验段噪声对比分析

在试验段噪声测试中，分别针对孔壁试验段和槽壁试验段进行了试验，本节将两种试验段的噪声测试结果汇总在一起进行对比分析。测点分布在试验段前、试验段中、试验段后以及 10°锥四个不同测量位置。图 2-12 所示为试验段壁板形式对试验段噪声的影响曲线。

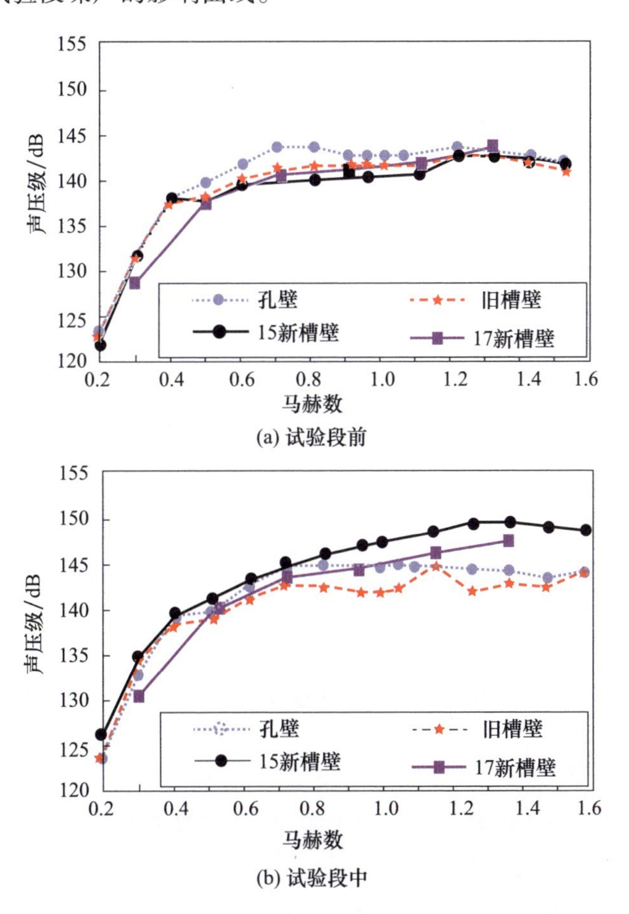

(a) 试验段前

(b) 试验段中

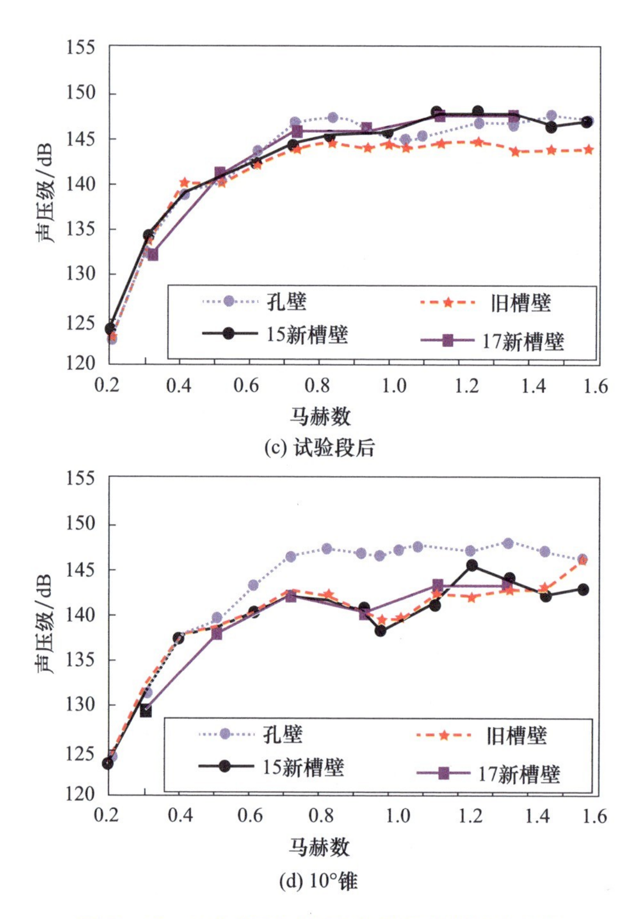

(c) 试验段后

(d) 10°锥

图 2－12　试验段不同壁面类型噪声声压级对比

由图 2－12 可见，采用不同形式的壁板获得的试验段前端、试验段后端噪声水平很接近；$Ma>1.0$ 时，使用槽壁板，试验段后端噪声较低；采用孔壁时，10°锥测得的核心流噪声高于槽壁工况；$Ma>0.7$ 时，试验段前端和后端的噪声随马赫数变化都不大，孔壁和槽壁的试验段中端噪声随马赫数变化较小。

根据四个测量点的噪声数据对比可见，槽壁在试验段前、中、后及 10°锥处的噪声随位置分布均匀，且噪声水平较低。

以下进一步对试验段的脉动压力系数在不同马赫数下的变化情况进行了对比，结果如图 2－13 所示。

通过对比图 2－13 试验段测试结果可知，孔壁和槽壁试验段的脉动压力系数都在马赫数 0.4～0.6 附近达到极大值，在马赫数 1.1～1.3 附近出现小幅峰值。与国外大部分槽壁的测试相比，在低马赫数范围内测试结果存在差异。为了说明这一差异的产生原因，下面结合 Dougherty[9] 对几座槽壁跨声速风洞测试结果的描述给出解释。图 2－14 为 NASA/ARC 14 TWT 跨声速风洞的脉动压力测试结果。

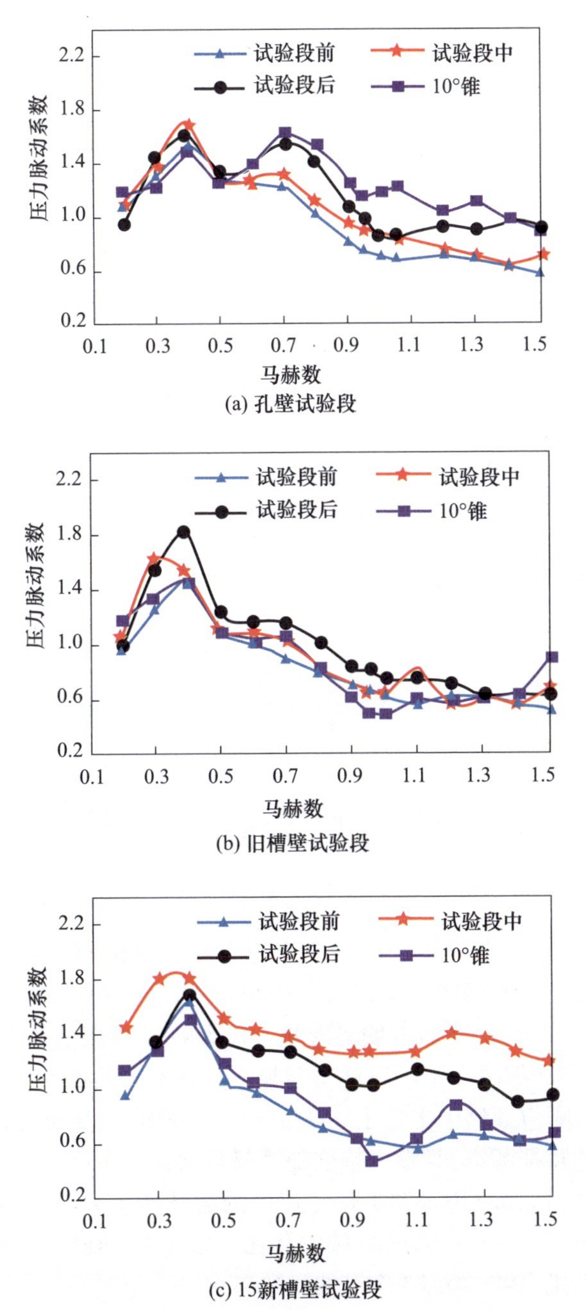

(a) 孔壁试验段

(b) 旧槽壁试验段

(c) 15新槽壁试验段

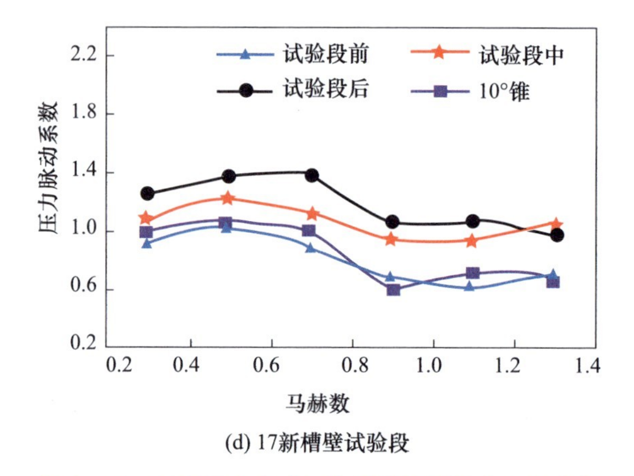

(d) 17新槽壁试验段

图 2－13　试验段的脉动压力系数随马赫数变化曲线

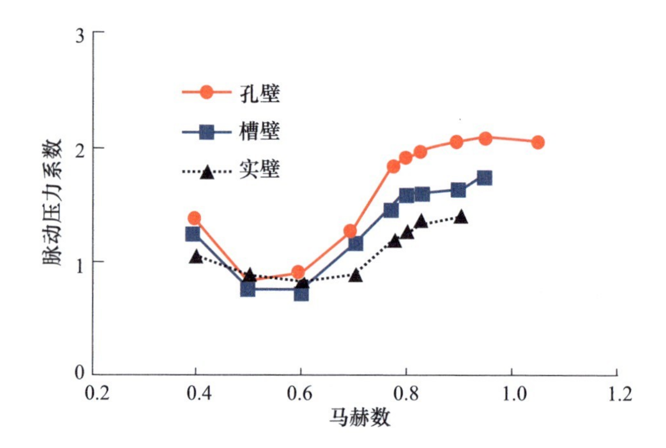

图 2－14　NASA/ARC 14 TWT 试验段脉动压力系数变化[10]

由图 2－14 可知，当马赫数 $Ma=0.4$ 与 $Ma=0.9$ 时，脉动压力系数出现峰值。$Ma=0.4$ 处的小幅峰值说明出现了噪声源，并且该噪声源仅在马赫数低于 0.5 时对试验段压力脉动系数有明显影响。Dougherty 指出这是由于风洞主压缩机引起的，风洞主压缩机在不同测试马赫数下具有不同的驱动速度，当马赫数介于 0.4～0.5 时，噪声频谱中出现了频率为 135～200Hz 的离散噪声，该频率对应主压缩机噪声的特征频率，且噪声幅度随马赫数增加而下降。

图 2－15 为 NASA/LRC 8TPT 跨声速风洞的脉动压力测试结果。Dougherty 对频谱进行分析发现[10]：在测试结果中存在一段 3～6.4kHz 的峰值频谱，并且频率与变速压缩机扇叶的第 26 次谐波一致。

图 2－16 为 NASA/LRC 16ft 跨声速风洞的脉动压力测试结果。当 $Ma=0.3$ 时，在 6kHz 附近出现强烈的窄带噪声信号；随着马赫数增大至 0.4，窄带噪声频

带移动至 7kHz 附近。Dougherty 对此现象进行了解释:这可能与风洞中反向旋转的双级压缩机有关。对于 $Ma=0.85$ 时的噪声峰值,除在对应的频谱中发现 10kHz 附近的宽带噪声增加之外,并无其他有价值线索。

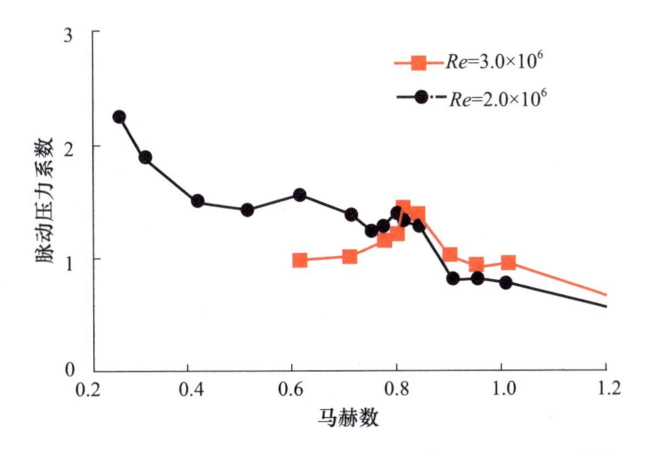

图 2-15　NASA/LRC 8TPT 试验段脉动压力系数变化[10]

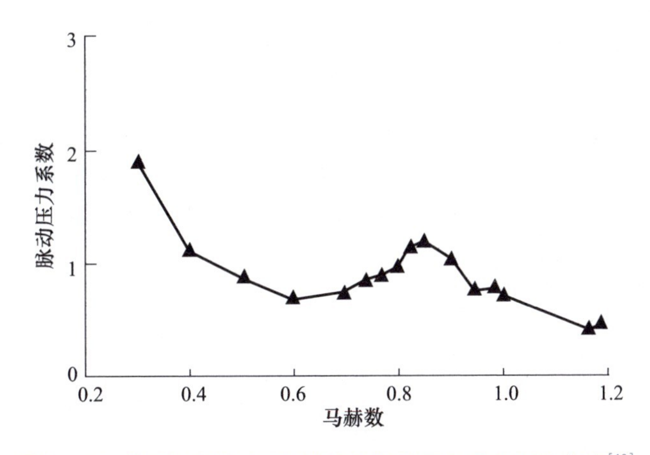

图 2-16　NASA/LRC 16TT 试验段脉动压力系数变化曲线[10]

在 NASA AMES 40ft×80ft 的跨声速风洞中,研究人员对空风洞(移除了试验段中测量翼板和支柱)的背景噪声数据进行了分析。噪声数据频带范围为从 10Hz～20kHz。所有曲线都在低频段出现了峰值,并且与叶片转子旋转频率及其倍数对应,说明压缩机噪声是试验段低频噪声的主要来源。

通过以上各种风洞的对比分析,推测本节中的被测风洞马赫数在 0.3～0.5 时的脉动压力系数峰值是由压缩机噪声传播至试验段引起的。图 2-17 为 17 新槽壁试验段在 $Ma=0.3$ 时压缩机前和试验段中的噪声频谱对比图。

由图 2-17 可知,试验马赫数较低时试验段在 1～3kHz 内出现尖锐峰值,并且与压缩机前测得的峰值频率较为一致。说明在马赫数较低时,试验段噪声主要受压缩机噪声的影响。由此可以判断,压缩机噪声是低马赫下试验段脉动压力系数偏大的主要原因。

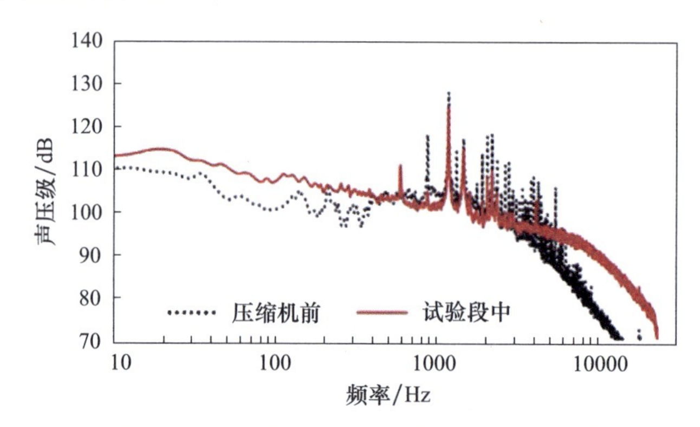

图 2－17　新槽壁压缩机前与试验段中噪声频谱对比曲线($Ma=0.3$)

2.5 本章小结

本章首先针对风洞的基本结构进行了简要介绍,使读者对风洞的构成和运行条件具有直观的认识;在此基础上介绍了跨声速风洞内的噪声源种类及特性,并对重点关注的试验段内主要噪声源进行了详细阐述。进一步针对 0.6m 风洞进行了实际测试工作和风洞噪声特性分析,为跨声速风洞噪声特性研究提供了试验支撑。

第3章 风洞噪声研究方法及基础理论

对风洞背景噪声进行研究需要先明确研究方法，由于风洞内各个噪声源的成因、产生位置、传播方式均不相同，所以需要用不同的方法研究噪声的形成、传播以及与气流的相互影响机制。由第2章试验数据分析可见，风洞试验段内背景噪声按来源主要分为回路传播噪声与试验段内部气动噪声两大类，本章将分别阐述风洞回路传播噪声和气动噪声计算的相关研究方法。

3.1 风洞回路传播噪声研究方法

风洞回路传播噪声主要指压缩机所产生的噪声，同时包含风洞拐角、阻尼网、蜂窝器及试验段等各个结构件产生的噪声，这些噪声沿回路传播并在试验段内叠在一起构成风洞的背景噪声。噪声在管路中传播的研究方法主要有声传递矩阵方法、有限元方法和统计能量分析方法等。

3.1.1 声传递矩阵方法

声波在管道中的传播涉及较多因素，为了开展声传递矩阵分析方便，特引入以下假设：

(1) 声波近似为平面波，传递小振幅声波，适用于线性波动方程；

(2) 气流无黏滞性，声波在管道中传播无能量损耗；

(3) 气流在管道内部均匀流动，静压、静态密度、温度和声速均为定值。

由平面波假设可知，沿管道系统截面上的声学状态可以用声压 p 以及体积速度 U 两个状态参数来表示。由线性化假设可知，传递单元两侧界面上的状态参数是线性相关的。对于一个传递单元，由一侧的状态参数可以确定另一侧的状态参数。根据四端网络的计算原理可获得入口声压 p_1、体积速度 U_1 与出口声压 p_2、体积速度 U_2 的关系

$$\begin{cases} p_1 = Ap_2 + BU_2 \\ U_1 = Cp_2 + DU_2 \end{cases} \tag{3-1}$$

其矩阵表示形式如下：

$$\begin{bmatrix} p_1 \\ U_1 \end{bmatrix} = \begin{bmatrix} A & B \\ C & D \end{bmatrix} \begin{bmatrix} p_2 \\ U_2 \end{bmatrix} = \boldsymbol{T} \begin{bmatrix} p_2 \\ U_2 \end{bmatrix} \tag{3-2}$$

式中:A、B、C 和 D 为四端网络参数,仅与管道结构有关;$\boldsymbol{T}$ 为平面波在管道中的传递矩阵。通过使用该矩阵,就可以由入口参量得到管道任一截面的出口参量[15]。

3.1.2 有限元方法

回路噪声传播的计算还可以利用声学软件仿真模拟,利用 LMS Virtual. Lab Acoustics 软件,采用声学有限元方法,可仿真计算回路中的噪声传播特性。

有限元方法可以求解复杂流场、温度场的变化梯度对声传播的影响,尤其在解决封闭空间的声场计算、无限长管道的声场计算方面都相当有优势。有限元方法实际上就是求解式(3-3)所示的系统方程。通过解此方程组,可得到每个节点处的声压值,从而可以得到管道内部流场的声压分布。

$$(\boldsymbol{K} + \mathrm{j}\omega\boldsymbol{C} - \omega^2\boldsymbol{M})\boldsymbol{p} = \boldsymbol{F}_{\mathrm{A}} \tag{3-3}$$

式中:$\boldsymbol{K}$ 为刚度矩阵;$\boldsymbol{C}$ 为阻尼矩阵;$\boldsymbol{M}$ 为质量矩阵;$\boldsymbol{p}$ 为声压向量;$\boldsymbol{F}_{\mathrm{A}}$ 为节点上作用的与声有关的力。

在声模态已知的情况下,通过模态叠加,可以获得声腔内的声压解,如下式所述:

$$\boldsymbol{p} = \sum_{i=1}^{m} a_i \varphi_i = a\boldsymbol{\varphi} \tag{3-4}$$

式中:a 为模态参与系数;$\boldsymbol{\varphi}$ 为对应模态的模态向量。

这样,问题就转化为求解系数向量的问题了,可以通过求解下面的方程得到特征值向量

$$[\boldsymbol{\varphi}^{\mathrm{T}}(\boldsymbol{K} + \mathrm{j}\omega\boldsymbol{C} - \omega^2\boldsymbol{M})\boldsymbol{\varphi}]\boldsymbol{a} = [\boldsymbol{\varphi}]^{\mathrm{T}}\boldsymbol{F}_{\mathrm{A}} \tag{3-5}$$

上式中的方程更为简单,如果系数没有定义阻尼边界条件,则方程(3-5)可退化成对角阵的形式。

3.1.3 统计能量分析方法

传统的数值计算如有限元方法,在中低频段可获得较为精确的结果,然而由于计算机计算性能的限制,有限元方法网格数量受限,在分析高频噪声时存在明显缺陷。而统计能量分析(Statistical Energy Analysis,SEA)方法可以克服有限元方法的缺陷,对高频噪声进行有效计算。

统计能量分析方法的基本原理是将一复杂结构划分成若干子系统,当某个或者某些子系统受到载荷激励时,子系统间将通过边界进行能量交换。这样对每个子系统都能列出一个能量平衡方程,并最终得到一个高阶线性方程组,求解此方程组可获得各子系统的能量,进而由子系统能量得到各个子系统的振动参

数，如位移、速度、加速度、声压等[16]。

对于 SEA 模型中的子系统 i 而言，其在带宽 $\delta\omega$ 内的平均损耗功率为

$$P_{id} = \omega\eta_i E_i \tag{3-6}$$

式中：ω 为分析带宽 $\delta\omega$ 内的中心频率；η_i 为结构/声腔损耗因子；E_i 为子系统的模态振动能量。

类似的，保守耦合系统中从子系统 i 传递到子系统 j 的单向功率流 P'_{ij} 可表示为

$$P'_{ij} = \omega\eta_{ij} E_i \tag{3-7}$$

式中：η_{ij} 为从子系统 i 到子系统 j 的耦合损耗因子。记 $\dot{E}_i = \mathrm{d}E_i/\mathrm{d}t$ 为子系统 i 的能量变化率，则子系统 i 的功率流平衡方程为

$$P_{i,\mathrm{in}} = \dot{E}_i + P_{id} + \sum_{j=1,j\neq i}^{N} (P_{ij} - P_{ji}) \tag{3-8}$$

式中：$P_{i,\mathrm{in}}$ 为外界对子系统 i 的输入功率；P_{ij} 为子系统 i 流向子系统 j 的功率。

当稳态振动时 $\dot{E}_i = 0$，上式可变为 $(i = 1,2,\cdots,N)$

$$P_{i,\mathrm{in}} = \omega\eta_i E_i + \sum_{j=1,j\neq i}^{N} (\omega\eta_{ij}E_i - \omega\eta_{ji}E_j) = \omega\sum_{k=1}^{N}\eta_{ik}E_i - \omega\sum_{j=1,j\neq i}^{N}\eta_{ji}E_j \tag{3-9}$$

上式表明，当系统进行稳态强迫振动时，第 i 个子系统输入功率除了消耗在该子系统阻尼上外，应全部传输到相邻子系统上去，于是有

$$\sum_{j=1}^{N} L_{ij}E_j = \frac{P_{i,\mathrm{in}}}{\omega} \quad (i = 1,2,\cdots,N) \tag{3-10}$$

写成矩阵形式为

$$\omega\begin{bmatrix} (\eta_1 + \sum\limits_{i\neq 1}\eta_{1i})N_1 & -\eta_{12}N_1 & \cdots & -\eta_{1k}N_1 \\ -\eta_{21}N_2 & (\eta_2 + \sum\limits_{i\neq 2}\eta_{2i})N_2 & \cdots & \cdots \\ \cdots & \cdots & \cdots & \cdots \\ -\eta_{k1}N_k & \cdots & \cdots & (\eta_k + \sum\limits_{i\neq k}\eta_{ki})N_k \end{bmatrix}\begin{bmatrix} \dfrac{E_1}{N_1} \\ \cdots \\ \cdots \\ \dfrac{E_k}{N_k} \end{bmatrix} = \begin{bmatrix} \Pi_1 \\ \cdots \\ \cdots \\ \Pi_k \end{bmatrix} \tag{3-11}$$

上式可进一步表示为矩阵形式：$\omega \boldsymbol{L}\boldsymbol{E} = \boldsymbol{\Pi}_{\mathrm{in}}$。式中：$\boldsymbol{E} = [E_1, E_2, \cdots, E_N]^{\mathrm{T}}$ 为能量转换向量；$\boldsymbol{\Pi}_{\mathrm{in}} = [\boldsymbol{\Pi}_{1,\mathrm{in}}, \boldsymbol{\Pi}_{2,\mathrm{in}}, \cdots, \Sigma_{N,\mathrm{in}}]^{\mathrm{T}}$ 为输入功率向量；$\boldsymbol{L}$ 为系统损耗因子矩阵。

求解方程(3-11)可得到每个子系统的振动能量，再根据子系统的振动能量分析就可以得到该子系统结构的振动均方速度为

$$\langle v_i^2 \rangle = E_i / M_i \tag{3-12}$$

式中：E_i 为子系统结构的模态振动能量；M_i 为子系统质量。

对于声场子系统，其声压均方值为

$$\langle P_i^2 \rangle = E_i \rho_0 c_0^2 / V_i \tag{3-13}$$

式中：E_i 为声腔子系统的能量；ρ_0 与 c_0 分别为声腔介质密度及声速；V_i 为声腔子系统的体积。

除了统计能量分析方法外，有限子结构导纳功率流方法是由统计能量分析方法引出并独立发展起来的一种新的分析方法，它结合了机械导纳的概念以及子结构划分的思想，通过对复杂耦合结构进行子结构划分，并将各子结构的机械导纳作为表征参数，对耦合结构中的振动传递特性进行求解，具有表达形式简明、求解过程高效等显著特点。与统计能量分析方法相结合可以达到拓展中频分析精度的目的，在处理与风洞结构振动相关问题上具有一定的优势。

3.2 风洞气动噪声研究方法

气动噪声主要指因流场脉动压力导致，广泛存在于风洞回路内的噪声，包括气流流经风洞回路以及通气壁、模型支架等局部结构时，因气流扰动所产生的各种噪声。气动噪声的研究方法主要有计算气动声学（Computational Aero – Acoustic，CAA）方法、声比拟（Acoustic Analogy）方法和混合计算方法（Hybrid Calulation Method）。

3.2.1 计算气动声学方法

作为气动声学和计算流体力学结合的一门交叉学科分支，计算气动声学方法是模拟气动声学最全面的方法。它不依赖于任何声学模型，因而可以用于风洞回路及典型部段的气动噪声计算。由于流场和声场的基本方程是一致的，因此可以从 Navier – Stokes（N – S）方程直接得到流场和声场的统一解。在具体进行气动声学计算时，一般认为可以忽略流体的黏性，并忽略高阶小量，从而可以使用均匀流场下的三维线性欧拉方程

$$\frac{\partial \boldsymbol{U}}{\partial t} + \frac{\partial \boldsymbol{E}}{\partial x} + \frac{\partial \boldsymbol{F}}{\partial y} + \frac{\partial \boldsymbol{G}}{\partial z} = \boldsymbol{H} \tag{3-14}$$

其中，$\boldsymbol{U} = \begin{bmatrix} \rho \\ u \\ v \\ w \\ p \end{bmatrix}$，$\boldsymbol{E} = \begin{bmatrix} Ma_x\rho + u \\ Ma_x u + p \\ Ma_x v \\ Ma_x w + p \\ Ma_x p + u \end{bmatrix}$，$\boldsymbol{F} = \begin{bmatrix} Ma_y\rho + u \\ Ma_y u \\ Ma_y v + p \\ Ma_y w + p \\ Ma_y p + v \end{bmatrix}$，$\boldsymbol{G} = \begin{bmatrix} Ma_z\rho + w \\ Ma_z u + p \\ Ma_z v + p \\ Ma_z w \\ Ma_z p + w \end{bmatrix}$，$\boldsymbol{H}$ 为源项，

Ma_x、Ma_y 和 Ma_z 分别为 x 方向、y 方向和 z 方向的气流马赫数。

计算气动声学方法对整个计算域进行模拟，包括声源区、接收区和声波的传播区域，通过严格的瞬态计算可以得到整个区域的压力分布。同时，这种方法也是目前应用最普遍、理论上最精确的计算气动声学的方法。但是，由于流场和声场的特性存在极大差异，特别是在低马赫数下，声场能量与涡能量、声波波长与湍流尺度以及声压与流场宏观压力的量级差异，导致该种方法对网格尺度、计算时间及离散格式有非常高的要求。因此计算气动声学方法的计算量极大，对计算资源要求非常高[17-18]。

3.2.2　声比拟方法

声比拟方法属于非直接方法，其实质上是噪声源先验假定，基本思想是将流场区域划分为声源区和声波动区两部分分别进行模拟。气动噪声预测的声比拟方法主要有 Lighthill 声比拟方法、Kirchhoff 积分法和 FW－H 方法等[19-20]。

Lighthill 声比拟方法在流致噪声领域具有基础性的地位。最初 Lighthill 的模型将射流噪声模拟为均匀静止无界介质中等效的四极子声源。Lighthill 方程源自流体力学 N－S 方程，其方程形式为

$$\frac{1}{a_0^2}\frac{\partial p'}{\partial t^2}-\nabla^2 p'=\frac{\partial^2}{\partial x_i \partial x_j}T_{ij} \tag{3-15}$$

式中：T_{ij} 为莱特希尔应力张量，可表示为 $T_{ij}=\rho u_i u_j+(p-\rho a_0^2)\delta_{ij}-\tau_{ij}$。

如果将方程右边看成源项，则方程是一个典型的声学波动方程，可以用成熟的古典声学方法求解。方程右边的应力张量可以通过试验或计算流体力学（Computational Fluid Dynamics，CFD）方法计算得到。

Lighthill 根据做出的假设推导出了射流噪声的八次方定理，该定理是声源总辐射功率与射流速度的关系式，它指出导致气流噪声的主要原因是湍流。Lighthill 方程是一个含有声源的波动方程，它通过瑞利声比拟理论得到了可以评估湍流场的远场噪声级的方法。

Kirchhoff 理论源于“声比拟”概念和传统光学、声学中的惠更斯原理。Kirchhoff 方法可以预报由任意声源所组成的声场，但不需要掌握声源的细节特征。该方法运用控制面将计算域分为近场声源区域和远场声波动区域，其中近场区域可采用欧拉方程或 N－S 方程描述，远场区域则采用 Helmholtz 方程描述。因此，只要获取控制面表面的流动信息，即可推算出其远场声辐射。

FW－H 方程将流动对噪声的贡献分为三个部分：分布于物面上的单极源、偶极源以及积分面与观察者间三维空间内的非线性四极源，对于远场观察者，接收到的噪声值是三种贡献之和。

FW－H 方程是 Lighthill 声比拟方法的最一般形式，它是通过广义函数来描

述流场,在无限空间内嵌入外部流体问题。

假设 $f(x,t)=0$ 为控制体表面函数,控制体表面点以速度 $v(x,t)$ 运动。由于 $f=0$,从而有 $\nabla f=\hat{n}$,其中,$\hat{\boldsymbol{n}}$ 为单位外法向量。连续方程以及线性动量方程可以写为

$$\frac{\partial}{\partial t}[(\rho-\rho_0)H(f)]+\frac{\partial}{\partial x_i}[\rho u_i H(f)]=Q\delta(f) \tag{3-16}$$

式中:$Q=\rho_0 U\hat{n}_i$;$U_i=\left(1-\frac{\rho}{\rho_0}\right)v_i+\frac{\rho u_i}{\rho_0}$。

$$\frac{\partial}{\partial t}[\rho u_i H(f)]+\frac{\partial}{\partial x_j}[(\rho u_i u_j+P_{ij})H(f)]=L_i\delta(f) \tag{3-17}$$

式中:$L_i=P_{ij}\hat{n}_j+\rho u_i(u_n-v_n)$;$P_{ij}=(p-p_0)\delta_{ij}-\tau_{ij}$;$Q\delta(f)$ 和 $L_i\delta(f)$ 分别为质量和动量的面源分布。重新整理上述方程就得到 FW-H 方程

$$\nabla^2[(\rho-\rho_0)c^2H(f)]=\frac{\partial^2}{\partial x_i\partial x_j}[T_{ij}H(f)]-\frac{\partial}{\partial x_i}[L_i\delta(f)]+\frac{\partial}{\partial t}[Q\delta(f)] \tag{3-18}$$

$$T_{ij}=pu_iu_j+(p'-c^2\rho')\delta_{ij}+\tau_{ij} \tag{3-19}$$

式中:T_{ij} 为 Lighthill 应力张量;∇^2 为波算子。

声比拟方法一般只用于计算远场噪声辐射,对于近场噪声的计算误差较大。尽管如此,这种方法已经具备了工程应用价值。

3.2.3 混合计算方法

混合计算方法主要是利用计算流体力学软件和声学软件对工程中的气动噪声进行联合仿真计算,其本质还是 Lighthill 声比拟方法。但是由于引入了专业的声学计算软件,因此能够对工程中的气动噪声问题做出更全面的预测。

混合计算方法的基本流程如下:①对流动进行瞬态计算。在计算过程中,湍流模型一般选用大涡模拟[21-23]。此外,根据计算的最高频率,由奈奎斯特采样定理合理设定时间步长和计算总时长;②将流场瞬态计算结果输出为时域的脉动压力或速度脉动;③将瞬态计算的结果导入声学软件,并在声学软件中转化为等效声源(单极子、偶极子或四极子声源),同时通过快速傅里叶变换(Fast Fourier Transform,FFT)将时域数据转化为频域数据;④声学计算以及后处理。在声学计算时,可以考虑材料吸声属性、流固耦合效应或者声振耦合效应等。

混合计算方法的最大优势在于,能够更加真实地模拟工程中实际的气动噪声问题。但是,由于混合计算方法是将流场与声场完全独立分开计算。因此,无法考虑声场对流场的反作用;与此同时,声场的计算结果精度也完全依赖于流场计算的结果。

3.3 流场及气动噪声计算基本理论

3.3.1 流场计算基本理论

在进行流场计算时的数值模拟方法一般包括直接数值模拟(Direct Numerical Simulation,DNS)、雷诺平均(Reynolds Average Navier - Stokes,RANS)方法和大涡模拟(Large Eddy Simulation,LES)。一般情况下,DNS 方法只限于较小雷诺数的计算,其结果可以用来获得流体的一些基本规律;RANS 方法通过对 N - S 方程进行系综平均得到描述平均量的方程;LES 方法通过对 N - S 方程进行低通滤波得到描述湍流大尺度运动的方程[21]。

近年来,一种新型的湍流流动模拟方法——RANS/LES 混合方法逐渐成为研究热点,该方法结合了 RANS 方法和 LES 方法各自的优势。针对 LES 方法在近壁面区对网格数量的限制及雷诺应力损失问题,RANS/LES 混合方法在近壁面采用 RANS 方法,在远离物面的流动分离区域采用 LES 方法,求解大尺度湍流结构。Spalart 对不同的数值模拟方法模拟湍流运动所耗费的计算资源进行了统计,与 LES 和 DNS 方法相比,DES 方法对计算网格和计算步数的要求大幅减小,而与非定常 RANS 方法相比增加不大。从工程应用的角度来看,RANS/LES 混合方法能够在计算资源没有显著增加的情况下,提高对流动关注区域湍流运动的模拟精度,具有很大的工程应用潜力。

接下来,将主要对 RANS/LES 混合方法进行介绍,主要内容包括基于 SST 湍流模型的 DES 方法、DDES 方法和 IDDES 方法的构造。

3.3.1.1 DES 方法的构造

从 RANS 方法对实际流动的模拟结果来看,不同的湍流模型对分离流动的模拟精度是各不相同的。因此,基于 SST 湍流模型,参照 Spalart 基于 S - A 湍流模型的 DES97 方法的基本思想,Travin 等通过对 SST 湍流模型中隐含的长度尺度进行修改,实现了基于 $k-\omega$ SST 湍流模型的 DES 方法。

对于 $k-\omega$ SST 湍流模型的基本方程,该湍流模型的湍流长度尺度为

$$l_{k-\omega} = \frac{k^{1/2}}{(\beta^* \omega)} \tag{3-20}$$

用长度尺度 $\bar{l}$ 代替原始湍流模型方程中的湍流长度尺度 $l_{k-\omega}$。$\bar{l}$ 的具体定义如下:

$$\bar{l} = \min(l_{k-\omega}, C_{\mathrm{DES}}\Delta) \tag{3-21}$$

式中:Δ 为网格单元长度,定义为 $\Delta = \max(\Delta x, \Delta y, \Delta z)$;$C_{\mathrm{DES}}$ 可表示为

$$C_{\mathrm{DES}} = (1 - F_1) C_{\mathrm{DES}}^{k-\varepsilon} + F_1 C_{\mathrm{DES}}^{k-\omega} \tag{3-22}$$

其中：$C_{\mathrm{DES}}^{k-\varepsilon} = 0.61$；$C_{\mathrm{DES}}^{k-\omega} = 0.78$。

在原始 $k-\omega$ SST 湍流模型中，湍动能 k 输运方程中的破坏项用式(3-20)所定义的长度尺度表示，则有如下形式：

$$D_k^{\mathrm{RANS}} = \rho\beta^* \omega k \cdot \frac{Re}{Ma_\infty} = \rho k^{3/2}/l_{k-\omega} \cdot \frac{Re}{Ma_\infty} \tag{3-23}$$

在 DES 方法中，将式(3-21)所重新定义的长度尺度 $\bar{l}$ 替代上式中的湍流长度尺度 $l_{k-\omega}$，即

$$D_k^{\mathrm{DES}} = \rho k^{3/2}/\bar{l} \cdot \frac{Re}{Ma_\infty} \tag{3-24}$$

从式(3-24)中可以看出，在湍流长度尺度较大的区域，混合方法中的统一附加应力模型将退化为与网格尺度相关的 LES 亚格子应力模型；在湍流长度较小的区域则转化为普通的 SST 湍流模型。

从式(3-21)中可以看出，当在壁面边界层附近区域计算网格分布较密时，如果网格布置不合适，可能造成边界层附近网格单元长度较小，从而造成 d 大于 $C_{\mathrm{DES}}\Delta$。DES 方法会将此区域标定为 LES 区域进行处理，此时壁面边界层内的速度脉动信息将不能很好地被求解，计算过程中边界层内的涡黏性将会被减小，导致模型 Reynolds 应力的不匹配现象，造成“网格诱导分离”现象的发生。

基于 $k-\omega$ SST 湍流模型的 DDES 方法实现，采用 Menter 提出的过渡函数思想。在 $k-\omega$ SST 湍流模型中，Menter 为了将 $k-\omega$ 模型和 $k-\varepsilon$ 模型的优点结合在一起，通过构造一种开关函数，从而使得在边界层内的黏性底层和对数层中使用 $k-\omega$ 模型，而在远离边界层的尾迹区域使用 $k-\varepsilon$ 模型。因此，在建立 DDES 方法时可以借用这个转换函数实现对边界层区域和流场其他区域的区分。

在原始基于 $k-\omega$ SST 湍流模型的 DES 方法中，将 $l_{k-\omega}$ 替换为基于网格尺度的长度 $\bar{l}$ 后，湍动能 k 输运方程中的破坏项也可以写为如下形式：

$$\begin{aligned} D_k^{\mathrm{DES}} &= \rho\beta^* k\omega \cdot \frac{Re}{Ma_\infty} = \frac{\rho k^{3/2}}{\bar{l}} \cdot \frac{Re}{Ma_\infty} = \frac{\rho k^{3/2}}{\min(l_{k-\omega}, C_{\mathrm{DES}}\Delta)} \cdot \frac{Re}{Ma_\infty} \\ &= \rho k\beta^* \omega \cdot F_{\mathrm{DES}} \cdot \frac{Re}{Ma_\infty} \end{aligned} \tag{3-25}$$

式中：$F_{\mathrm{DES}} = \max\left(1, \dfrac{l_{k-\omega}}{C_{\mathrm{DES}}\Delta}\right)$。

为了限制 DES 方法过早地进入边界层内，Menter 提出引入 SST 湍流模型中的构造函数 F_{SST}，将 F_{DES} 变为如下形式：

$$F_{\mathrm{DES}}=\max\left(1,\frac{l_{k-\omega}}{C_{\mathrm{DES}}\Delta}(1-F_{\mathrm{SST}})\right) \tag{3-26}$$

式中：F_{SST}可以取为不同的函数，当F_{SST}取为0时，则式(3-26)变为基于SST湍流模型的DES方法；当F_{SST}取为F_1或F_2时，则式(3-26)为延迟DES方法，即为DDES方法。由于函数F_1与F_2的特性为：在壁面附近其值为1，远离壁面其值为0。因此通过引入函数F_2可以使得在边界层内F_{DES}为RANS模式。

IDDES方法的构造结合了DDES和WMLES模型的特点。IDDES方法能够解决边界层附近"Log - Layer Mismatch"问题，并且能够加快分离区RANS到LES的转换。

该方法主要的改进内容包括两个部分：一是对亚格子尺度进行重新定义，与传统的LES方法只考虑网格尺度的影响相比，改进后的亚格子尺度直接引入了壁面距离的影响；二是基于经验公式构造了RANS - LES方法混合转换函数以实现在物面边界层内两种方法能够有效的转换。

1）亚格子尺度的定义

LES方法中对于亚格子模型的尺度定义，最常用的是将Δ取为网格单元体积的立方根。但是在DES方法中，通常将亚格子长度尺度取为网格三个方向上尺度的最大值。而采用这两种方式直接对近壁面充分发展的湍流流动进行模拟时都不能得到满意的结果，这主要是由于不同亚格子尺度定义方式中对SGS常数取值不同所造成的。例如，对于管道流动，如果采用体积的均方根作为长度尺度的LES方法，其最优的Smagorinsky常数为0.1，而对于均匀各向同性湍流流动(DIHT)，该常数值则变为0.05。采用DES和DDES方法所定义的网格最大尺度为亚格子尺度进行计算时，对管道流动能够得到较好模拟效果的Smagorinsky常数则更大。这表明两种亚格子尺度定义方式都是不成功的，需要发展一种新的定义方式使得对不同的湍流流动采用LES方法进行模拟时不需要人为地调整亚格子模型常数。

一种重新定义的亚格子长度尺度为

$$\Delta=\min[\max(C_w d_w, C_w h_{\max}, h_{wn}), h_{\max}] \tag{3-27}$$

式中：h_{wn}为网格单元在物面法向方向上的当地网格尺度；C_w为常数，取为0.15；$h_{\max}$为计算网格单元三个方向上的最大尺度；d_w为网格单元距物面的距离。该亚格子长度尺度定义不仅包括了当地网格尺度而且还包含了壁面距离的影响。

2）RANS - LES混合函数构造

对混合模型的建立可通过构造一种新的混合湍流长度尺度，该混合湍流长度尺度由RANS长度尺度和LES长度尺度混合构成，其形式如下：

$$l=f_{\mathrm{hyb}}(1+f_{\mathrm{restore}})l_{\mathrm{RANS}}+(1-f_{\mathrm{hyb}})C_{\mathrm{DES}}\Delta \tag{3-28}$$

式中：Δ 为式（3－27）所定义的网格尺度；C_{DES}为经验常数。

与 DES 方法的基本思想相同，为了建立一种混合模型，需用由上式中所构造的混合长度尺度 l 替换基准 RANS 方法湍流模型中的长度尺度 l_{RANS}。对于 $k-\omega$ SST 湍流模型采用 l 替换湍流模型中长度尺度 $l_{RANS}=k^{1/2}/(C_{\mu}\omega)$。

下面对式（3－28）中的各个函数进行详细说明。混合函数f_{hyb}包含了 DDES 分支和 WMLES 分支，其构造形式如下：

$$f_{hyb}=\max[(1-f_d),f_{step}] \quad (3-29)$$

式中：f_d 是 DDES 方法中的延迟函数，可以表示为

$$f_d=1-\tanh[(8r_d)^3] \quad (3-30)$$

其中，

$$r_d=\frac{1}{k^2d_w^2}\cdot\frac{\nu_t}{\max\left\{\left[\sum_{i,j}(\partial u_i/\partial x_j)^2\right]^{0.5},10^{-10}\right\}} \quad (3-31)$$

式（3－29）中函数f_{step}只在 WMLES 模型被调用时起作用，它使得在边界层内 RANS 方法能够快速地向 LES 进行转换。其构造形式如下：

$$f_{step}=\min[2\exp(-9\alpha)^2,1.0] \quad (3-32)$$

上式中参数 α 的定义为 $\alpha=0.25-d_w/h_{max}$，f_{step}的构造使得在 $0.528<d_w/h_{max}<1.0$ 区域内 RANS 方法快速向 LES 进行转换。

对$f_{restore}$函数的构型形式如下：

$$f_{restore}=\max[(f_{hill}-1),0]f_{amp} \quad (3-33)$$

式中f_{hill}的定义如下：

$$f_{hill}=\begin{cases}2\exp(-11.09\alpha^2), & \alpha\geqslant 0\\ 2\exp(-9.0\alpha^2), & \alpha<0\end{cases} \quad (3-34)$$

在式（3－33）中函数f_{amp}的形式如下：

$$f_{amp}=1.0-\max(f_t,f_l) \quad (3-35)$$

其中，$f_t=\tanh[(c_t^2r_d)^3]$，$f_l=\tanh[(c_l^2r_{dl})^{10}]$，且

$$r_{dl}=\frac{1}{k^2d_w^2}\cdot\frac{\nu_l}{\max\left\{\left[\sum_{i,j}(\partial u_i/\partial x_j)^2\right]^{0.5},10^{-10}\right\}} \quad (3-36)$$

其中，c_l、c_t 为常数。c_l 取为 5.00，c_t 取为 1.87。

图 3－1 给出了函数f_{step}和f_{hill}随 d_w/h_{max} 的变化示意图，当 d_w/h_{max} 小于 0.528 时（近壁面区域），f_{step}为 1.0，此时为 RANS 区；当 d_w/h_{max} 大于 0.528 时，f_{step}使得流场求解方法快速从 RANS 方法向 LES 方法进行转换，在该区域内函数f_{step}与函数f_{hill}的值相同。

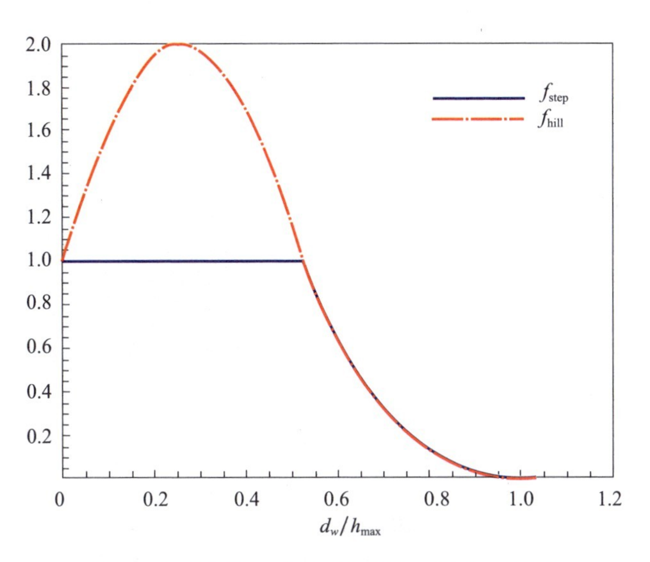

图3－1　函数 f_{step} 和 f_{hill} 随 d_w/h_{max} 变化示意图

3.3.1.2　DES 方法验证

串列双圆柱（Tandem Cylinders，TC）模型的原型是飞机起落架的减振器与支柱结构，被国内外研究者广泛地用于检验 RANS/LES 方法的可靠性。NASA 兰利研究中心在 Basic Aerodynamic Reasearch Tunnel（BART）常规风洞中针对串列双圆柱模型开展了大量的试验，得到了大量的试验数据。其模型示意图如图3－2所示，网格拓扑结构以及空间沿流向对称面计算网格如图3－3所示。

利用粒子成像测速（Particle Image Velocimetry，PIV）技术可获得串列双圆柱的三维流场数据。试验结果与流场计算结果对比如图3－4所示，图（a）为试验结果，图（b）为计算结果，图中显示的是展向涡量分布云图，可以看出使用 DES 方法的计算值与试验值吻合较好。

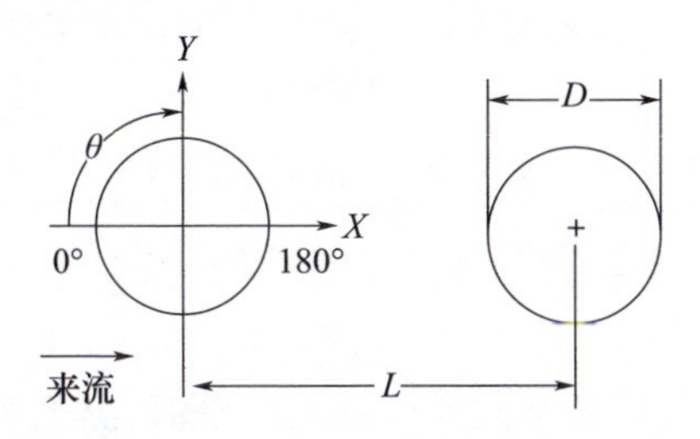

图3－2　串列双圆柱模型示意图

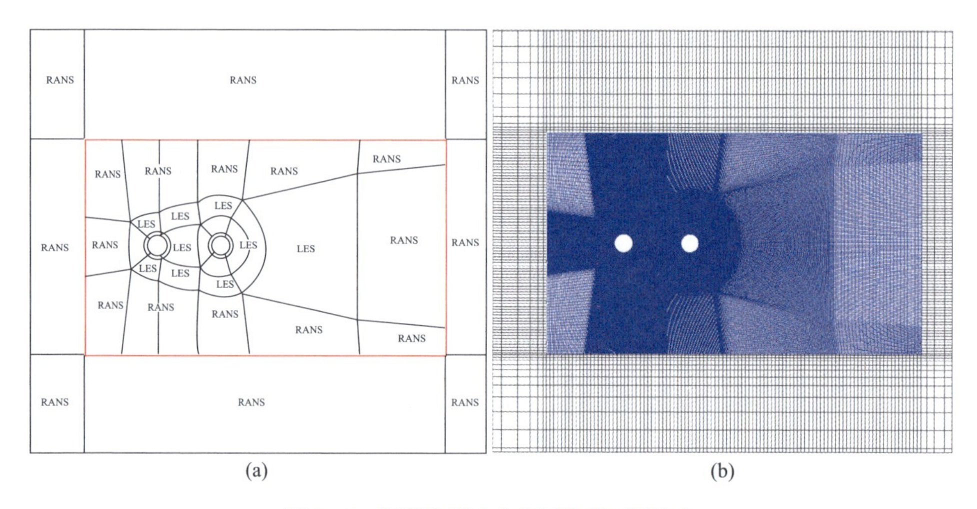

图 3－3　网格拓扑(a)和网格截面图(b)

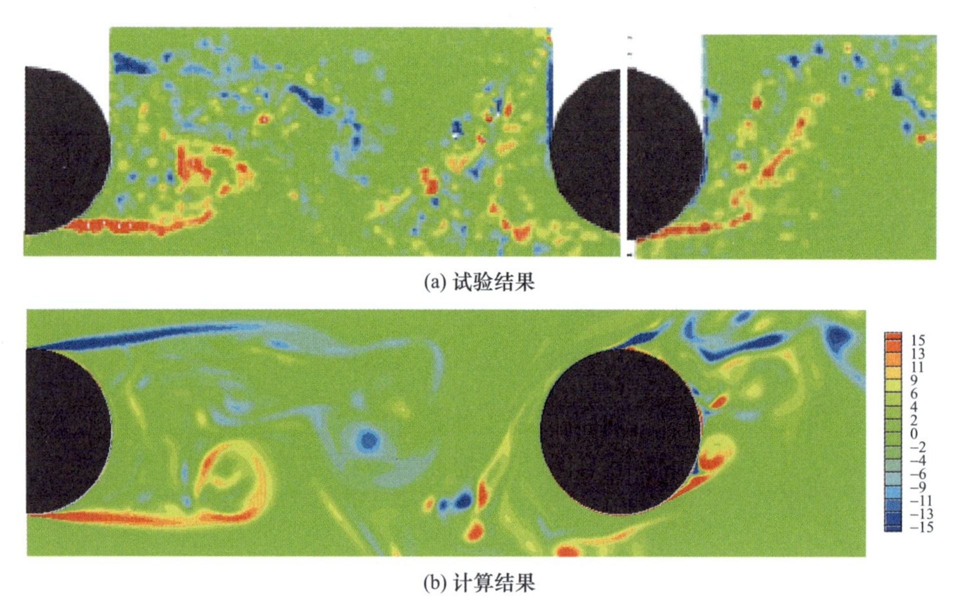

图 3－4　试验和计算的展向涡量分布云图对比

上下游圆柱表面压力系数分布图如图 3－5 所示，图(a)是上游圆柱，图(b)是下游圆柱。

图 3－5 中不同符号代表不同风洞试验测量值，黑色实线代表计算值。图中 BART 表示 NASA 兰利研究中心的常规风洞，QFF 表示 NASA 兰利研究中心的静音风洞，“Trip”表示该试验中安装有转捩带。由图可见，基于 DES 方法的计算值与试验值吻合较好，说明 DES 方法在进行气动计算时具有较好的精度。

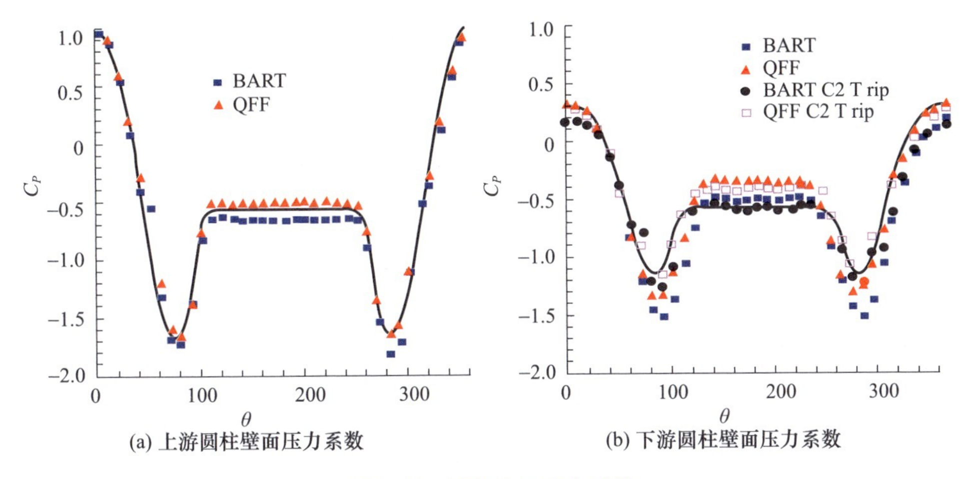

图3－5　圆柱壁面压力系数

3.3.2　气动噪声计算基本理论

3.3.2.1　FW－H控制方程

FW－H方法是目前进行气动噪声计算较为常用的一种方法。相关方程具有形式简洁、物理意义清晰的优点，由流体力学中的连续方程和动量方程联合推导而得。其中连续方程为

$$\frac{\partial \rho}{\partial t}+\frac{\partial \rho u_i}{\partial x_i}=0 \tag{3-37}$$

动量方程为

$$\rho\frac{\partial u_i}{\partial t}+\rho u_j\frac{\partial u_i}{\partial x_j}=-\frac{\partial P_{ij}}{\partial x_j} \tag{3-38}$$

其中，应力张量 $P_{ij}=(p-p_0)\delta_{ij}-\tau_{ij}$，克罗内克符号 $\delta_{ij}=\begin{cases}0, i\neq j\\1, i=j\end{cases}$，黏性应力张量 $\tau_{ij}=\mu\left(\frac{\partial u_i}{\partial x_j}+\frac{\partial u_j}{\partial x_i}\right)+\frac{2}{3}\mu\frac{\partial u_k}{\partial x_k}$。

由于Lighthill方程所作用的对象仅为流体，对于流场包含运动物体的情况，Ffowcs Williams和Hawkings引入了Heaviside广义函数

$$H(f)=\begin{cases}1, f(x_i,t)>0\\0, f(x_i,t)<0\end{cases} \tag{3-39}$$

其中，$f(x_i,t)=0$ 表示控制面方程。则整个流场中的流体以及固体内部可以统一为一个广义的非均匀流场，该非均匀流场流体微元参数可表示为

$$\begin{cases}\bar{\rho}=\rho' H(f)+\rho_0\\ \bar{u}_i=u_i H(f)\\ \bar{P}_{ij}=P_{ij}H(f)-p_0\delta_{ij}\end{cases} \tag{3-40}$$

其中上标撇号表示扰动量，下标 0 表示未扰动量。由此可以得到广义连续方程

$$\frac{\partial\bar{\rho}}{\partial t}+\frac{\partial\bar{\rho}\,\bar{u}_i}{\partial x_i}=\rho'(u_i-v_i)\frac{\partial H(f)}{\partial x_i}+\rho_0 u_i\frac{\partial H(f)}{\partial x_i} \tag{3-41}$$

此处省略推导过程，直接给出广义动量方程如下所示：

$$\frac{\partial(\bar{\rho}\,\bar{u}_i)}{\partial t}+\frac{\partial(\bar{\rho}\,\bar{u}_i\bar{u}_j)}{\partial x_j}+\frac{\partial\bar{P}_{ij}}{\partial x_j}=[\rho u_i(u_j-v_j)+P_{ij}]\frac{\partial H(f)}{\partial x_j} \tag{3-42}$$

对广义连续方程两边取时间导数，再减去广义动量方程两边取 x_i 导数，并对推导出的方程两边同时减去 $c_0^2\frac{\partial[\rho' H(f)]}{\partial x_i^2}$，得

$$\begin{aligned}&\frac{\partial^2}{\partial t^2}[\rho' H(f)]-c_0^2\frac{\partial^2}{\partial x_i^2}[\rho' H(f)]\\&=\frac{\partial}{\partial t}\left[\rho_0 u_i\frac{\partial H(f)}{\partial x_i}\right]-\frac{\partial}{\partial x_i}\left[P_{ij}\frac{\partial H(f)}{\partial x_j}\right]+\\&\quad\frac{\partial^2}{\partial x_i x_j}[(\rho u_i u_j+P_{ij}-\delta_{ij}c_0^2\rho')H(f)]\end{aligned} \tag{3-43}$$

上式即为著名的考虑了运动的固体边界对流体作用影响的 FW－H 方程。对 FW－H 方程稍加整理可得

$$\nabla^2[(\rho-\rho_0)c_0^2H(f)]=\frac{\partial^2}{\partial x_i x_j}[T_{ij}H(f)]-\frac{\partial}{\partial x_i}\left[L_i\frac{\partial H(f)}{\partial f}\right]+\frac{\partial}{\partial t}\left[Q\frac{\partial H(f)}{\partial f}\right] \tag{3-44}$$

其中，∇^2为波动算子，$T_{ij}=\rho u_i u_j+(p'-c_0^2\rho')\delta_{ij}-\tau_{ij}$为 Lighthill 应力张量，$L_i=P_{ij}\hat{n}_j+\rho u_i(u_n-v_n)$，$P_{ij}=(p-p_0)\delta_{ij}-\tau_{ij}$，$Q=\rho_0 n_i\left[v_i+(u_i-v_i)\frac{\rho}{\rho_0}\right]$。

3.3.2.2　FW－H 脉动压力求解

运用格林函数积分对 FW－H 方程进行求解可得到延迟时间解，如下所示：

$$\begin{aligned}4\pi p'=&\frac{\partial^2}{\partial x_i x_j}\iiint_{f>0}\left[\frac{T_{ij}}{r(1-M_r)}\right]_{\mathrm{ret}}\mathrm{d}V-\\&\frac{\partial}{\partial x_i}\iint_{f=0}\left[\frac{L_i}{r(1-M_r)}\right]_{\mathrm{ret}}\mathrm{d}S+\frac{\partial}{\partial t}\iint_{f=0}\left[\frac{Q}{r(1-M_r)}\right]_{\mathrm{ret}}\mathrm{d}S\end{aligned} \tag{3-45}$$

式中：下标 ret 表示延迟时刻；t 为接收点时刻；$x_i(t)$为接收点在 t 时刻的位置向量，$y_i(\tau_{\mathrm{ret}})$为接收点收到信号的声源时刻 τ_{ret}的位置向量；$r=|\boldsymbol{r}|=|\boldsymbol{x}-\boldsymbol{y}|$。

统一上述解中的偏导数，将空间导数都转换成接收点处的时间导数，将$\frac{\partial}{\partial t}$、

$\frac{\partial^2}{\partial t^2}$转换为$\frac{\partial}{\partial \tau}$、$\frac{\partial^2}{\partial \tau^2}$，可得：$p'(\boldsymbol{x},t) = p'_T(\boldsymbol{x},t) + p'_L(\boldsymbol{x},t) + p'_Q(\boldsymbol{x},t)$，其中单极子声源项，也称为厚度噪声项

$$p'_T(\boldsymbol{x},t) = \frac{1}{4\pi}\iint_{f=0}\left[\frac{\rho_0(\dot{U}_n + U_{\dot{n}})}{r(1-M_r)^2}\right]_{\text{ret}} \mathrm{d}S + \frac{1}{4\pi}\iint_{f=0}\left\{\frac{\rho_0 U_n[r\dot{M}_r + c_0(M_r - M^2)]}{r^2(1-M_r)^3}\right\}_{\text{ret}} \mathrm{d}S \tag{3-46}$$

式中：$U_n = U_i\hat{n}_i$；$U_{\dot{n}} = U_i\dot{\hat{n}}_i$；$\dot{U}_n = \dot{U}_i\hat{n}_i$；$M_r = M_i\hat{r}_i$；$\dot{M}_r = \dot{M}_i\hat{r}_i$。变量顶端带“点”表示该变量对声源时间$\tau$求导数，一个点代表一阶导数，依此类推。

偶极子声源项，也称为载荷噪声项，可表示为

$$p'_L(\boldsymbol{x},t) = \frac{1}{4\pi c}\iint_{f=0}\left[\frac{\dot{L}_r}{r(1-M_r)^2}\right]_{\text{ret}} \mathrm{d}S + \frac{1}{4\pi}\iint_{f=0}\left[\frac{L_r - L_M}{r^2(1-M_r)^2}\right]_{\text{ret}} \mathrm{d}S + \frac{1}{4\pi c}\iint_{f=0}\left\{\frac{L_r[r\dot{M}_r + c_0(M_r - M^2)]}{r^2(1-M_r)^3}\right\}_{\text{ret}} \mathrm{d}S \tag{3-47}$$

式中：$L_r = L_i\hat{r}_i$；$\dot{L}_r = \dot{L}_i\hat{r}_i$；$L_M = L_iM_i$。

四极子声源项可表示为

$$p'_Q(\boldsymbol{x},t) = \frac{1}{4\pi}\iiint_{f>0}\left[\frac{K_1}{c_0{}^2 r} + \frac{K_2}{c_0 r^2} + \frac{K_3}{r^3}\right]_{\text{ret}} \mathrm{d}V \tag{3-48}$$

其中，

$$K_1 = \frac{\ddot{T}_{rr}}{(1-M_r)^3} + \frac{\ddot{M}_r T_{rr} + 3\dot{M}_r\dot{T}_{rr}}{(1-M_r)^4} + \frac{3\dot{M}_r^2 T_{rr}}{(1-M_r)^5}$$

$$K_2 = \frac{-\dot{T}_{ii}}{(1-M_r)^2} - \frac{4\dot{T}_{Mr} + 2T_{\dot{M}r} + \dot{M}_r T_{ii}}{(1-M_r)^3} + \frac{3[(1-M^2)\dot{T}_{rr} - 2\dot{M}_r T_{Mr} - M_i\dot{M}_i T_{rr}]}{(1-M_r)^4} + \frac{6\dot{M}_r(1-M^2)T_{rr}}{(1-M_r)^5}$$

$$K_3 = \frac{2T_{MM} - (1-M^2)T_{ii}}{(1-M_r)^3} - \frac{6(1-M^2)T_{Mr}}{(1-M_r)^4} + \frac{3(1-M^2)^2 T_{rr}}{(1-M_r)^5}。$$

以上三式中 $T_{MM} = T_{ij}M_iM_j$，$T_{M_r} = T_{ij}M_i\hat{r}_j$，$T_{\dot{M}_r} = T_{ij}\dot{M}_i\hat{r}_j$，$\dot{T}_{M_r} = \dot{T}_{ij}M_i\hat{r}_j$，$\dot{T}_{rr} = \dot{T}_{ij}\hat{r}_i\hat{r}_j$。

上述方程的解具有物理意义明确、形式简洁的优点。其中单极子声源项$p'_T(\boldsymbol{x},t)$可以认为是一个脉动质量的点源。对于单极子声源，声场的振幅和相位在球表面上的每一个点都是相同的，在静止流体中的单极子声源的指向性是在各个方向均匀的。

偶极子声源项 $p'_L(\boldsymbol{x},t)$ 可以看作两个非常接近且两者相位相差180°的单极子组成的。偶极子声源形成的声场特征是该声场有一个最大声压级方向，而在与该最大声压级方向垂直的方向，声压级的值为零。偶极子声场的每一个声瓣相差180°。若质量中心发生运动，则会随之产生一个偶极子声源。

四极子声源项 $p'_Q(x,t)$ 可以看作由两个具有相反相位的偶极子形成的，因而也就是由四个单极子所组成。因为偶极子有一个轴，所以偶极子的组合可以是横向的，也可以是纵向的。横向四极子表示剪切应力，而纵向四极子则表示纵向应力。

在进行计算时首先需要预先存储数量巨大的气动数据，即每一声源时刻的全流场或部分流场数据，接着给定一个接收点时刻 t，则在该时刻下由延迟时间方程

$$\tau_{\mathrm{ret}} = t - \frac{|x_i(t) - y_i(\tau_{\mathrm{ret}})|}{c_0} \tag{3-49}$$

可以求得一个声源时刻 τ，然后得到声源位置 $y_i(\tau_{\mathrm{ret}})$，接着在预先存储的气动数据中查找与声源位置 $y_i(\tau_{\mathrm{ret}})$ 相同的流场位置，再利用该处流场参数进行计算。

3.4 本章小结

风洞内指定部位的噪声产生原因主要来自两个方面：一方面是从风洞其他部位传播过来的噪声，例如压缩机噪声；另一方面，气流与规则或不规则固体壁面接触会产生气动噪声。针对两类重要的噪声源，本章给出了风洞回路传播噪声与气动噪声计算分析方法及基础理论。跨声速风洞一般尺度较大，模态密度较高，因此在进行风洞回路传播噪声计算时适宜采用统计能量分析方法进行计算分析。而FW－H方法由于其计算量及计算精度均适当，满足一般情况下的工程计算，因此被广泛采用。本章的风洞噪声分析方法及理论介绍为风洞噪声计算提供了理论支撑。

第4章　风洞回路传播噪声特性

跨声速风洞的主要噪声源有回路传播噪声和试验段各部件产生的气动噪声。回路传播噪声的声源主要来自于为系统提供动力的压缩机,以及小部分高速气流流过回路壁面的边界层噪声。本章对回路传播噪声的传播机理和传播特性进行分析,重点对压缩机噪声传播至试验段的噪声衰减和频域特性进行分析,以期为跨声速风洞回路传播噪声控制及声学设计提供参考。

4.1 传播噪声机理

管路内的噪声传播过程中,因介质耗散或管壁吸收会产生衰减,并在声学特性突变处产生反射,而且管内气流会引起再生噪声。以下分别对管路噪声传播的阻性机理、抗性机理及气流影响三个方面进行简单介绍。

4.1.1　阻性机理

当声波在管路内传播时,由于声能不断地被管路内壁所吸收,声波的声压或声强将随距离而衰减。假定同一截面上的声压或声强各处相同,即假定管路内传播的声波为平面波。根据这种假定对管路中声传播所作的近似分析称为一维理论,或平面波理论。

以下分析长度为 Δx 的一段管路内的声能变化情况,如图4-1所示。

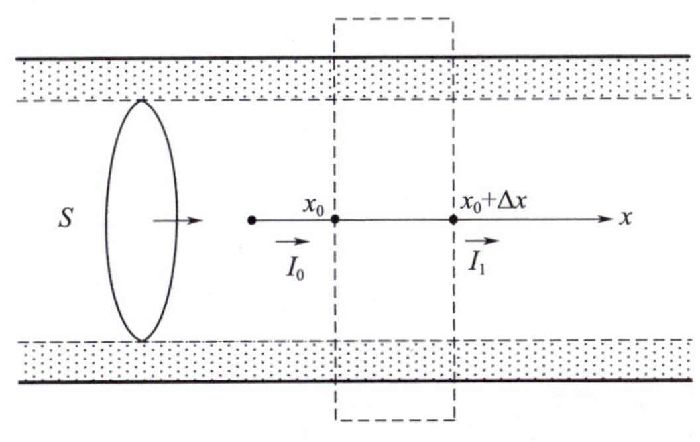

图4-1　声能变化关系

假设管道截面面积为 S,在 x_0 处的声强为 I_0,单位时间内进入这段管道的声能为 SI_0。声波传播了 Δx 距离后,在 $(x+\Delta x_0)$ 处,由于部分声能被壁面所吸收,声强降低为 I_1,单位时间内从这段管道离开的声能为 SI_1,因此在这段管道中单位时间内被吸收的声能为

$$E = SI_0 - SI_1 = -S\Delta I \tag{4-1}$$

声强增量 $\Delta I = I_1 - I_0$ 是个负值,与管道的截面几何尺寸以及壁面声学特性有关。考虑壁面附近空气质点的振动,其法向振动速度为 V_n,壁面的法向声阻抗率为 Z_s,记壁面上的声压为 p,则有

$$V_n = \frac{p}{Z_s} \tag{4-2}$$

在单位吸声壁面面积上,单位时间内被吸收的声能为

$$\mathrm{Re}(pV_n) = p^2 \mathrm{Re}\left(\frac{1}{Z_s}\right) = p^2 G_s \tag{4-3}$$

其中,G_s 为 Z_s 的倒数,为壁面的法向声导率。

设管道截面周长为 F,在长度为 Δx 的一段管道内,吸声壁面面积为 $F\Delta x$,因此单位时间内在这段管道中被吸收的声能 E 也可记为

$$E = p^2 G_s F\Delta x \tag{4-4}$$

由此可得

$$-S\Delta I = p^2 G_s F\Delta x \tag{4-5}$$

由于声强 $I = p^2/\rho_0 c_0$,代入上式并取极限,得

$$\frac{\mathrm{d}I}{\mathrm{d}x} = -\frac{\rho_0 c_0 G_s F}{S} I = -\frac{g_s F}{S} I \tag{4-6}$$

式中:g_s 为相对声导率,$g_s = \rho_0 c_0 G_s$。上式的解为

$$I = I_0 \exp\left(-\frac{g_s F l}{S}\right) \tag{4-7}$$

以分贝为单位时,消声量 $D = 10\lg\left(\frac{I_0}{I_1}\right)$ 可写成下面的形式:

$$D = A\frac{Fl}{S} \tag{4-8}$$

式中:A 为消声系数,由吸声壁面的法向声导率决定,可得

$$A = 4.34 g_s \tag{4-9}$$

壁面的法向声阻抗率 Z_s 可用相对声阻率 r 和相对声抗率 x 表示为

$$Z_s = \rho_0 c_0 (r + \mathrm{j}x) \tag{4-10}$$

则消声系数可相应地改写为

$$A = 4.34\left(\frac{r}{r^2 + x^2}\right) \tag{4-11}$$

式(4 -8)对于管道消声的计算具有重要价值,它可以粗略地估计出声在管道中传播的衰减量,并且可以指导提高消声效果的途径。由式(4 -8)可以看出:消声量 D 与管道有效长度 l 成正比;消声量 D 与周长及管道截面面积之比 F/S 成正比;消声量 D 与消声系数 A 成正比。

在实际设计中,对于截面面积较大的管道,往往把通道分割成若干方形或扁矩形的通道,这样可以增大截面周界的总长度而提高消声量。提高消声量的另一途径是增大消声系数 A。由式(4 -11)可以看出,消声系数取决于吸声壁面的声学性能,而与通道的几何尺寸无关[11]。

4.1.2　抗性机理

声在管路中传播时,在声学特性突变的交界面上会产生反射,一部分声波向声源方向反射回去,只剩下另一部分继续传播,从而达到消声的目的。传递矩阵法是研究管路抗性的经典方法,其基本原理是将复杂的管路系统拆分为独立的声学单元,每个声学单元可等效为一个四端参数网络,如图 4 -2 所示。

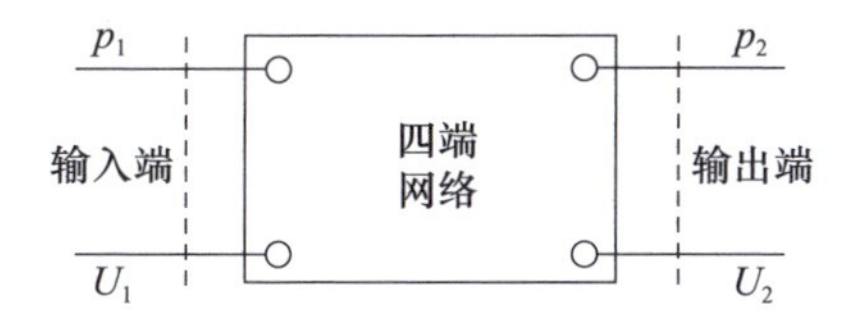

图 4 -2　四端参数网络示意图

由平面波假设,沿管道系统截面上的声学状态可以用声压 p 以及体积速度 U 两个状态参数来表示。把一端的状态看成自变量,那么另一端的相应参数可表示为

$$\begin{bmatrix} p_1 \\ U_1 \end{bmatrix} = \begin{bmatrix} A & B \\ C & D \end{bmatrix} \begin{bmatrix} p_2 \\ U_2 \end{bmatrix} \tag{4-12}$$

上式亦可写为

$$\boldsymbol{\Pi}_1 = \boldsymbol{T}_1 \boldsymbol{\Pi}_2 \tag{4-13}$$

式中:$\boldsymbol{\Pi}_1 = \begin{bmatrix} p_1 \\ U_1 \end{bmatrix}$;$\boldsymbol{\Pi}_2 = \begin{bmatrix} p_2 \\ U_2 \end{bmatrix}$;$\boldsymbol{T}_1 = \begin{bmatrix} A & B \\ C & D \end{bmatrix}$。

向量 $\boldsymbol{\Pi}_1$ 和 $\boldsymbol{\Pi}_2$ 反映单元的声学状态,称为状态向量;矩阵 T_1 反映单元的传递特性,称为传递矩阵。对于 n 个相连的声学单元,由于第 n 个单元输入端的状态向量就是第$(n-1)$个单元输出端的状态向量,逐个考虑各声学单元的作用,可得

$$\boldsymbol{\Pi}_1 = \boldsymbol{T}_1 \boldsymbol{T}_2 \cdots \boldsymbol{T}_{n-1} \boldsymbol{\Pi}_n \tag{4-14}$$

因此,只要管路系统各个子单元的传递矩阵已知,经过联乘,即可得到整个系统的传递特性。

1)等截面直管单元

声波在等截面直管单元中的传播是最简单形式的管道传播结构,图4-3所示为等截面管道的分析示意图。

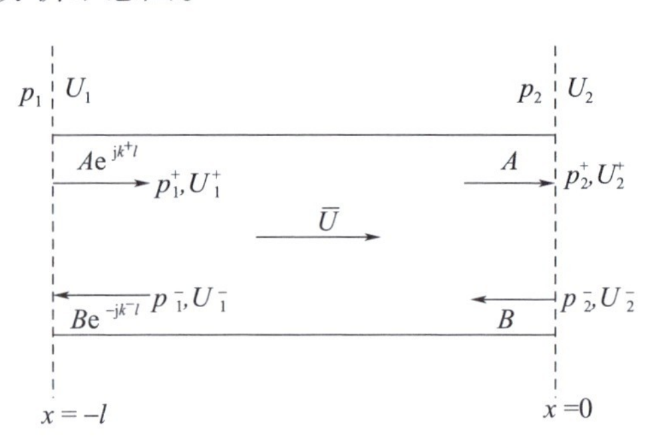

图4-3 等截面管道示意图[15]

假设气流的平均速度为 $\overline{U}$,取 x 轴沿管轴方向,与气流方向一致,可得运动方程、连续方程与波动方程分别为

$$\rho_0\left(\frac{\partial}{\partial t}+\overline{U}\frac{\partial}{\partial x}\right)v=-\nabla p \tag{4-15}$$

$$\frac{1}{\rho_0 c_0{}^2}\left(\frac{\partial}{\partial t}+\overline{U}\frac{\partial}{\partial x}\right)p+\nabla v=0 \tag{4-16}$$

$$\frac{1}{c_0{}^2}\left(\frac{\partial}{\partial t}+\overline{U}\frac{\partial}{\partial x}\right)^2 p=\nabla^2 p \tag{4-17}$$

式中:ρ_0 和 c_0 分别表示介质的密度和声速;p 和 v 分别表示声压和质点振速。对于沿 x 轴正向传播的平面声波,可设声压 $p^+=A\exp(\mathrm{j}\omega t-\mathrm{j}k^+x)$;对于沿 x 轴负向传播的平面声波,可设声压 $p^-=A\exp(\mathrm{j}\omega t+\mathrm{j}k^+x)$。以上两式中波数为 $k=\omega/c_0$,马赫数为 $Ma=\overline{U}/c_0$,可得 $k^\pm=\dfrac{k}{1\pm Ma}$,并用体积速度 $U^\pm=Sv^\pm$ 来代替质点振速。在一段长为 l 的等截面管道中,对于正向传播的平面声波,在管道两端相差一个因子 e^{jk^+l}。对于负向传播的平面声波,在管道两端相差一个因子 e^{-jk^-l}。为简便起见,略去共同的时间因子 $e^{j\omega t}$,在图4-3右端口有如下式成立:

$$\begin{cases}p_2=p_2^++p_2^-=A+B\\ \dfrac{\rho_0 c_0}{S}U_2=p_2^+-p_2^-=A-B\end{cases} \tag{4-18}$$

由上式即可推出:

$$\begin{cases}A=\dfrac{1}{2}\left(p_2+\dfrac{\rho_0 c_0}{S}U_2\right)\\ B=\dfrac{1}{2}\left(p_2-\dfrac{\rho_0 c_0}{S}U_2\right)\end{cases} \tag{4-19}$$

在图4-3左端口有如下式成立：

$$\begin{cases}p_1 = p_1^+ + p_1^- = A\exp(\mathrm{j}k^+l) + B\exp(-\mathrm{j}k^-l) \\ \dfrac{\rho_0 c_0}{S}U_1 = p_1^+ - p_1^- = A\exp(\mathrm{j}k^+l) - B\exp(-\mathrm{j}k^-l)\end{cases} \tag{4-20}$$

将式(4-19)代入式(4-20)得

$$\begin{cases}p_1 = \dfrac{1}{2}\left(p_2 + \dfrac{\rho_0 c_0}{S}U_2\right)\exp(\mathrm{j}k^+l) + \dfrac{1}{2}\left(p_2 - \dfrac{\rho_0 c_0}{S}U_2\right)\exp(-\mathrm{j}k^-l) \\ \dfrac{\rho_0 c_0}{S}U_1 = \dfrac{1}{2}\left(p_2 + \dfrac{\rho_0 c_0}{S}U_2\right)\exp(\mathrm{j}k^+l) - \dfrac{1}{2}\left(p_2 - \dfrac{\rho_0 c_0}{S}U_2\right)\exp(-\mathrm{j}k^-l)\end{cases} \tag{4-21}$$

由此可推得等截面管道传递关系为

$$\begin{bmatrix}p_1 \\ U_1\end{bmatrix} = \begin{bmatrix}\dfrac{1}{2}[\exp(\mathrm{j}k^+l) + \exp(-\mathrm{j}k^-l)] & \dfrac{1}{2}\dfrac{\rho_0 c_0}{S}[\exp(\mathrm{j}k^+l) - \exp(-\mathrm{j}k^-l)] \\ \dfrac{1}{2}\dfrac{S}{\rho_0 c_0}[\exp(\mathrm{j}k^+l) - \exp(-\mathrm{j}k^-l)] & \dfrac{1}{2}[\exp(\mathrm{j}k^+l) + \exp(-\mathrm{j}k^-l)]\end{bmatrix}\begin{bmatrix}p_2 \\ U_2\end{bmatrix} \tag{4-22}$$

2）变截面锥管单元

变截面锥管单元是一种比直管单元更加复杂的分析结构。设锥管轴向坐标为 x，锥管长度为 l，锥角为 θ，如图4-4所示。锥管的端部直径分别为 $d_1 = 2x_1\tan\theta$ 与 $d_2 = 2x_2\tan\theta$，且 $x_2 = x_1 + l$。圆形截面锥管任意截面的横截面面积为 $A(x) = \pi d^2/4$，其中 $d = 2x\tan\theta$。

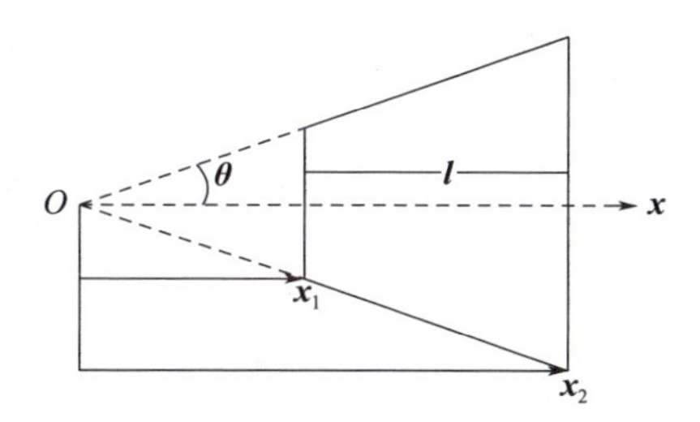

图4-4 锥形截面管道示意图

假设管中为理想无黏流体，声压 p 和质点振速 v 可由势函数 φ 表示为

$$\begin{cases}p = \rho_0 \dfrac{\mathrm{D}\varphi}{\mathrm{D}t} = \rho_0\left[\dfrac{\partial\varphi}{\partial t} + \overline{U}(x)\dfrac{\partial\varphi}{\partial x}\right] \\ v = -\dfrac{\partial\varphi}{\partial x}\end{cases} \tag{4-23}$$

式中：$\mathrm{D}/\mathrm{D}t$ 为迁移导数；$\overline{U}(x)$ 为局部平均流速。令时间因子为 $\mathrm{e}^{\mathrm{j}\omega t}$，$\varphi = f\mathrm{e}^{\mathrm{j}\omega t}$，$f$ 满足以下波动方程：

$$\frac{\mathrm{d}^2 f}{\mathrm{d}x^2}+\left[\frac{1}{A(x)}\frac{\mathrm{d}A}{\mathrm{d}X}-2\mathrm{j}kMa(x)\right]\frac{\mathrm{d}f}{\mathrm{d}x}+k^2 f=0 \tag{4-24}$$

式中：$Ma(x)$ 为局部马赫数，$Ma(x)=\overline{U}(x)/c_0$；$k$ 为静止流体中声传播波数，$k=\omega/c_0$。可解得

$$\varphi(x,t)=\left\{\frac{C_1}{x}\mathrm{e}^{-\mathrm{j}kx[1+Ma_1(x_1/x)^2]}+\frac{C_2}{x}\mathrm{e}^{\mathrm{j}kx[1+Ma_1(x_1/x)^2]}\right\}\mathrm{e}^{\mathrm{j}\omega t},0<x_1\leqslant x\leqslant x_2 \tag{4-25}$$

式中：$Ma_1(x)=\overline{U}_1(x)/c_0$，为 $x=x_1$ 处的局部马赫数；C_1 与 C_2 为待定常数。将式(4-25)代入式(4-23)，可得

$$p(x,t)=\frac{\rho_0 c_0}{x^2}\mathrm{e}^{-\mathrm{j}kxMa(x)}\left\{\begin{aligned}&C_1\mathrm{e}^{-\mathrm{j}kx}\{\mathrm{j}kx[1-Ma(x)]-Ma(x)\}\\&+C_2\mathrm{e}^{\mathrm{j}kx}\{\mathrm{j}kx[1+Ma(x)]-Ma(x)\}\end{aligned}\right\}\mathrm{e}^{\mathrm{j}\omega t} \tag{4-26}$$

$$v(x,t)=\frac{1}{x^2}\mathrm{e}^{-\mathrm{j}kxMa(x)}\left\{\begin{aligned}&C_1\mathrm{e}^{-\mathrm{j}kx}\{1+\mathrm{j}kx[1-Ma(x)]\}\\&+C_2\mathrm{e}^{\mathrm{j}kx}\{1-\mathrm{j}kx[1-Ma(x)]\}\end{aligned}\right\}\mathrm{e}^{\mathrm{j}\omega t} \tag{4-27}$$

记 $U(x)=v(x)A(x)$，并且采用以下端部条件：

(1) $x=x_1$：$p=p_1$，$U=U_1$，$Ma=Ma_1$。

(2) $x=x_2$：$p=p_2$，$U=U_2$，$Ma=Ma_2=Ma_1\,(x_1/x_2)^2$。

由式(4-26)和式(4-27)确定 C_1 与 C_2，可得

$$\begin{bmatrix}p_1\\U_1\end{bmatrix}=\begin{bmatrix}T_{11}&T_{12}\\T_{21}&T_{22}\end{bmatrix}\begin{bmatrix}p_2\\U_2\end{bmatrix} \tag{4-28}$$

式中传递矩阵各分量可分别表示为

$$\left\{\begin{aligned}
&T_{11}=F\left\{\left(\frac{x_2}{x_1}+\mathrm{j}\frac{Ma_1 l}{k_0 x_1^2}\right)\cos kL-\left[\frac{1}{kx_1^2}+\mathrm{j}\frac{x_2}{x_1}(Ma_1-Ma_2)+\mathrm{j}\frac{Ma_1}{(kx_1)^2}\right]\sin kl\right\}\\
&T_{12}=Z_1 F\left\{-(Ma_1-Ma_2)\frac{x_1}{x_2}\cos kl+\mathrm{j}\left\{\frac{x_1}{x_2}+\mathrm{j}\frac{Ma_1}{kx_2}\left[\left(\frac{x_1}{x_2}\right)^3+1\right]\right\}\sin kl\right\}\\
&T_{21}=F/Z_1\left\{\mathrm{j}\left[\frac{x_2}{x_1}+\frac{1}{(kx_1)^2}-\mathrm{j}Ma_1\left(\frac{1}{kx_1}+\frac{1}{kx_2}\right)\right]\sin k_0 L-\left[\mathrm{j}\frac{l}{kx_1^2}+(Ma_1-Ma_2)\frac{x_2}{x_1}\right]\cos kl\right\}\\
&T_{22}=F\left\{\left(\frac{x_1}{x_2}+\mathrm{j}\frac{Ma_1 l}{kx_2^2}\right)\cos k_0 L-\left[\frac{1}{kx_2}+\mathrm{j}\frac{x_1}{x_2}(Ma_2-Ma_1)+\mathrm{j}\frac{Ma_1}{(kx_2)^2}\right]\sin kl\right\}
\end{aligned}\right. \tag{4-29}$$

其中，$F=\mathrm{e}^{-\mathrm{j}klMa_1(x_1/x_2)}$；$Z_1=\rho c/A(x_1)$。

相比直管，锥形管道的传递矩阵要复杂得多。对于形状更复杂的结构，得到其准确的传递矩阵难度更大，甚至不能得到其精确解析解。此外，传递矩阵仅在管道内为平面波传递时才可适用，这就限定了其只能对小尺寸结构或较低频率进行计算，而对于形状复杂或尺寸较大的结构，通常使用数值方法进行计算[24]。

4.1.3 气流影响

与常规管道中的声传播有所不同的是,风洞回路中的声传播更为复杂,还会受到气流的影响。气流对噪声传播的影响主要有两方面:一是气流的整体运动影响了气流中声波的传播,壁面上的边界条件相应改变,从而使声波在管道内传播时的衰减规律与静态时有所不同;二是气流本身的湍流运动或固体构件的受迫振动产生了“再生噪声”。这两个因素实际上往往同时起作用,但它们的本质是不同的,相互间也没有直接联系,应加以区别对待。

(1)存在气流时扁矩形管道的声衰减。

图4-5所示为存在气流时的扁矩形通道示意图,假设流速沿 x 方向,其值仅与 z 坐标有关,记质点振速的 z 分量为 v。

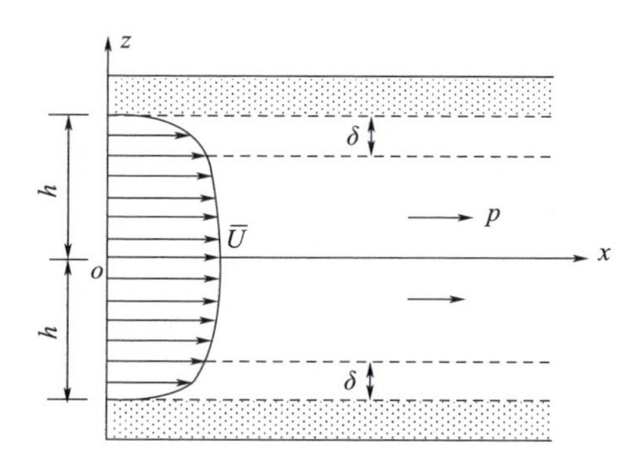

图4-5 存在气流时的扁矩形通道

通道中波动方程可表示为

$$\frac{1}{c_0^2}\left(\frac{\partial}{\partial t}+\overline{U}\frac{\partial}{\partial x}\right)^2 p-\Delta p=2\rho\frac{\partial v}{\partial x}\frac{\mathrm{d}\overline{U}}{\mathrm{d}z} \tag{4-30}$$

式中右方与流速的梯度成正比,反映剪切流动对声传播的影响。

在通常情况下,管道内气流流动为湍流,在中心区域相当大范围内流速变化很小,而在壁面附近 δ 区域内流速变化显著。可以证明实际流动的一级近似解与沿截面以平均流速均匀流动的结果相同,这就是说,作为一级近似,可设管道内为均匀流动。因此上式可化简为

$$\frac{1}{c_0^2}\left(\frac{\partial}{\partial t}+\overline{U}\frac{\partial}{\partial x}\right)^2 p-\Delta p=0 \tag{4-31}$$

式中 $\overline{U}$ 应理解为沿截面的平均流速。以马赫数 $Ma=\overline{U}/c_0$ 来表达时,上式可改写为

$$(1-Ma^2)\frac{\partial^2 p}{\partial x^2}-2\mathrm{j}kMa\frac{\partial p}{\partial x}+\frac{\partial^2 p}{\partial z^2}+k^2 p=0 \tag{4-32}$$

式中:k 为空气中的波数。

对于沿 x 轴正向传播的声波,声压的对称假设与不存在气流时一样,仍为

$$p = p_0\cos\left(\frac{\chi\pi z}{h}\right)\exp(\mathrm{j}\omega t - \mathrm{j}kgx) \tag{4-33}$$

代入波动方程可得分布参数χ 与传播参数 g 之间满足下面的协调方程

$$\frac{\chi^2}{\eta^2} = (1 - Mag)^2 - g^2 \tag{4-34}$$

应特别注意,在 $z = \pm h$ 面上的边界条件,声压连续边界条件仍然适用,但因为用均匀流动代替实际流动时管壁上流速发生间断,法向质点振动速度实际上是不连续的,应改为法向声位移连续的边界条件。

记法向声位移为 ξ,可得法向振动速度为

$$v = \left(\frac{\partial}{\partial t} + \overline{U}\frac{\partial}{\partial x}\right)\xi \tag{4-35}$$

由运动方程得

$$\rho_0\left(\frac{\partial}{\partial t} + \overline{U}\frac{\partial}{\partial x}\right)v = -\frac{\partial p}{\partial x} \tag{4-36}$$

把式(4-33)代入上式求出法向振动速度,进一步求出法向声位移,根据边界条件可得确定分布参数的特征方程为

$$\chi\tan(\chi\pi) = \mathrm{j}\,(1 - Mag)^2\eta/\zeta \tag{4-37}$$

上式右方包含待定的传播参数 g,必须与式(4-34)联立,消去分布参数χ 才能准确解出 g 来。

由以上分析可知,考虑气流的影响时,精确解的求解步骤是:根据给定的参数 η、ζ、Ma,解出 g,然后根据 g 的虚部 σ 算出管道的消声系数 A 和消声量 D。经分析可知,当气流方向与传播方向相同时,气流的影响会使消声量降低;反之,当气流方向与传播方向相反时,会使消声量提高。

(2)气流的再生噪声。

气流对管道内声传播的衰减规律有一定的影响,但当气流速度不太大时(如 $Ma\leqslant 0.2$),对消声系数最多只改变百分之几十的数值,不会使它变为零或负值。然而,实际测量中,管道的插入损失测试结果出现零值甚至负值。产生这种现象的原因不能归之于管道内消声系数的下降,而应归之于气流产生的“再生噪声”。

气流产生的再生噪声主要有两种方式。一种是管道壁面或其他构件在气流冲击下产生振动从而辐射噪声,称为结构噪声,以低频噪声为主。由于激发壁面振动的气体动力性作用力与流速的平方成正比,因此这种结构噪声的强度大致与流速呈现四次方的变化规律。当管道结构刚度较小而流速较低时,这种噪声往往占主要地位。另一种是高速气流的湍流脉动引起的噪声,称为湍流噪声,以

中高频噪声为主。这种湍流噪声本质上是一种偶极子辐射,噪声源主要分布在距离壁面为 δ 附近的区域内,噪声强度大致与流速呈现六次方的变化规律。

考虑到 A 声级主要由中高频噪声决定,因此当流速不太低时,A 声级近似服从六次方规律。如图 4 - 6 所示,图中圆形图例对应膨胀珍珠岩管道的气流噪声情况,叉形图例对应玻璃棉板管道的气流噪声情况,以 A 声级 L_A 为纵坐标,以平均流速$\overline{U}$为横坐标,并取对数刻度,所得曲线呈良好的线性关系。如果按六次方规律,符合下面的半经验半理论公式:

$$L_A = a + 60\lg\overline{U} \tag{4-38}$$

式中:L_A 以分贝(dB)为单位;$\overline{U}$ 以米/秒(m/s)为单位。

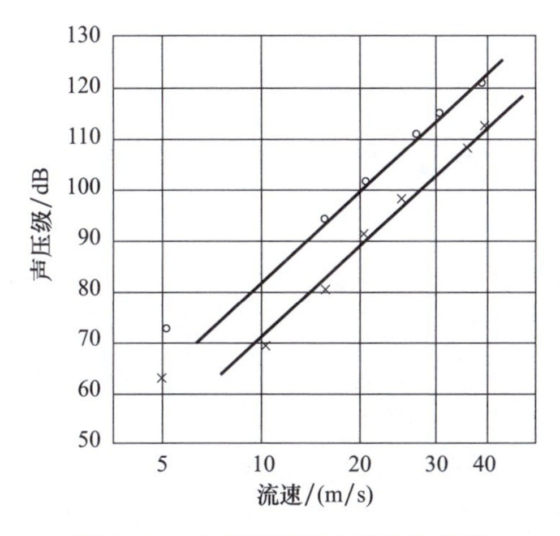

图 4 - 6　A 声级随流速的变化曲线

以下将分析在考虑气流再生噪声干扰下,管道内声压级随传播距离的变化规律。假设气流再生噪声在管道内产生的声压级为 L_0,待控制的噪声源(如压缩机)发出的噪声在管道进口端产生的声压级为 L_1,在一般情况下,$L_1 \gg L_0$,因此,进口端实测到的声压级近似为 L_1。当没有再生噪声存在时,噪声源发出的噪声在管道内传播一段距离后衰减为 L_2,衰减量 $L_1 - L_2$ 由管道本身声衰减的规律决定。一般实测到的声压级 L 是 L_2 和 L_0 两个声压级按能量法则的叠加,L 值要比 L_2 或 L_0 高一定的数值。声压级 L 随距离变化的沿程衰减曲线如图 4 - 7 所示。

由图 4 - 7 可见,在开始阶段,声压级随距离线性下降,表明声压随距离以指数规律衰减。曲线的斜率为管道的消声系数。当传播距离足够大时,声压级衰减曲线趋向水平,表明这时声压级实际上主要由气流再生噪声决定。因此,气流再生噪声的声压级决定了管道所能达到的最低声压级。

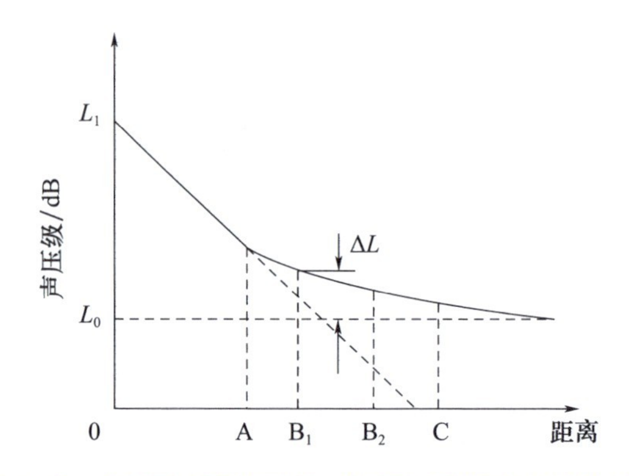

图4－7　考虑再生噪声干扰时声压级随距离的变化规律

4.2 传播噪声特性计算案例

由于风洞回路的复杂性，经典理论只能从宏观上分析回路噪声传播性质，无法具体对风洞回路噪声传播进行定量计算。此外，实际风洞尺寸一般较大，使用经典理论分析时，仅能计算很低的频率（几十赫），而影响风洞试验的噪声为宽频带噪声，可达十几千赫，覆盖频率范围较广，使用经典理论无法满足计算要求。

在设计大型跨声速风洞之前，必然要对风洞模型进行数值计算以验证可行性。本节将以0.6m跨声速风洞为例，介绍回路传播噪声的数值仿真计算方法，并总结跨声速风洞回路噪声传播的一般性质。本节将基于噪声传播路径，对压缩机噪声顺流传播至试验段、压缩机噪声逆流传播至试验段、二喉道气动噪声逆流传播至试验段三个传播途径进行数值计算，并分析噪声在其中传播的一般规律。

4.2.1 噪声顺流声传播特性

在进行数值计算时，为获得宽频带分析结果，并有效利用计算资源，可综合使用有限元方法和统计能量分析方法对风洞回路的声传播特性开展仿真分析。首先对压缩机噪声沿回路顺流传播进行计算，分别建立低频有限元模型、高频统计能量分析模型。

4.2.1.1 低频声传播特性

0.6m风洞回路的有限元模型（除压缩机外的回路部分）如图4－8所示，本模型主要计算整个回路的声场分布和九个特定截面处声压随频率的变化关系。选择马赫数0.9的工况进行计算，其基本声学参数的取值根据流场计算得到。取回路模型从压缩机后到压缩机前之间的部分进行建模，试验测量的九个截面

(A—A ~ J—J)的对应位置如图4-8所示。为简化建模,对于较复杂的截面变化,均使用截面面积相等的原则,将复杂截面等效为圆形截面。网格尺寸约为50mm,计算频段为1~500Hz。

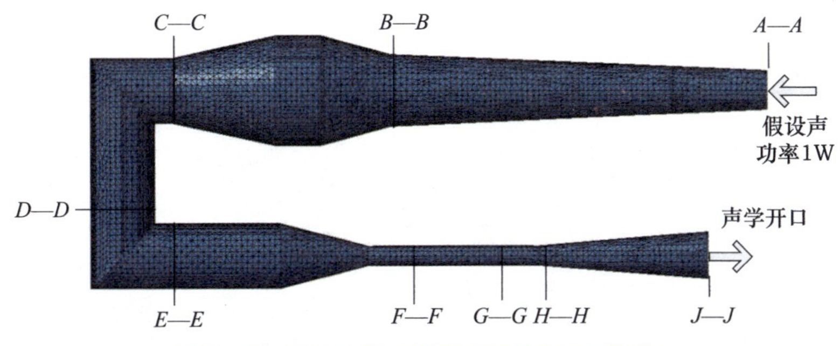

图4-8　回路有限元模型(压缩机顺流传播)

在计算模型中,假设在A—A截面处有1W的声功率输入,而在J—J截面处为声学开口。计算获得10Hz、50Hz、100Hz、200Hz、300Hz和400Hz等不同频率对应的回路中的声场云图,如图4-9所示。

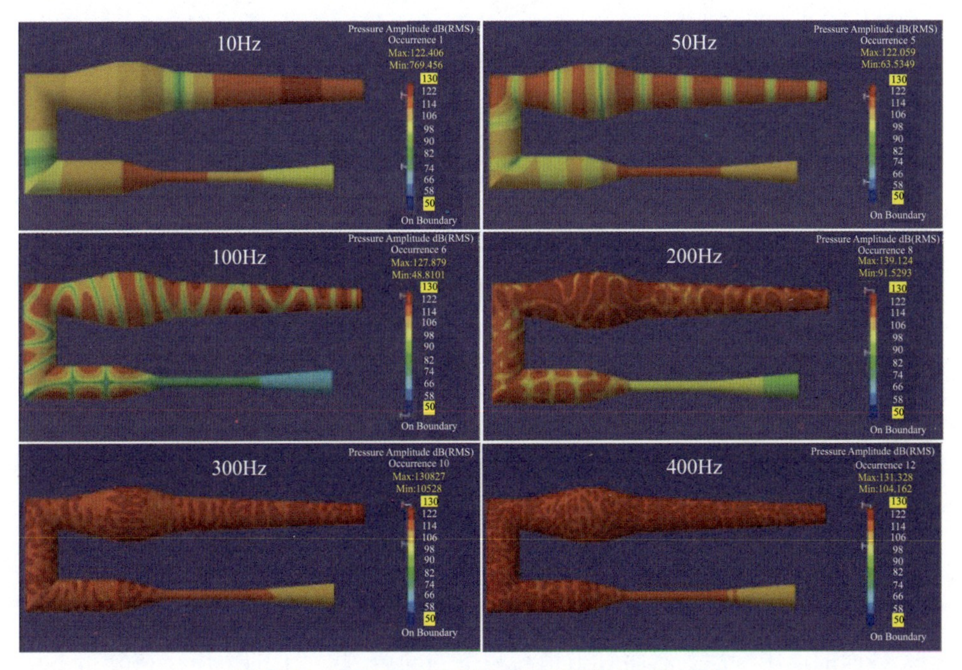

图4-9　典型频率下声场云图(假设输入为1W)

由图4-9可见,当频率很低时(10Hz),声波沿管路轴向均匀传播,表现出平面波特性。随着频率的升高,例如当频率达到100Hz时,声波呈螺旋线形式进行传播,表现出高次简正波的传播特性。对于这种声场分布不均匀的情况,经典的管路声场理论已不再适用。当频率进一步增大(≥300Hz),管路内声场成扩散场分布,为有效利用计算资源,适合使用统计能量分析的方法进行计算。

图4-10进一步给出了10Hz、50Hz、100Hz、200Hz、300Hz和400Hz时E—E截面的声场云图。

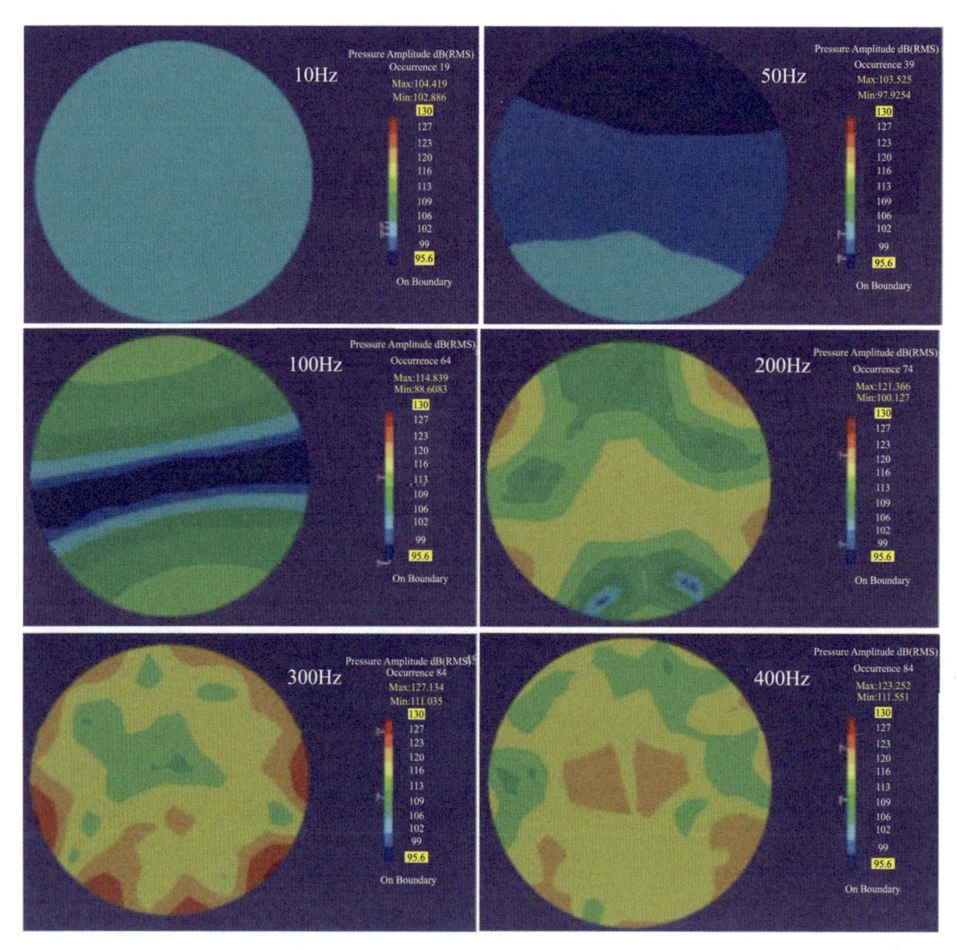

图4-10 各典型频率下E—E截面声场云图(假设输入为1W)

由图4-10可见,当频率较低时,截面上的声压较为均匀,这是因为声在管道内按照平面波的规律进行传播,因此使用一个传感器进行测量就可基本反映整个截面的声压特性。然而对于稍高频率的噪声,截面上的声压存在分布不均匀的特点,安装在壁面某点的传声器拾取到的信号有时并不能反映整个截面的特征。极端情况下,壁面某点测得的噪声可能严重偏低或偏高,例如,对于300Hz的情况,布置在壁面上的传感器测得的声压一致偏高。这也意味着,在理论与试验对比时,有可能出现较大偏差,而造成偏差的原因未必是理论模型或计算误差。图 4 - 11 为计算得到的九个截面平均声压随频率的变化曲线。

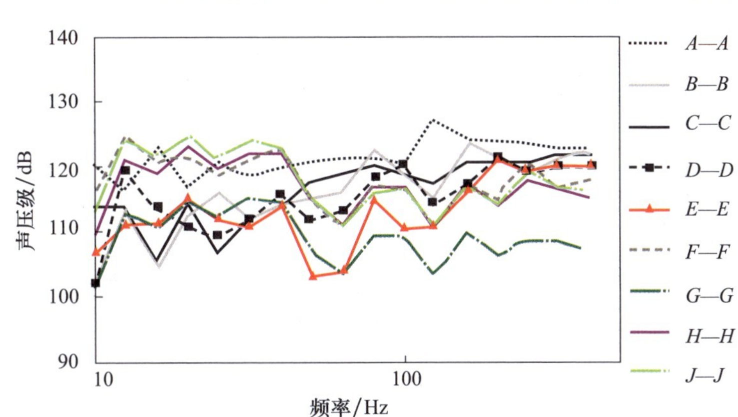

图 4 - 11　九个截面声压变化(假设输入为 1W,压缩机顺流)

为了更好地分析不同频段噪声的传播衰减规律,提取了 10 ~ 400Hz 频段内 1/3 倍频程形式的噪声沿截面的分布数据,如图 4 - 12 所示。

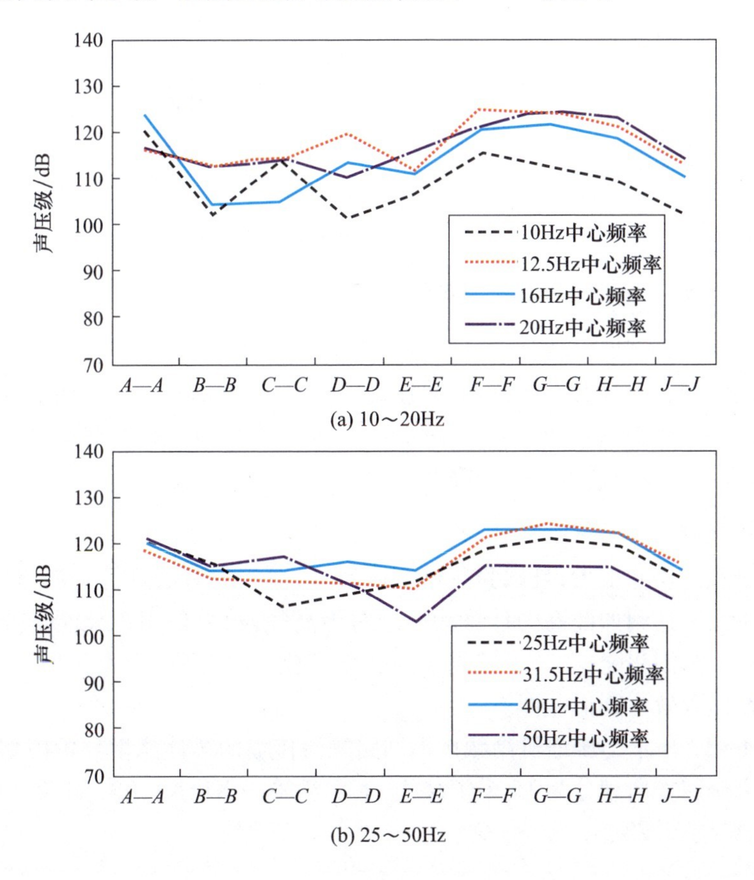

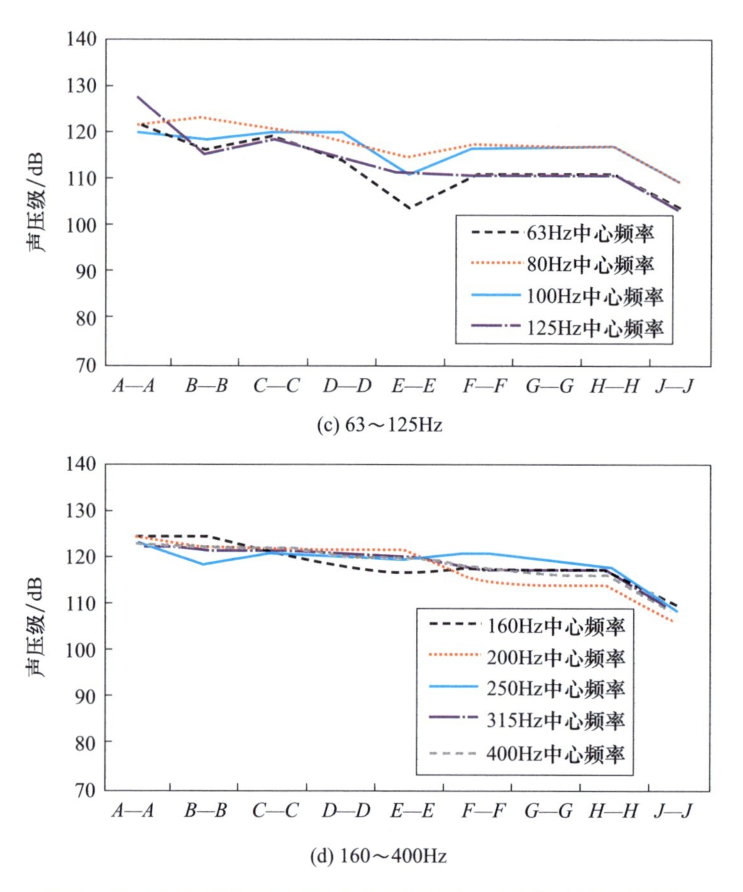

图 4－12　声压级沿回路变化曲线(假设输入为 1W,压缩机顺流)

由图 4－12 可见,当频率较低时,声压沿截面没有明显的衰减特性,导致这一现象的原因,一方面是低频声波的衰减较少,另一方面是低频时回路内有着较明显的驻波。随着频率的增大,声压沿各截面(*A—A* ~ *J—J*)的衰减特性越来越明显,基本上沿着传播方向逐步降低。

4.2.1.2　高频声传播特性

由于风洞尺寸很大,且试验测试频段较高,对于现有的计算资源,仅使用有限元方法无法达到如此高的计算频率。对于高频段,可采用统计能量分析方法进行建模。为简化建模,对于较复杂的截面变化,均使用截面面积相等的原则,将复杂截面等效为圆形截面。

图 4－13 所示为压缩机高频声沿回路顺流传播的统计能量分析模型。将整个回路沿流速方向划分为 15 个子结构,依次编号为 K1、K2、K3、K4、Z1、H1、Z2、W1、Y1、W2、Y2、Z3、S1、S2 和 Z4。

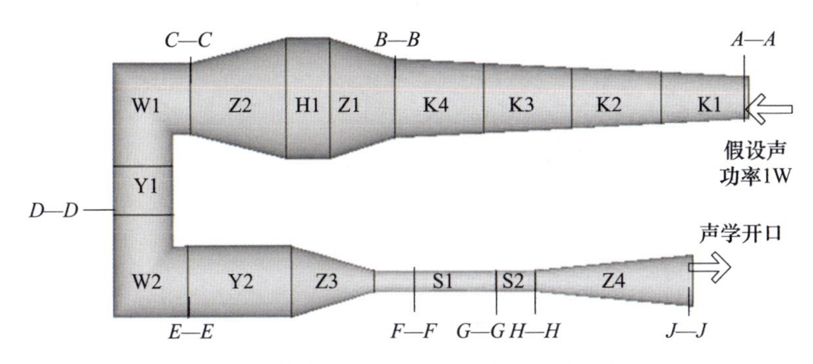

图 4 - 13　回路统计能量分析模型(压缩机顺流)

假设在 K1 子结构的截面处有 1W 的声功率激励。使用 1/3 倍频程进行分析,为保证统计能量分析计算的准确性,首先计算了各子结构在 16Hz ~ 20kHz 频带内的模态数,如图 4 - 14 所示。

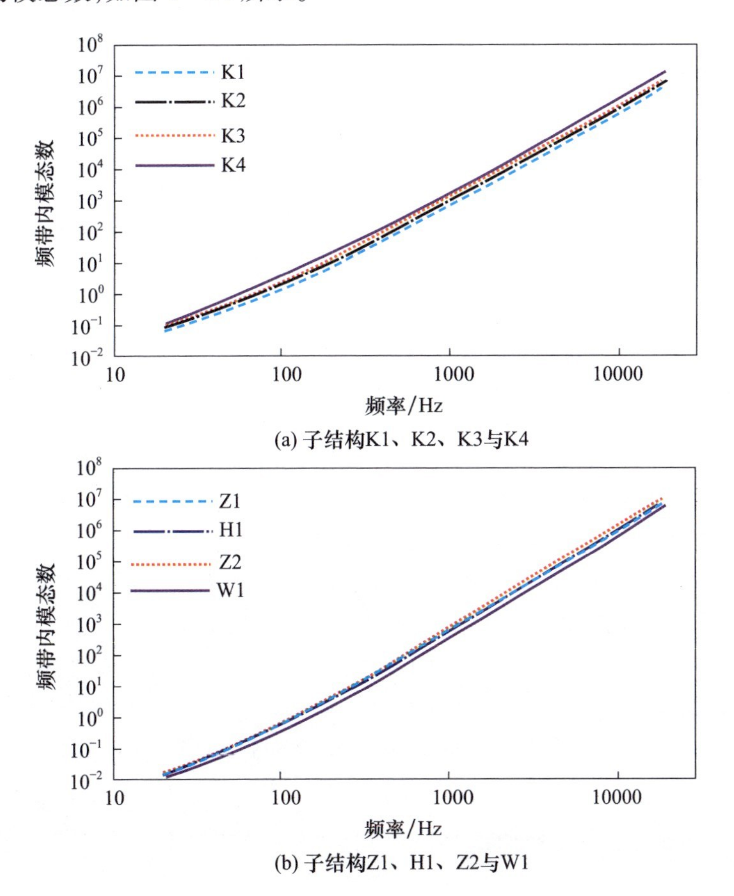

(a) 子结构K1、K2、K3与K4

(b) 子结构Z1、H1、Z2与W1

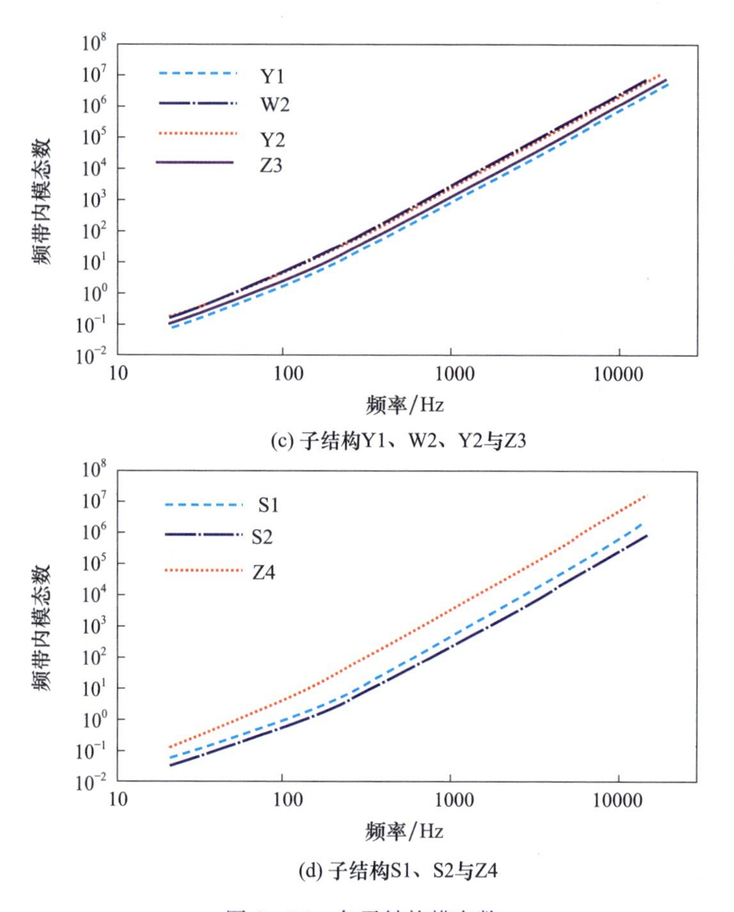

(c) 子结构Y1、W2、Y2与Z3

(d) 子结构S1、S2与Z4

图 4－14　各子结构模态数

由图 4－14 可见，在频率较低时，子结构内模态很少，不适用于统计能量分析进行计算。随着频率的升高，频段内模态数迅速增加，当频率大于 500Hz 时，各子结构内模态数逐步大于 5，适宜采用统计能量分析方法进行计算。图 4－15 为所提取的几个典型频段内回路的声压级云图。由图可见，随着频率增大，声压级逐步降低，并且沿回路声传播方向有明显的衰减特征。

进一步计算了 $A—A \sim J—J$ 截面各频段内的声传播特性，其结果如图 4－16 所示。

由图 4－16 可见，从 $A—A$ 到 $J—J$ 截面，声压逐步衰减，并且频率越高，声波沿回路衰减越快。

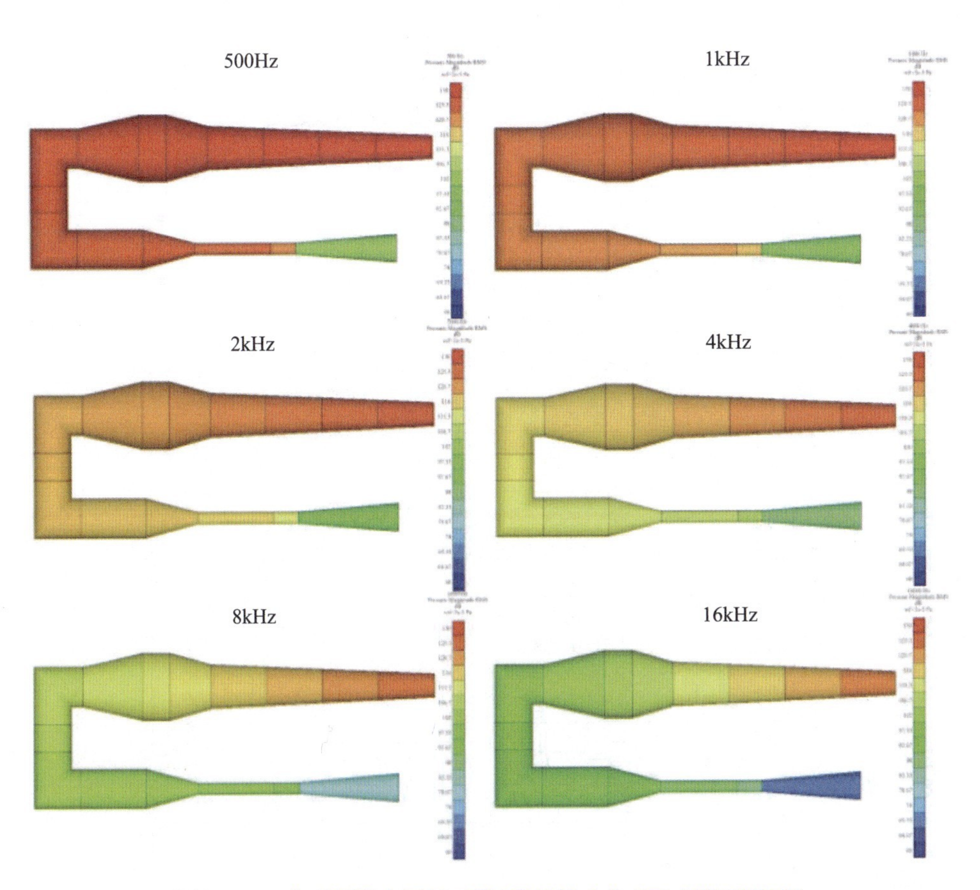

图4-15 典型频段声压级云图(假设输入为1W,压缩机顺流)

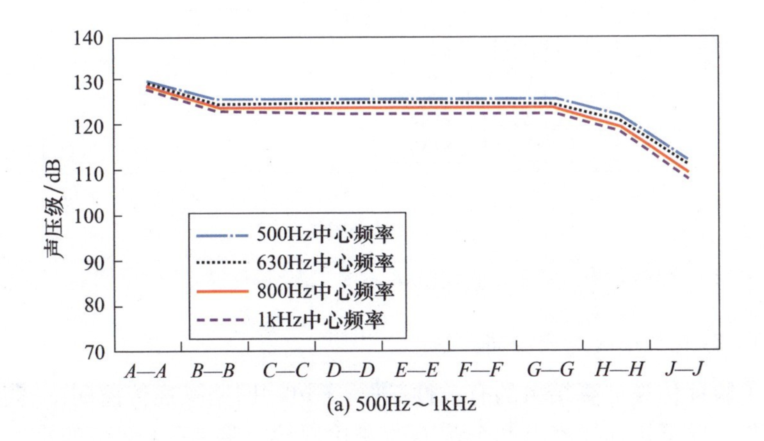

(a) 500Hz~1kHz

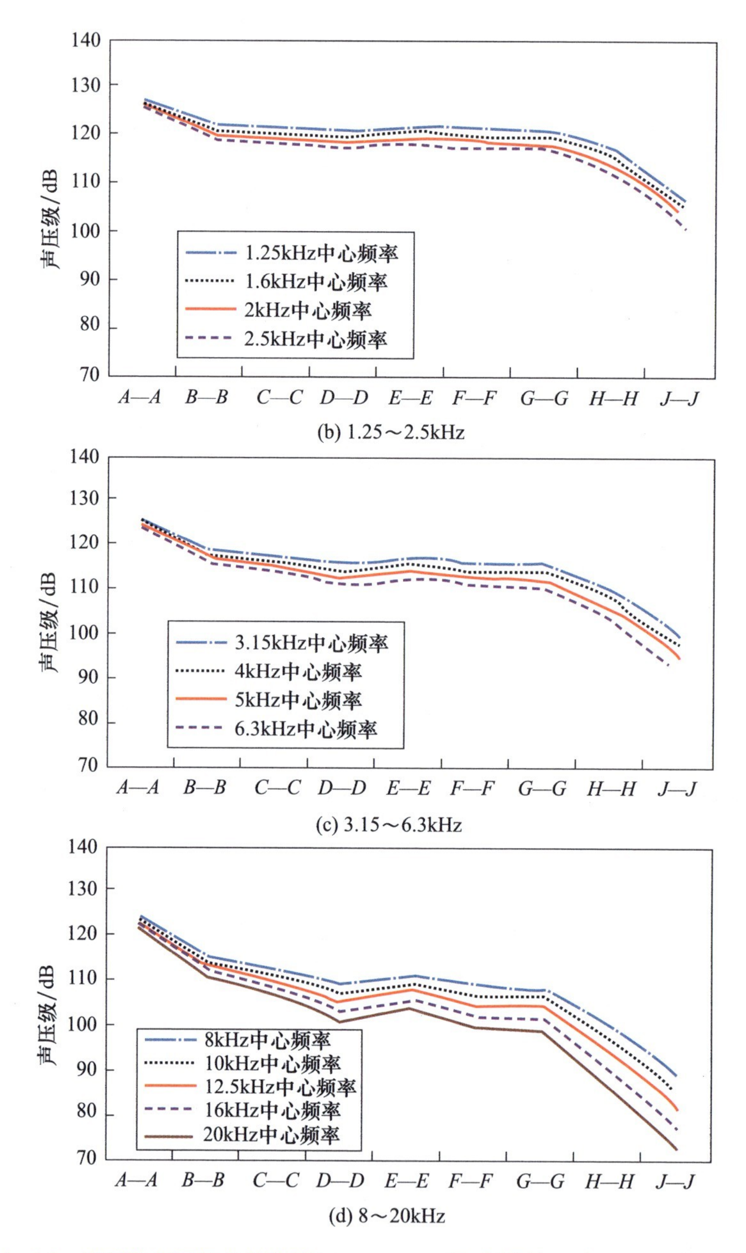

图4-16 沿回路声压级变化曲线（$Ma=0.9$ 工况，假设输入为1W，压缩机顺流）

4.2.1.3 仿真与试验对比分析

为了验证仿真计算结果的有效性，进行了风洞回路噪声传播测试，获得了马赫数0.9工况下实际噪声沿九个截面的变化规律。将 *A—A* 截面的声压作为基准量，设定 *A—A* 截面上的仿真输入为 *A—A* 截面上的试验测试数值，根据仿真所得的各截面衰减特性，获得了仿真计算的噪声沿九个截面的变化规律。仿真计算结果与试验结果对比如图4－17所示。

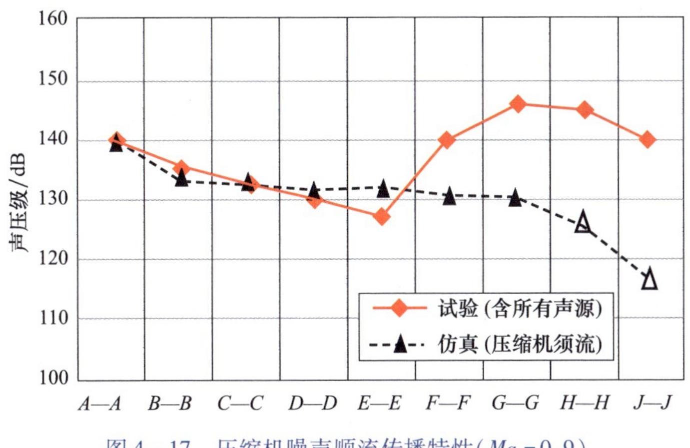

图4－17　压缩机噪声顺流传播特性($Ma=0.9$)

由图4－17可见，在*D—D*截面之前，压缩机顺流噪声的传播特性与试验结果较为一致，验证了使用有限元方法及统计能量分析方法计算结果的有效性。同时也说明在低流速的*D—D*截面及之前截面，回路中的噪声主要由压缩机顺流传播噪声决定。在马赫数0.9典型跨声速工况下，*F—F*截面及之后截面，试验结果远大于仿真结果，表明在这一部分压缩机顺流传播的影响较小，主要噪声源来源于其他途径，例如二喉道的气动噪声前传。

4.2.2　噪声逆流声传播特性

在实际风洞结构中，压缩机噪声不仅可以沿顺流方向传播，同时还可以沿逆流方向传播。本节以相同的数值计算方法，分析压缩机噪声沿回路逆流传播特性，分别建立低频有限元模型与高频统计能量分析模型。

4.2.2.1　低频声传播特性

压缩机逆流传播的低频有限元模型如图4－18所示。计算模型中，假设在*J—J*截面有1W的声功率输入，模拟在压缩机前位置处的压缩机噪声输入，而在*A—A*截面处为声学开口，由此可计算获得逆流传播的各截面位置的衰减特性。

针对马赫数0.9工况进行计算，其基本声学参数的取值根据流场计算得到。所得到各1/3倍频程中心频率频段内的声传播特性如图4－19所示。

由图4－19可见，噪声分布规律总体趋势是声压沿*J—J*截面到*A—A*截面逐渐衰减；但在低频时，声压沿截面波动较大，这与顺流传播的原因相同，一方面是因为低频声波的衰减较少，另一方面是因为低频时回路内有着较明显的驻波；随着频率的增大，声压沿传播方向逐步降低。

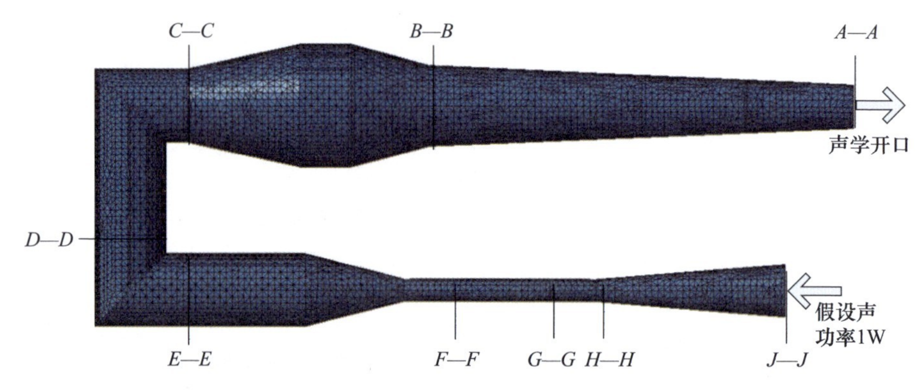

图4－18　回路有限元模型(压缩机逆流传播)

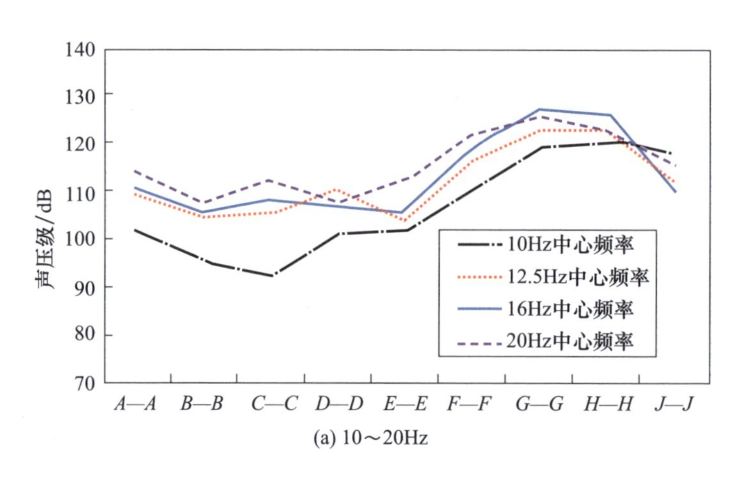

(a) 10～20Hz

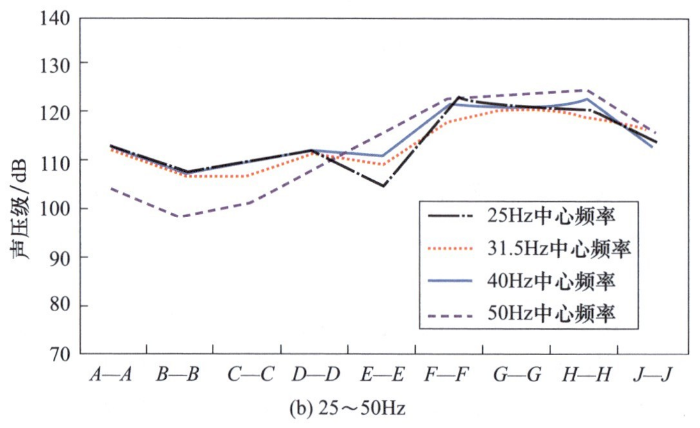

(b) 25～50Hz

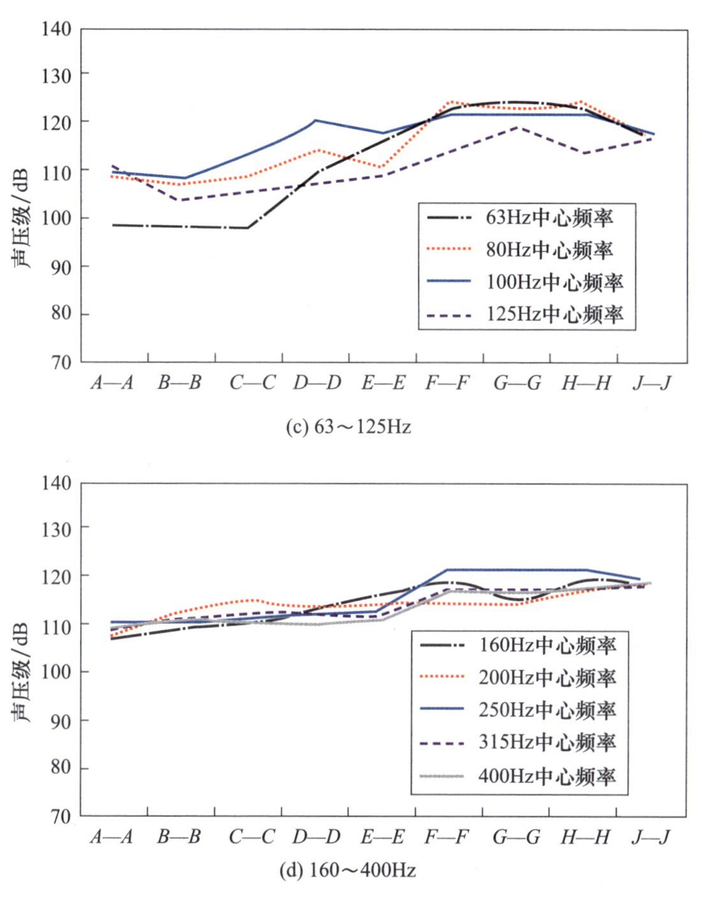

(c) 63～125Hz

(d) 160～400Hz

图 4－19　沿回路声压级变化曲线(假设输入为 1W,压缩机逆流)

4.2.2.2　高频声传播特性

由于风洞尺寸很大,且试验测试频段较高,对于现有的计算资源,仅使用有限元方法无法达到如此高的计算频率,因此使用统计能量分析方法进行建模。为简化建模,对于较复杂的截面变化,均使用截面面积相等的原则,将复杂截面等效为圆形截面。图 4－20 所示为压缩机高频噪声沿回路逆流传播的统计能量分析模型。假设在 Z4 子结构的右截面处有 1W 的声功率激励,模拟压缩机逆流噪声输入,而在 *A—A* 截面处为声学开口。

针对马赫数 0.9 工况进行计算,其基本声学参数的取值根据流场计算得到。所得各频段内的噪声传播曲线如图 4－21 所示。

压缩机噪声逆流传播特性与顺流传播特性相似,声压沿逆流传播(*J—J* 截面～*A—A* 截面)逐步衰减;并且频率越高,声波沿回路衰减越快。在逆流和顺流传播中都存在的特性是声压沿回路扩张方向传播时衰减较快，沿回路收缩方向传播时衰减较慢。

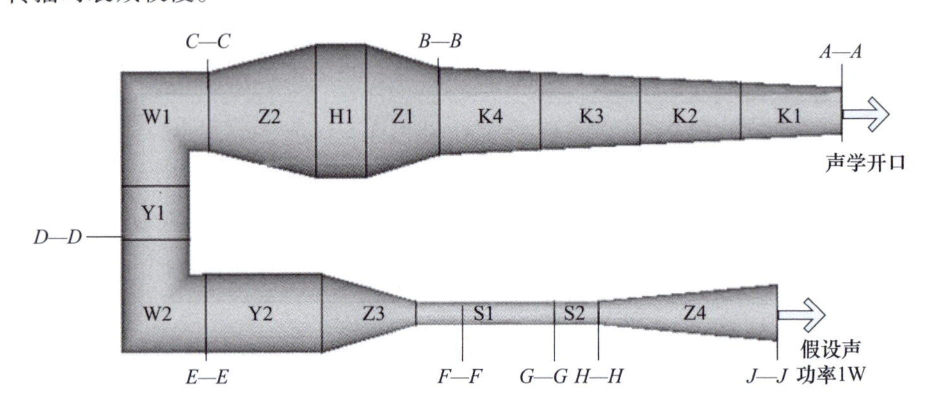

图 4－20　回路统计能量模型(压缩机逆流)

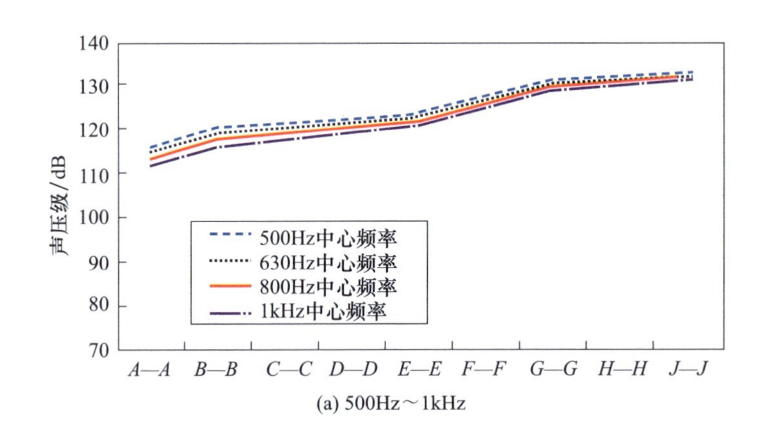

(a) 500Hz～1kHz

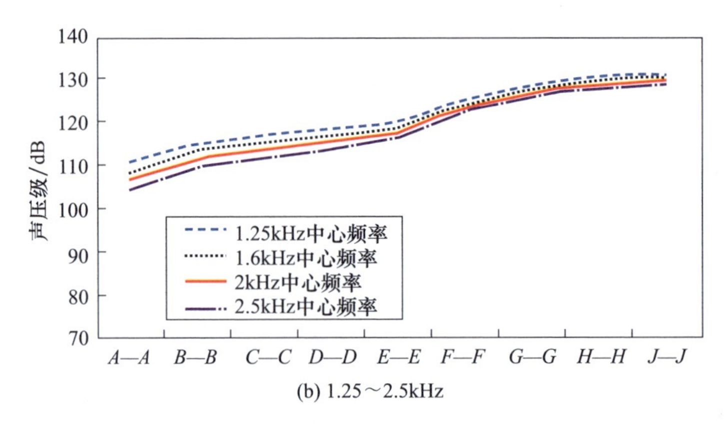

(b) 1.25～2.5kHz

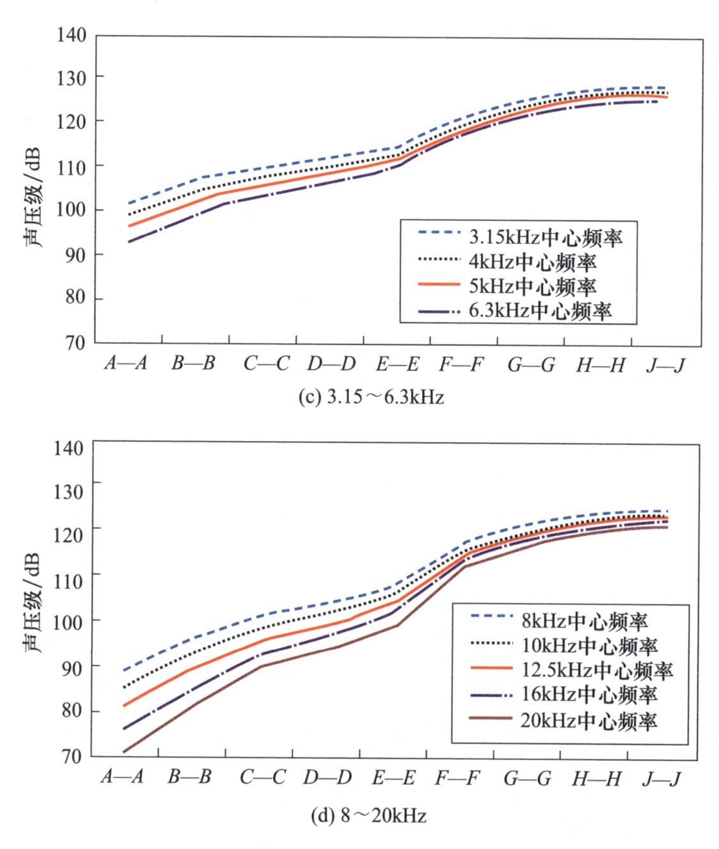

(c) 3.15～6.3kHz

(d) 8～20kHz

图4-21 沿回路声压级变化曲线(假设输入为1W,压缩机逆流)

4.2.2.3 仿真与试验对比分析

尽管可预期在高马赫数工况下,试验段及其下游气动噪声较压缩机逆流传播噪声占主导地位,但还是应对压缩机噪声逆流传播规律进行分析,以更清楚地掌握回路噪声的传播规律。将 *J—J* 截面的声压作为基准量,设定 *J—J* 截面上的仿真输入为 *J—J* 截面上的马赫数0.9工况下试验测试数值,根据仿真所得的各截面衰减特性,获得了仿真计算的噪声沿九个截面的变化规律,如图4-22所示。

由图4-22可见,试验结果与仿真结果曲线趋势差异较大。考虑到在马赫数0.9工况实际情况下,二喉道部分流速超过马赫数1,对声波起到截流作用,压缩机逆流噪声的前传受到抑制,因此实际上仅 *G—G* 截面及之后的结果具有可比性。对比 *J—J* 截面、*H—H* 截面和 *G—G* 截面的结果可见,仿真结果较试验测试结果明显偏低,两者规律明显不符。由此可判断,压缩机逆流传播噪声对高马赫数工况下的噪声结果影响不大,高马赫数回路段内噪声主要由试验段自身和二喉道引起。

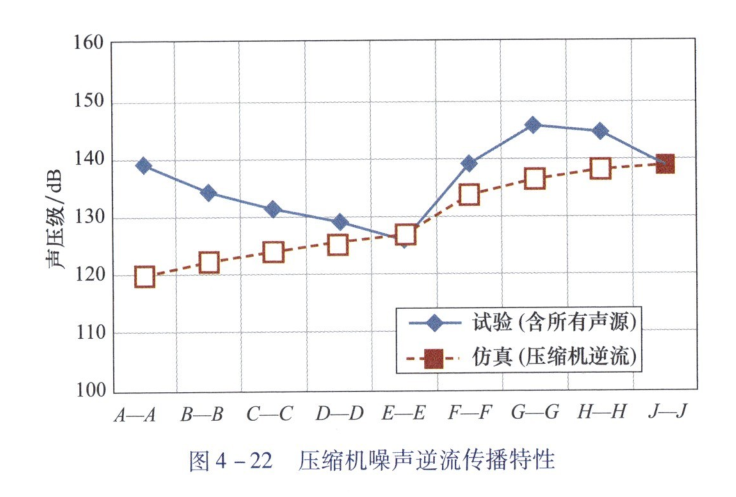

图 4-22　压缩机噪声逆流传播特性

4.2.3　二喉道附近气动声源声传播特性

在二喉道附近，回路内的流速很大，而且这一部分存在再入调节片、喉道中隔板、中心体等复杂结构，这些结构件都有可能引入较大的气动噪声，会沿逆流方向传播至试验段，为掌握其沿回路的传播特性，分别建立了低频有限元模型与高频统计能量分析模型。采用上述仿真计算方法，针对马赫数 0.9 工况分别进行了噪声传播计算。

4.2.3.1　低频声传播特性

二喉道气动声源回路传播的有限元模型如图 4-23 所示。计算模型与压缩机噪声顺流传播的模型相同，网格尺寸与计算频段亦相同。计算模型中，假设在 *G—G* 和 *H—H* 截面之间（二喉道区域）存在一点源，其振动幅度为 $1\mathrm{kg/s^2}$，以模拟二喉道气动噪声源，而在 *A—A* 和 *J—J* 截面处为声学开口。

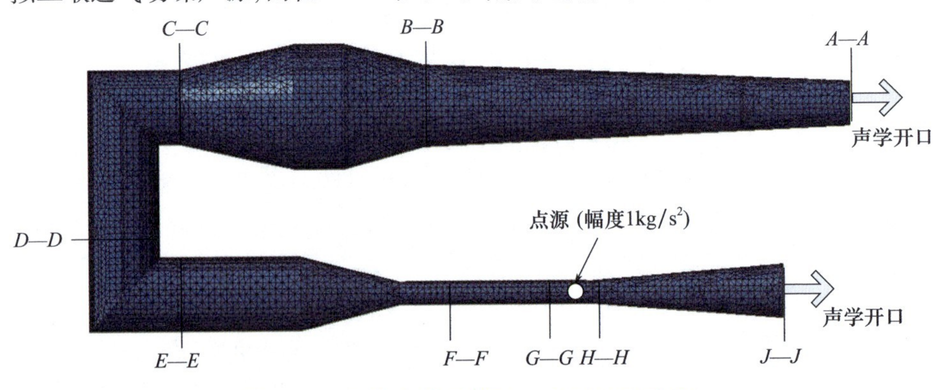

图 4-23　回路有限元模型（二喉道气动声源）

针对马赫数 0.9 工况进行了仿真计算,其基本声学参数的取值根据流场计算得到。所得到各中心频率频段内的声传播曲线如图 4 - 24 所示。

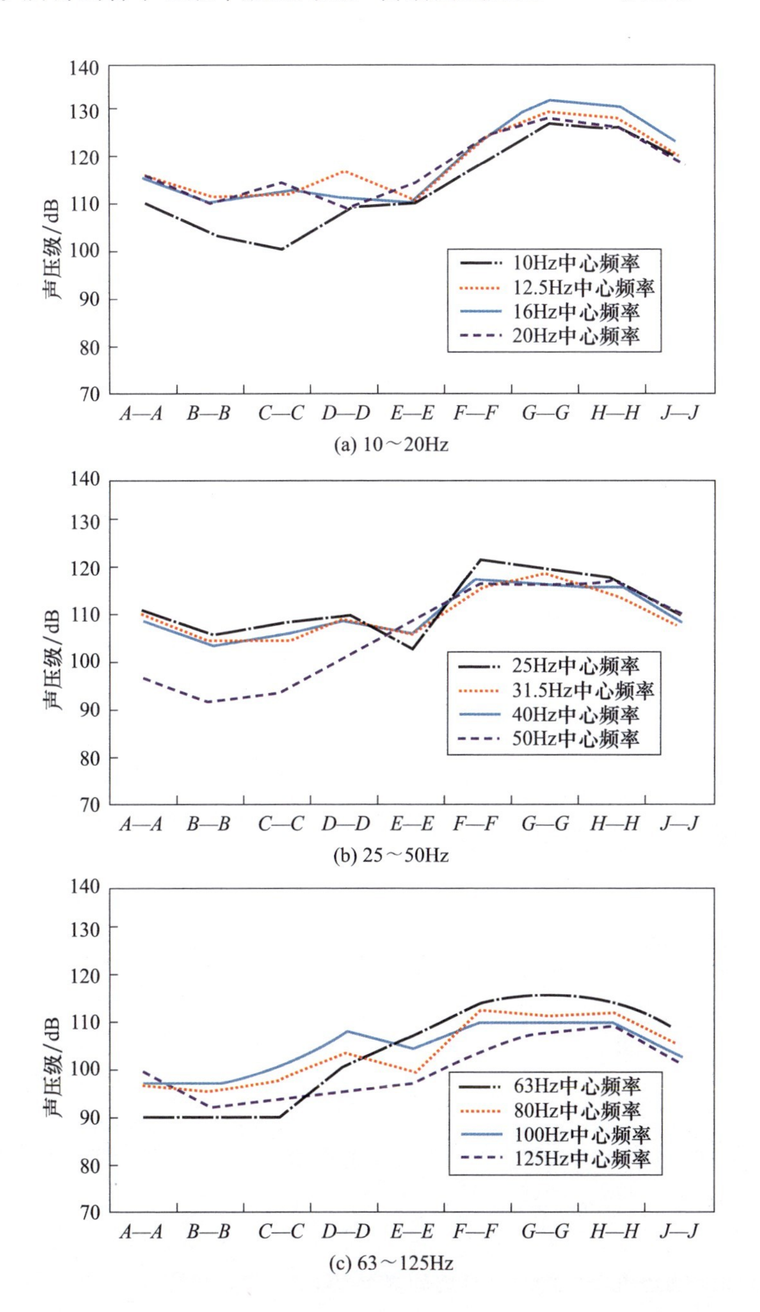

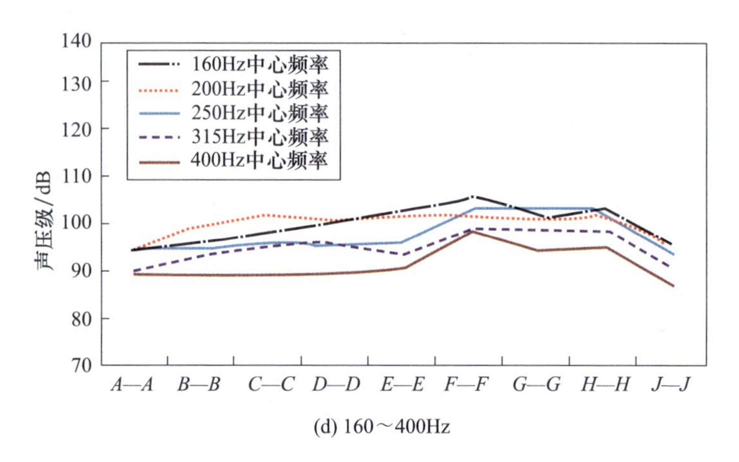

(d) 160～400Hz

图 4－24　沿回路声压级变化曲线（假设点源 $1kg/s^2$，二喉道气动声源）

从图 4－24 可见，噪声传播总体趋势是声压从二喉道声源（*G—G* 截面）向两边衰减，但衰减过程中有不规则波动，随着频率的增加，波动逐渐消失。

4.2.3.2　高频声传播特性

图 4－25 所示为二喉道附近气动声源声传播的统计能量分析模型。假设在 S2 子结构上有 1W 的声功率激励，而在 *A—A* 和 *J—J* 截面处为声学开口。

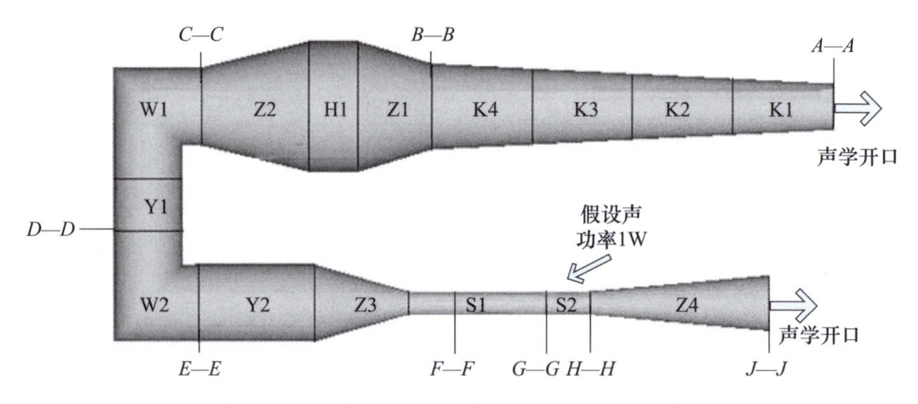

图 4－25　回路统计能量模型（二喉道气动声源）

针对马赫数 0.9 工况进行计算，其基本声学参数的取值根据流场计算得到。所得各频段内的声传播曲线如图 4－26 所示。

由图 4－26 可见，噪声传播规律基本符合之前发现的传播特性规律，声压从 *G—G* 截面向两边逐渐衰减，频率越高衰减越快。

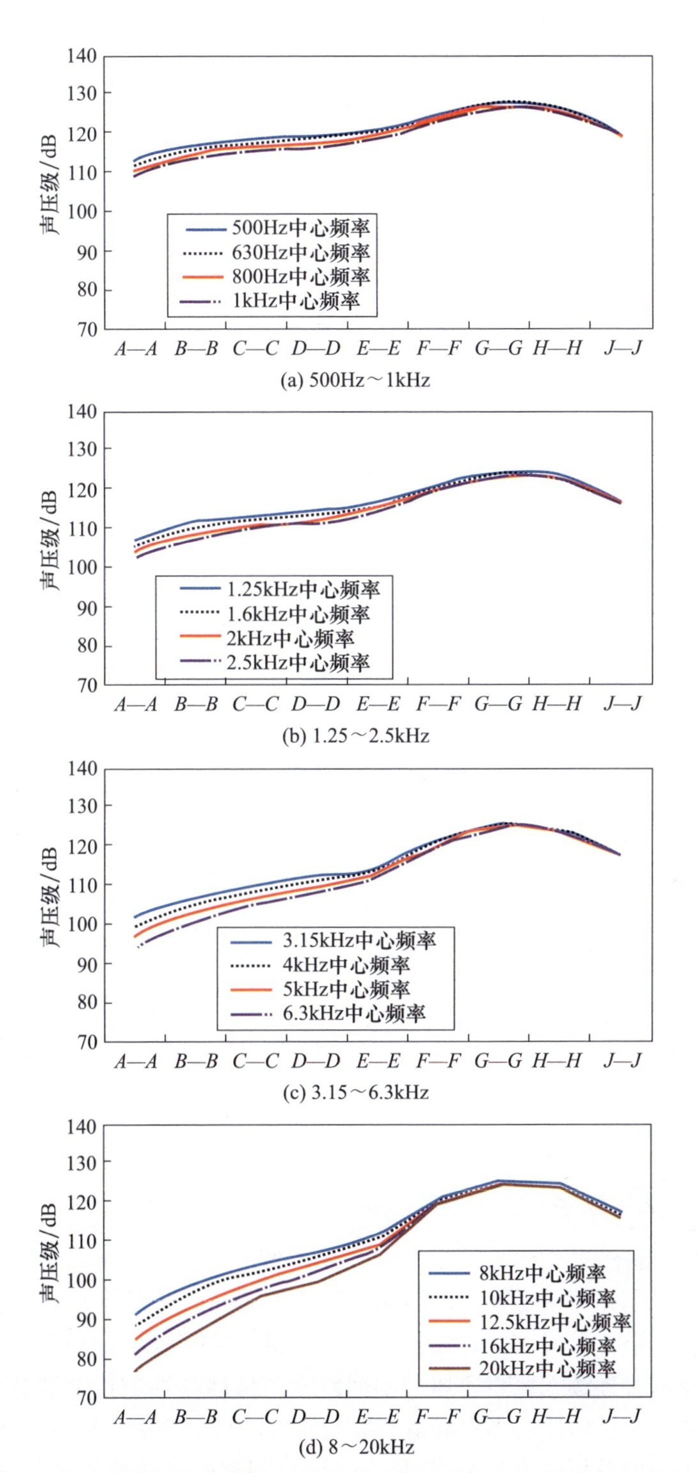

图4-26 沿回路声压级变化曲线(假设输入为1W,二喉道气动声源)

4.2.3.3 仿真与试验对比分析

由试验数据可知,九个截面噪声的峰值普遍出现在 *G—G* 和 *H—H* 截面,处在二喉道之后,再导入段之前。鉴于这一部分流速较高,部分工况马赫数超过1,因此这一部分可能存在较强的气动声源。假设气动声源处在 *G—G* 和 *H—H* 截面之间,对其导致的噪声在回路中的传播规律进行讨论。针对马赫数 0.9 工况进行了仿真计算,并与试验对比,如图 4 - 27 所示。

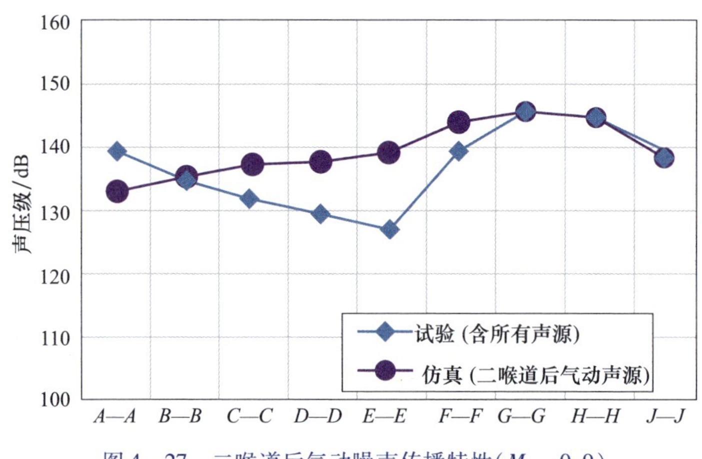

图 4 - 27　二喉道后气动噪声传播特性($Ma = 0.9$)

图 4 - 27 所示为马赫数 0.9 时仿真结果与试验结果的对比曲线。由图可见,在 *G—G* 截面之后,仿真结果与试验结果一致性较好,说明这一部分噪声主要由回路内的气动噪声决定。对于 *F—F* 截面之前,仿真结果大部分高于试验结果,这似乎让人感到困惑,但是考虑到对于马赫数 0.9 工况,二喉道附近流速超过马赫数 1,这意味着在二喉道附近噪声向上游的传播将被截断,因此仅 *G—G* 截面之后的结果是可信的。从另一个角度也验证了试验中二喉道截流对试验段噪声改善的重要作用。

4.3 本章小结

本章对风洞回路传播噪声的传播基础理论进行了详细介绍,并给出了实际工程中风洞回路传播噪声的常用计算方法。进一步,使用有限元方法及统计能量分析方法对某连续式跨声速风洞的回路噪声传播特性进行了计算,重点对压缩机噪声传播至试验段的噪声衰减和频域特性进行了分析。针对马赫数 0.9 典型跨声速工况的分析结果表明:从压缩机出口到试验段前的低流速风洞段内噪声主要由压缩机噪声传播引起，而在试验段以及试验段后具有较高流速的风洞部段内，压缩机噪声不占主要成分，主要噪声源来源于其他途径，例如试验段自身和二喉道。后续章节将进一步针对风洞试验段气动噪声机理及组成进行进一步详细阐述，以使读者对风洞内部的噪声种类组成及成分占比有一个更加系统的认识。

第5章　风洞试验段气动噪声特性

对于高速风洞，在跨声速范围内，速度脉动（湍流度）和静压脉动（噪声）是对风洞流场引入扰动的主要原因。风洞试验段的壁板通常分为实壁和通气壁，通气壁又分为开孔壁和开槽壁，跨声速试验段通常采用通气壁，并在试验段周围配置驻室。由跨声速风洞噪声机理分析可知，试验段的噪声源组成非常复杂，包括洞壁附面边界层噪声、试验段气流扩张形成的喷注噪声、模型支架引起的噪声、扩散段噪声、喷管噪声、压缩机噪声等。其中压缩机噪声可以通过随流体介质传播、声辐射以及结构传导等多种途径进行传播。通气壁（开槽壁/开孔壁）试验段的噪声还包括驻室回流噪声、再入区噪声和扩散段收集器的低频噪声辐射，而开孔壁面还存在斜孔边棱音。此外，一些通气壁试验段中还存在壁孔－风洞耦合共振产生的噪声。本章将针对风洞中存在的各种噪声源进行详细介绍，以使读者对风洞中的气动噪声有更为全面的认识。

5.1 洞壁附面边界层噪声

5.1.1 边界层噪声计算基本模型

由洞壁湍流边界层产生的脉动压力是风洞试验段一个很重要的噪声源。在亚声速情况下，壁面通常是脉动压力的主要来源，分析表明脉动压力的强度约为

$$\bar{p}=0.006\times(0.5\rho U^2) \tag{5-1}$$

其中，$0.5\rho U^2$ 是动压 q，ρ 是自由流密度，U 是流速。

超声速条件下，这部分壁面噪声也是脉动压力的主要来源，用通式表示：

$$\bar{p}=0.006\times(0.5\rho_1 U^2) \tag{5-2}$$

其中，ρ_1 是壁面附近涡流强度最大处的密度，U 仍为自由流流速。当壁面附近温度上升时密度下降，根据方程(5－2)可知，超声速情况下 $\bar{p}/q$ 值将减少。

已知$\dfrac{\rho_1}{\rho}=\dfrac{T}{T_1}$，则边界层的定常静态压力为

$$\frac{\bar{p}}{q}=0.006\times\frac{T}{T_1} \tag{5-3}$$

对于绝热(不传递热量)壁面

$$\frac{T_{aw}}{T}=1+R\left(\frac{\gamma-1}{2}\right)Ma^2 \tag{5-4}$$

其中,Ma 为马赫数,R 为恢复因子。对于典型湍流边界层,恢复因子 $R\approx0.9$。

用 Croco 方程将温度与速度联系起来,有

$$\frac{T_1}{T_0}=\frac{T_w}{T}+\left(1-\frac{T_w}{T}\right)\frac{U_1}{U}+\frac{\gamma-1}{2}Ma^2\left(1-\frac{U_1}{U}\right)\frac{U_1}{U} \tag{5-5}$$

假设隔热壁面,用式(5-4)减式(5-5)可得

$$\frac{T_1}{T}=1+\left(1-\frac{U_1}{U}\right)\left(R+\frac{U_1}{U}\right)\frac{(\gamma-1)}{2}Ma^2 \tag{5-6}$$

假定脉动压力的主要来源在 $U_1=0.5U$ 处(层流底层边缘)。若 $R=0.9$,$\gamma=1.4$,则

$$\frac{T_1}{T}=1+0.14Ma^2 \tag{5-7}$$

由此得到 Lowson 提出的关于边界层脉动压力的著名经验公式[25]

$$\bar{p}=\frac{0.006}{1+0.14Ma^2}q \tag{5-8}$$

则声压级可表示为

$$L_p=20\lg\left(\frac{\bar{p}}{p_{ref}}\right) \tag{5-9}$$

其中,p_{ref}为参考声压,一般取值为 $p_{ref}=2\times10^{-5}$ Pa。由式(5-8)可进一步得到脉动压力系数为

$$\Delta C_p=\frac{0.6}{1+0.14Ma^2}\% \tag{5-10}$$

相关研究一直将这一关系式作为确定边界层脉动压力的下限标准,风洞建设过程中则努力将设计指标靠近这一标准。

另外,Lowson 还提出边界层压力波动的频谱是按比例分布的规律,可用特征参数 ω_0 来表征,即

$$\omega_0=C\frac{U}{\delta} \tag{5-11}$$

其中,C 为一经验系数;δ 为边界层厚度,可表示为

$$\delta=0.37\frac{X_0}{Re^{0.2}} \tag{5-12}$$

其中,X_0 为边缘到湍流边界层作用区域中心点的距离;Re 为雷诺数,$Re=\dfrac{UX_0}{\upsilon}$,$\upsilon$ 为流体运动黏滞系数。

脉动压力随频率的变化关系可表示为

$$S_p(f)=\frac{\overline{p}^2}{\omega_0\left[1+\left(\frac{\omega}{\omega_0}\right)^A\right]^B} \tag{5-13}$$

其中系数 A、B 以及式(5-11)中的 C 为经验系数,其经验值如表 5-1 所示。

表 5-1　经验公式参数值

参数	经验值
A	0.9
B	2.0
C	0.346

边界层厚度随马赫数变化的曲线,如图 5-1 所示。

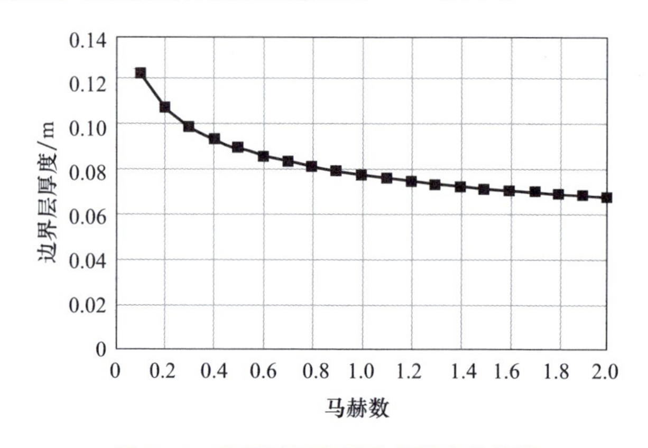

图 5-1　边界层厚度随马赫数变化曲线

由图 5-1 可见,随着马赫数的增大,边界层厚度逐渐降低,当马赫数从 0.1 增大到 2.0 后,边界层厚度从 0.125m 降低到 0.069m。此外还可以发现,随着马赫数的增大,边界层厚度下降的趋势在逐渐减缓。当马赫数从 0.1 增大到 0.2 时,边界层厚度减小了 0.016m;而当马赫数从 1.9 增大到 2.0 时,边界层厚度几乎不变,仅减小了 0.001m。

脉动压力数值随马赫数变化的曲线如图 5-2 所示,其参考压力为 2×10^{-5}Pa。

由图 5-2 可见,随着马赫数的增加,附面边界层脉动压力总值随之增大,当马赫数从 0.1 增大到 2.0 后,脉动压力总值从 106.6dB 增大到 154.8dB。不同马赫数下的脉动压力频谱分布曲线如图 5-3 所示。

由图 5-3 可见,随着频率的增大脉动压力逐渐减小,噪声能量主要集中在中低频段。不同的马赫数下频谱分布呈现不一样的变化规律:在低马赫数下,随着频率的增大能量衰减迅速，而马赫数增大以后随着频率的增大能量衰减变缓和。这一趋势是由于高马赫数下的噪声分布频带更宽导致的。

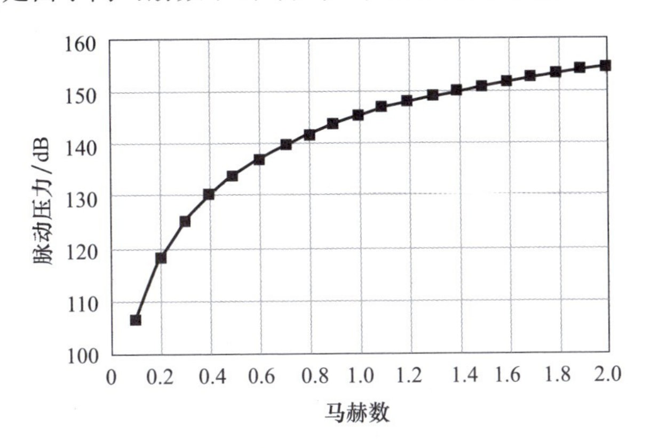

图5－2　脉动压力总值随马赫数变化曲线

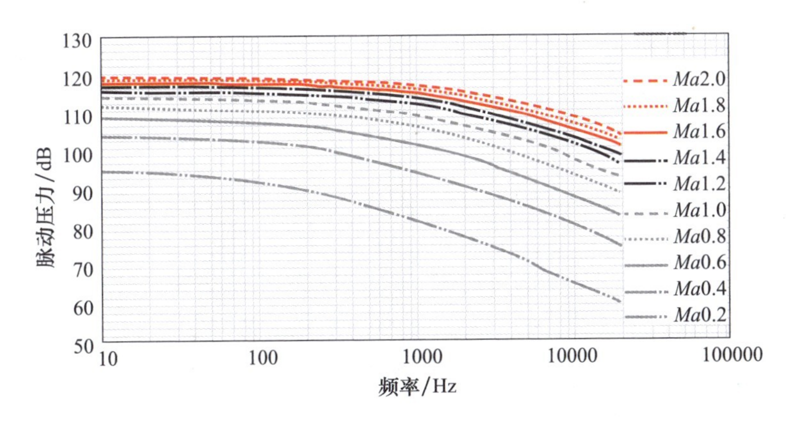

图5－3　不同马赫数下脉动压力频谱分布曲线

5.1.2　高马赫数下边界层噪声计算修正模型

由图5－2理论计算的脉动压力总值随马赫数变化曲线可知，随着马赫数的增大，附面边界层噪声在一直增加，然而这与工程实际中的一些测试结果并不匹配。观测到的现象是，当马赫数达到某一个值时，再继续增大试验风速时噪声并没有持续增大，反而可能保持小范围波动或略微减小。前面给出的边界层噪声计算基本模型并不能适应高马赫数情形下的计算，原因在于未考虑空气介质的可压缩性，只适用于低马赫数。本节将进一步考虑介质的可压缩性，给出高马赫数下边界层噪声计算修正模型。

由式(5－8)可知，洞壁边界层脉动压力 $\bar{p}$ 与动压 q 之间的关系可表示为

$$\bar{p} = \frac{0.006}{1 + 0.14Ma^2}q \tag{5-14}$$

计算边界层压力脉动需要先求解动压，由于 $q = \frac{1}{2}\rho U^2$，在低马赫数下（$Ma < 0.4$）可认为空气介质不可压，此时可认为密度 ρ 不变或变化很小，则动压 q 只与流速有关系。

在高马赫数下，空气变为可压缩，此时静压 p 随马赫数的变化关系一般可表示为

$$p = (1 + 0.2Ma^2)^{-3.5} p_0 \tag{5-15}$$

其中，p_0 为入口总压，可取值为标准大气压（101.33kPa）。密度与静压之间的关系可表示为

$$\rho c_0^2 = \gamma p \tag{5-16}$$

由式（5－16）可知，自由来流密度可以表示为 $\rho = \frac{\gamma p}{c_0^2}$，其中 γ 系数一般可取值为 1.4。将 $\rho = \frac{\gamma p}{c_0^2}$ 代入动压求解表达式 $q = \frac{1}{2}\rho U^2$ 中，可得

$$q = \frac{1}{2}\gamma Ma^2 p \tag{5-17}$$

将式（5－17）代入式（5－14）便可最终求得考虑空气可压缩性后的脉动压力值。

考虑到高流速下气体变为可压缩，动压与静压在高马赫数下均减小，这最终导致了高马赫数下脉动压力的下降。考虑空气可压缩性与不考虑空气可压缩性的脉动压力总声压级值对比如图 5－4 所示。

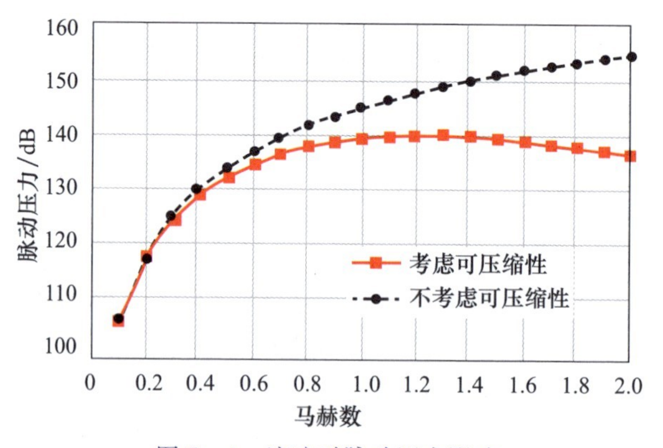

图 5－4 流速对脉动压力影响

由图 5－4 可见，当不考虑空气可压缩性时，脉动压力随着马赫数的增大而一直增大，这与实际观测结果不符；当考虑空气可压缩性时，在小于马赫数 1.2

时，脉动压力随着马赫数的增大而增大，但增大趋势低于不考虑流速的情况，且在大于马赫数 1.2 时，随着马赫数的增大脉动压力有减小的趋势，这与实际观测数据较为一致。

在 0.6m 风洞中进行的试验段噪声测试试验，在洞壁表面布设了传感器，采集了洞壁表面的压力信号，其脉动压力对比如图 5-5 所示。

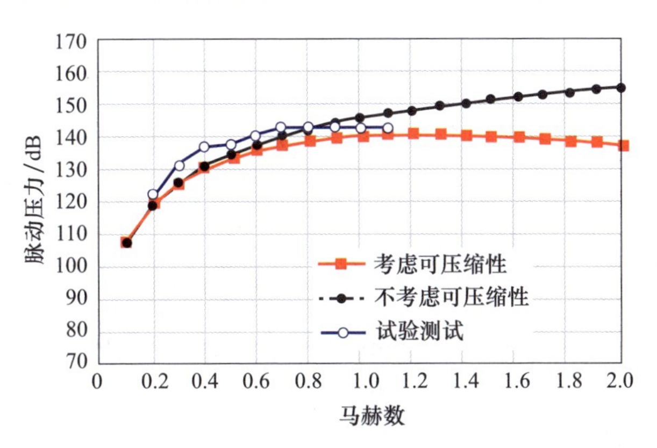

图 5-5 脉动压力对比曲线

由图 5-5 可见，随着马赫数的增大，试验测试噪声数据并不是一直在增大，在马赫数 0.8~1.1 之间，脉动压力数值略有增大但量级大小相当，这与考虑可压缩性后的结果更为符合，虽然没有马赫数 1.2 及以上的测试数据，但从马赫数 1.1 及之前的测试数据走势可推测更高马赫数下的噪声结果不会一直持续增大，因此考虑可压缩性后的结果更为准确。

由图 5-5 还可看出，试验数据相对于考虑可压缩性后的理论计算结果而言普遍偏大，这是由于实际测试结果不仅含有边界层噪声，同时还含有压缩机噪声及其他一些气动噪声源。由于压缩机噪声在低马赫数下影响较大，因此低马赫数时试验测试数据与理论估算结果会有一定差异，但随着马赫数的增大，边界层噪声开始占主要成分，此时试验测试数据与理论估算结果差异逐渐缩小。

图 5-6 进一步给出了使用不考虑空气可压缩性及考虑空气可压缩性两种不同的理论计算获得的噪声频谱与试验测试数据的对比曲线。

由图 5-6 可见，在低于马赫数 0.4 时，不考虑可压缩性与考虑可压缩性修正的脉动压力计算频谱曲线较为一致，差别较小。而大于马赫数 0.4 时，随着马赫数的增大，考虑可压缩性修正的脉动压力越来越小于未考虑可压缩性的脉动压力。说明在马赫数 0.4 以上，流体的可压缩性不能再忽略，需要考虑进来。在小于马赫数 0.8 时，由于试验段内压缩机噪声占比较高，因此试验测试值普遍比考虑可压缩性修正后的计算值偏大。当大于等于马赫数 0.9 时，考虑可压缩性修正后的计算值与试验测试值吻合较好，充分说明了边界层噪声修正理论的有效性。

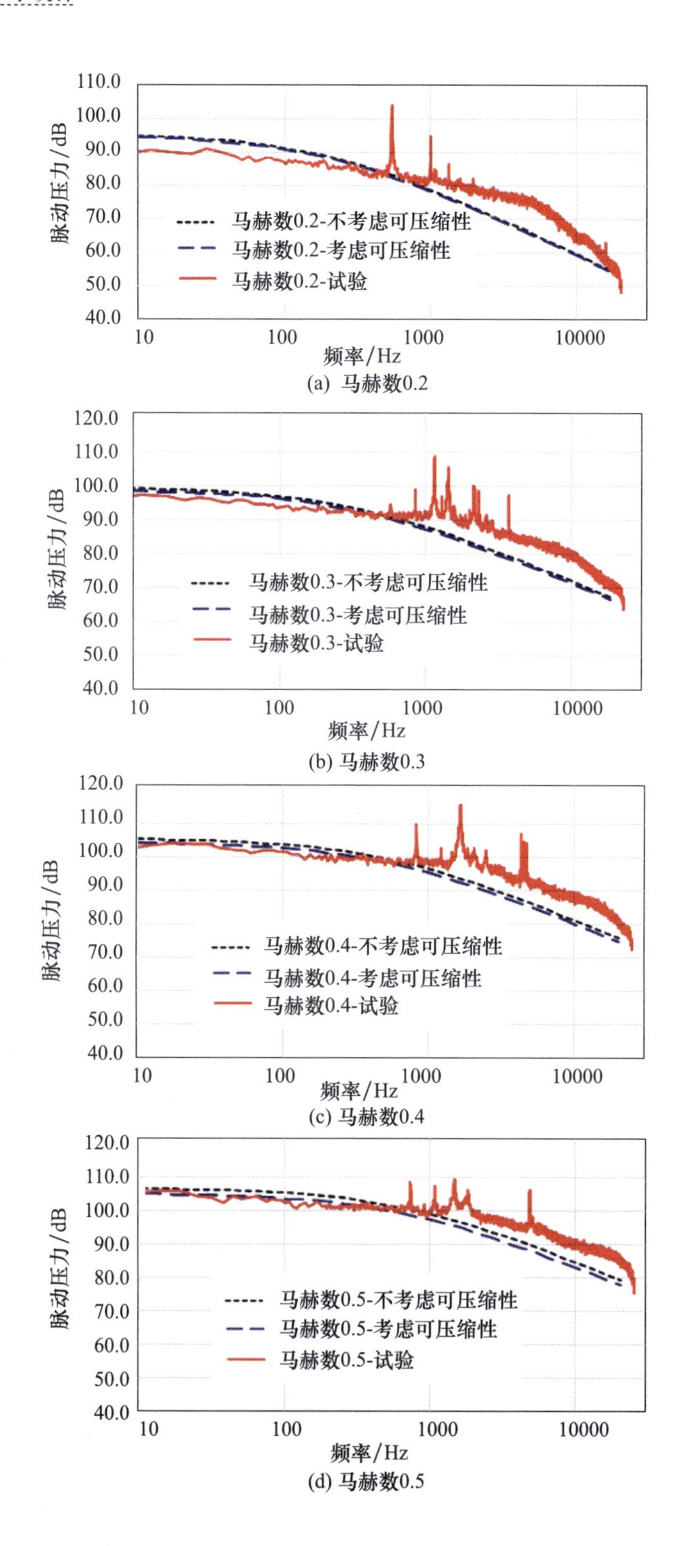

(a) 马赫数0.2

(b) 马赫数0.3

(c) 马赫数0.4

(d) 马赫数0.5

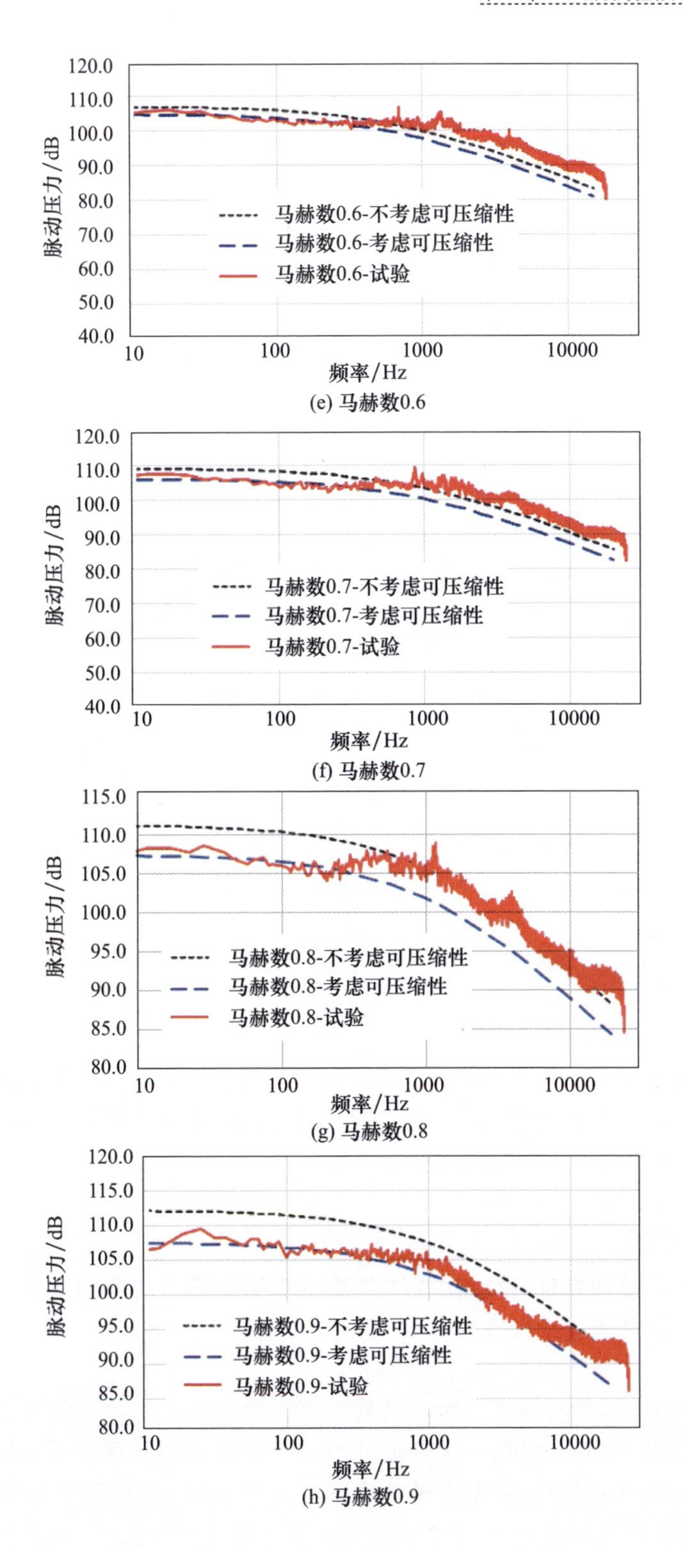

(e) 马赫数0.6

(f) 马赫数0.7

(g) 马赫数0.8

(h) 马赫数0.9

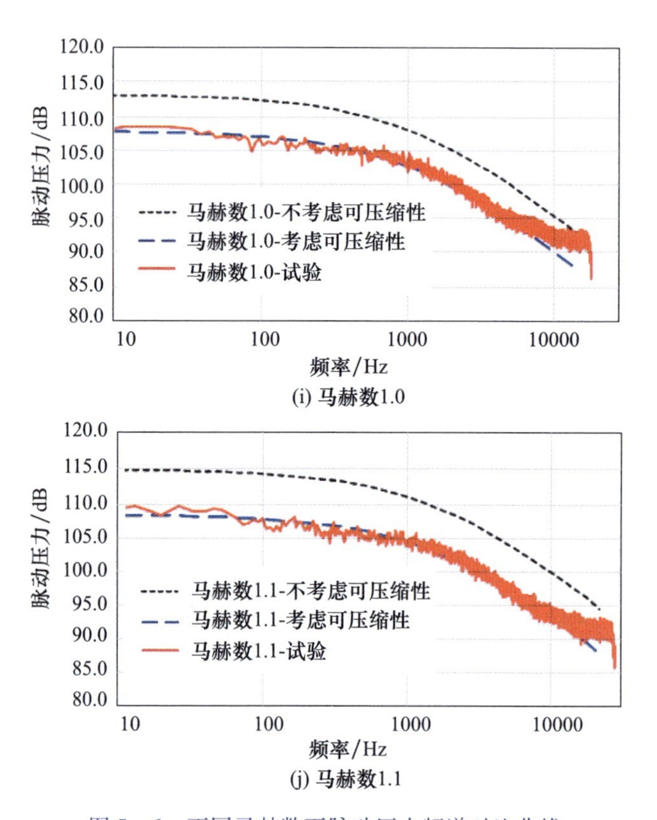

图 5-6　不同马赫数下脉动压力频谱对比曲线

5.2 喷注噪声

开槽壁板辐射的噪声中除了边界层的压力波动以外,主要还表现为:进入试验段的气体在流出通气壁板的扩张作用下形成的喷注噪声以及试验段与驻室再入流体交互过程中形成的喷注噪声。

5.2.1 波动方程

通过建立波动方程,可以比较清楚地了解喷注噪声的成因和特点。在流体介质中应满足质量连续性方程,即

$$\frac{\partial \rho}{\partial t}+\frac{\partial(\rho v_i)}{\partial X_i}=Q(X,t) \tag{5-18}$$

式中:ρ 为流体介质的密度;v_i 为介质质点在 i 方向上的分速度,$i=1,2,3$,相应于空间坐标的三个方向;Q 为质量产生率。式(5-18)左侧第二项实际表达含

义为

$$\frac{\partial(\rho v_i)}{\partial X_i}=\frac{\partial(\rho v_1)}{\partial X_1}+\frac{\partial(\rho v_2)}{\partial X_2}+\frac{\partial(\rho v_3)}{\partial X_3} \tag{5-19}$$

式中：$\frac{\partial(\rho v_i)}{\partial X_i}$表示在空间 X 的位置上，单位体积单位时间质量的增量；ρ、v 与 Q 均为空间位置和时间的函数。流体同时要满足运动方程

$$\frac{\partial(\rho v_i)}{\partial t}+c_0^2\frac{\partial\rho}{\partial X_i}=-\frac{\partial T_{ij}}{\partial X_i}+F_i \tag{5-20}$$

上式为牛顿第二定律在流体运动中的应用。式中，T_{ij}表示广义应力张量，可表示为

$$T_{ij}=\rho v_i v_j+(p_{ij}-p\delta_{ij})+(p-c_0^2\rho)S_{ij} \tag{5-21}$$

式中：$\rho v_i v_j=\sum_{i,j=1}^{3}\rho v_i v_j$ 为转移动量；$(p_{ij}-p\delta_{ij})$ 为黏滞应力张量，且 $\delta_{ij}=\begin{cases}1 & i=j\\0 & i\neq j\end{cases}(i,j=1,2,3)$；$(p-c_0^2\rho_0)S_{ij}$为热传导引起的应力变量。

将式(5-18)对时间 t 进行微分运算得到

$$\frac{\partial^2(\rho v_i)}{\partial t\partial X_i}+\frac{\partial^2\rho}{\partial t^2}=\frac{\partial Q}{\partial t} \tag{5-22}$$

将式(5-20)对 X 进行微分运算则可得

$$\frac{\partial^2(\rho v_i)}{\partial X_i\partial t}+c_0^2\frac{\partial^2\rho}{\partial X^2{}_i}=-\frac{\partial^2 T_{ij}}{\partial X_i\partial X_j}+\frac{\partial F}{\partial X_i} \tag{5-23}$$

将式(5-22)与式(5-23)等号两端相减，则有

$$\frac{\partial^2\rho}{\partial t^2}-c_0^2\frac{\partial^2\rho}{\partial X^2{}_i}=\frac{\partial Q}{\partial t}+\frac{\partial^2 T_{ij}}{\partial X_i\partial X_j}-\frac{\partial F}{\partial X_i} \tag{5-24}$$

上式即为 Lighthill 方程，该方程是精确的，未做任何近似。方程左端描述了声扰动在周围媒质中以声速 c_0 传播的现象，右端则作为声源（等效声源）项。等式右边的三项如果等于零，则波动方程具有最简单的形式，且可以得到波动方程的通解；若$\frac{\partial^2(T_{ij})}{\partial X_i\partial X_j}$不等于零，则流体介质内部应力张量变化亦将引起扰动，这种声源一般是四级子声源，喷注噪声就属于这类噪声源[26]。

5.2.2 喷注噪声机理

气流从管口以高速喷射出来，由此而产生的噪声称为喷注噪声，亦称喷射噪声或射流噪声，如喷气发动机排气噪声和高压容器排气噪声就是喷注噪声。喷注噪声是从管口喷射出来的高速气流与周围静止空气激烈混合时产生的，

最简单的自由喷射是由一个高压容器通过一个圆形喷嘴排放气流，如图 5 - 7 所示。

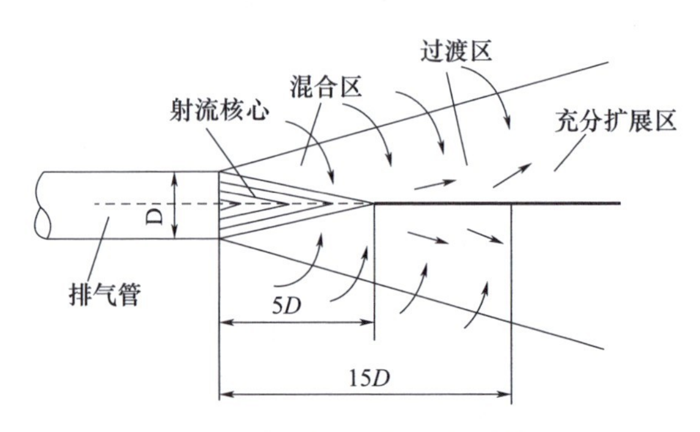

图 5 - 7　喷注结构示意图[26]

气体在容器内速度等于零，在圆管的最窄截面处流速达到最大值，下面简要介绍这种射流噪声的成因和特点。管口喷射出的高速气流，由于内部静压低于周围静止气体的压强，所以在高速气流周围产生强烈的引射现象，沿气流喷射方向的一定距离内大量气体被喷射气流卷吸进去，从而喷射气流体积越来越大，速度逐渐降低。但在喷口附近，仍保留着体积逐渐缩小的一小股高速气流，其速度仍保持喷口处气流速度，常被称为喷射流的势核。势核长度约为喷口直径的 5 倍。在势核周围，高速气流与被吸进的气体剧烈混合，这是一段湍化程度极高的定向气流。在这段区域内由势核到混合边界的速度梯度大，气流之间存在着复杂多变的应力，涡流强度高气流内各处的压强和流速迅速变化，从而辐射较强的噪声。

喷注噪声主要取决于喷射流速度场，并且只有存在高速度剪切层和强湍化区才能产生喷注噪声。在距离喷口 4 ~ 5 倍喷口直径处，喷注噪声最强。这说明在接近势核尾部区域的剪切层内，气体的湍化得到充分提高，气流内各向应力的急剧变化使气流内介质体元的运动状态、密度、压力发生复杂的变化，因而辐射较强的噪声。而在离喷口较近的地方，由于剪切层内气流尚未充分混合，因而湍化强度不高，喷注噪声也较低。在远离喷口的地方，则由于在势核以外涡流得到充分发展，体积增大、强度减弱，剪切层速度梯度大大减小，使得射流噪声又逐渐降低。所以，在距喷口直径 6 倍的区域内设法降低噪声，对控制射流噪声具有重大意义。

5.2.3　喷注噪声辐射功率

若观察点到声源区的距离 r 远大于声源区尺寸，利用正常声场中 $\mathrm{d}p = c_0^2\mathrm{d}\rho$ 的关系，式(5 - 24)的解可写作

$$p(x,t) = \frac{1}{4\pi c_0^2 r}\int_V \frac{\partial^2}{\partial t^2} T_{rr}(y,\ t - r/c_0)\mathrm{d}V(y) \tag{5-25}$$

式中：T_{rr}代表T_{ij}在取x_i和x_j为r方向时的值；y为声源区内的坐标，积分在湍流区V内进行。T_{rr}中的推迟时间$t-r/c_0$表明在积分时必须考虑声源区各点的相位差。

式(5-25)是精确的，但目前对流体中的湍流所知非常有限，无法从该式求得确切关系，而Lighthill采取了一种做量纲分析的办法。气流中典型长度是喷口直径D，时间标度可取为气流经过距离D的时间，即D/U，U为喷注速度。如果这个时间比所考虑的声波周期小得多，声源就称为是紧密的，这时式(5-25)中的时间推迟就可以忽略不计，因为r的变化比波长小得多，声源区各点发射到观察点的声波都可看作同相的。在应力张量$T_{ij}=\rho v_i v_j+(p_{ij}-p\delta_{ij})+(p-c_0^2\rho_0)S_{ij}$中，$p-c_0^2\rho_0$基本是零（特别是在冷喷注情况），黏性张量一般都很小，所以主要项是$\rho v_i v_j$。

假设v_i与v_j都与喷注速度U成比例是合理的，因此$\rho v_i v_j$基本与ρU^2成比例。在式(5-25)中，$\partial/\partial t$与U/D成比例，$\int\mathrm{d}V$与D^3成比例，加上$\rho v_i v_j$与ρU^2成比例，可得声压有效值为

$$p \propto \frac{1}{c_0^2 r}\left(\frac{U}{D}\right)^2 \rho U^2 D^3 \propto \frac{D}{r}\frac{\rho U^4}{c_0^2} \tag{5-26}$$

或

$$p^2 \propto \frac{D^2}{r^2}\frac{\rho^2 U^8}{c_0^4} \tag{5-27}$$

亚声速湍流喷注所发出的总声功率与声强$p^2/\rho_0 c_0$成正比例，由此式(5-27)可以写成Lighthill的经典理论八次方定律：

$$W = K\frac{\rho^2 U^8 D^2}{\rho_0 c_0^5} \tag{5-28}$$

式中：K为喷注常数，取值$(0.3\sim1.8)\times10^{-4}$；$\rho$为当地媒质密度；$U$为当地气流速度；$\rho_0$为环境大气密度；$c_0$为环境大气声速；$D$为喷口直径。

Lighthill进一步提出了流动噪声比例定律：自由射流的声功率正比于射流速度的八次方；对于密度脉动等形成的偶极子，喷注声功率正比于射流速度的六次方。

在国内跨声速声学风洞研究中发现：在跨声速流动中，流体介质密度不再满足定常的条件，射流声功率与射流速度之间的关系呈现另外一种关系。实际测试时，跨声速开槽壁板试验段的射流噪声问题仍然与流体介质自由流的流速有关，大小与流速的N次方有关，且N远小于Lighthill比例定律中提出的8或者6。

5.3 试验段槽壁噪声

5.3.1 噪声传播途径

关于槽壁噪声，Mabey 研究了试验段尾端下游气流再入区域的噪声机理，并给出了半经验理论。从流动机理上来看，再入区域的气流的流动特征是流体介质经由槽缝重新回到试验段，并与核心流混合。

风洞试验段的典型流动如图 5－8 所示，试验段的气动噪声传递途径如图 5－9所示。试验段尾端再入区气流突然膨胀，由此产生混合流。除了引射抽吸外，再入区域的复杂三维流动还引起了气动噪声。该噪声向上游试验段传播（与自由流方向相反），也向上游驻室传播（驻室流场实际上是静止的）。驻室噪声对于试验段也很重要，因为低频噪声（即长波长噪声）会从驻室向试验段传播，从而影响试验段的声学性能。

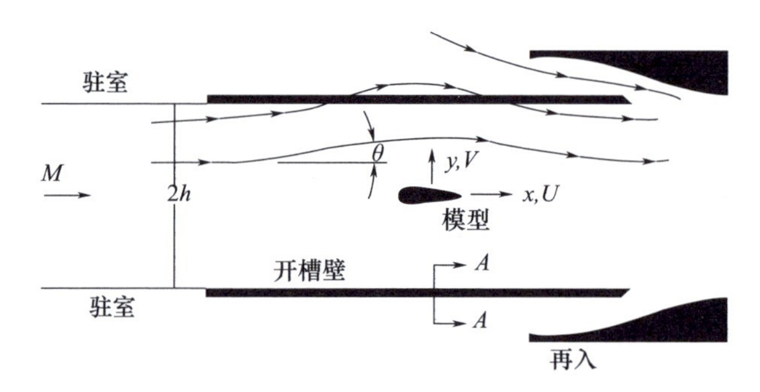

图 5－8　试验段内典型流动[27]

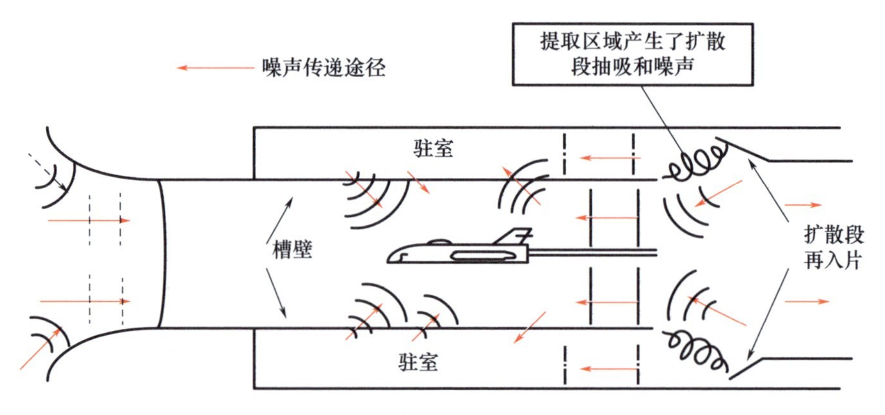

图 5－9　试验段噪声传递途径[28]

Mabey 在研究中发现,再入区(接近分析的噪声源)的噪声比试验段噪声高很多,但二者的谱形相似。与再入区域相比,试验段脉动压力峰值对应的频率参数更低,这是由于再入区域的局部混合区较薄,噪声谱中高频占主导地位。相比之下,上游试验段只受上游传播干扰,混合区激起的声波积累或叠加并以平面波的形式传播。当槽关闭时,再入区域和试验段的噪声都大大降低。根据这一结论可以进一步扩展槽/板流动理论。

图 5-10 给出了一个典型槽壁(宽度为 w)的槽板分布。这些槽头部为尖锥形,而后槽宽为常值 w_s,多个槽沿风洞宽度方向等间距平行分布。槽板的等宽度等间距均匀分布使得槽壁可以近似为"均匀"壁面边界条件,可用于风洞共振频率计算,以及稳态力的洞壁干扰修正,图中定义了流向坐标 x,原点为槽尾端,由原点指向上游的方向为正。

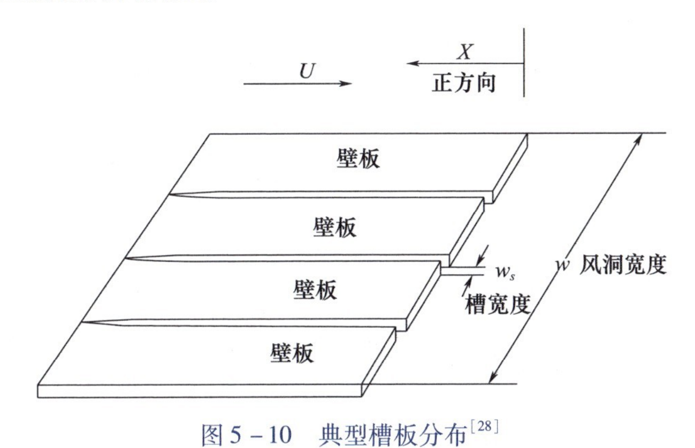

图 5-10 典型槽板分布[28]

如图 5-11 所示,槽板尾端的流动包括槽尾流动、壁板尾端的气泡流,以及壁板边缘的尾端脱涡,这些复杂流动都可能产生噪声。

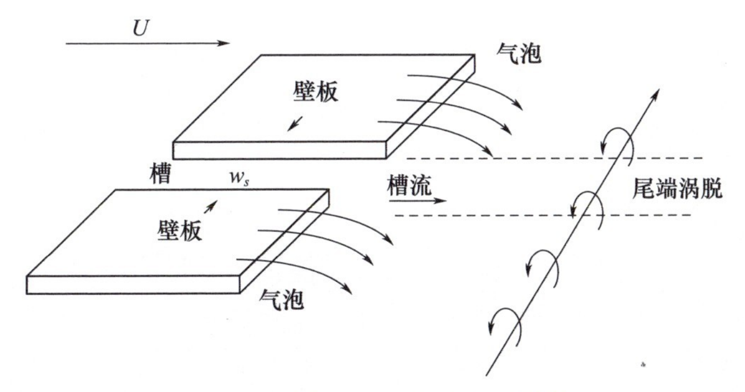

图 5-11 槽板尾端的流动形式[28]

气流经槽缝向驻室的典型流动,如图 5-12 所示,速度截面如图 5-13 所示。

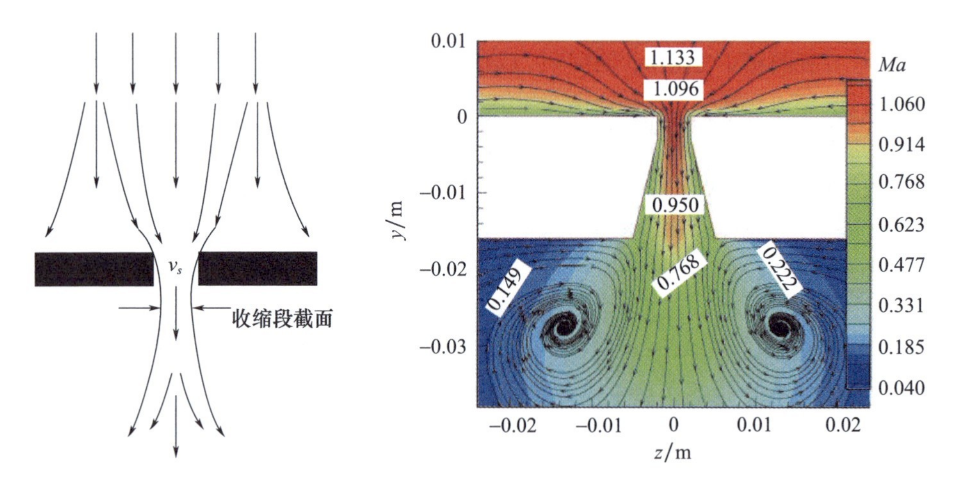

图 5－12　槽缝中的流动

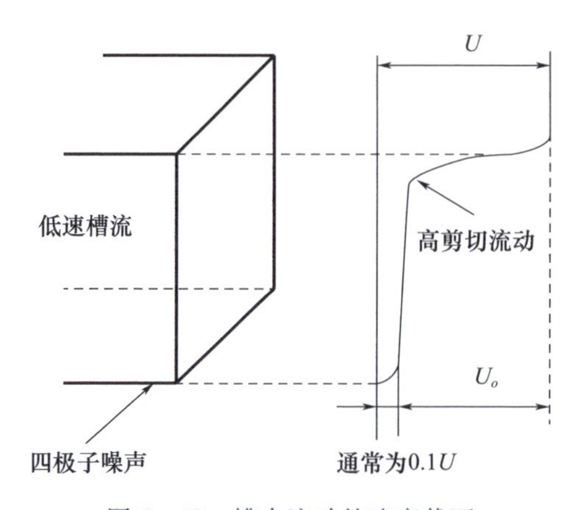

图 5－13　槽中流动的速度截面

由速度截面可以看出，试验段部分的流速 U 恒定，经槽缝流动时有高剪切流动，速度逐渐降低，到达驻室时速度大为降低，通常速度降为 0.1U。

5.3.2　半经验理论模型

Mabey 关于试验段再入区噪声的半经验模型如图 5－14 所示。风洞试验段直径为 D，恒速 U，从 $x=0$ 到 $+\infty$ 向上游延伸，该无限尺寸表明不考虑试验段的纵向共振频率，假设洞壁上无边界层生长。风洞驻室也沿着 $x=0$ 到 $+\infty$ 无限延伸，并且具有无限深度，无限尺寸表明不考虑驻室的纵向共振频率和横向共振频率。为了简化建模，该模型未考虑槽/板的复杂几何形状，也未考虑实际风洞驻室的有限尺寸。

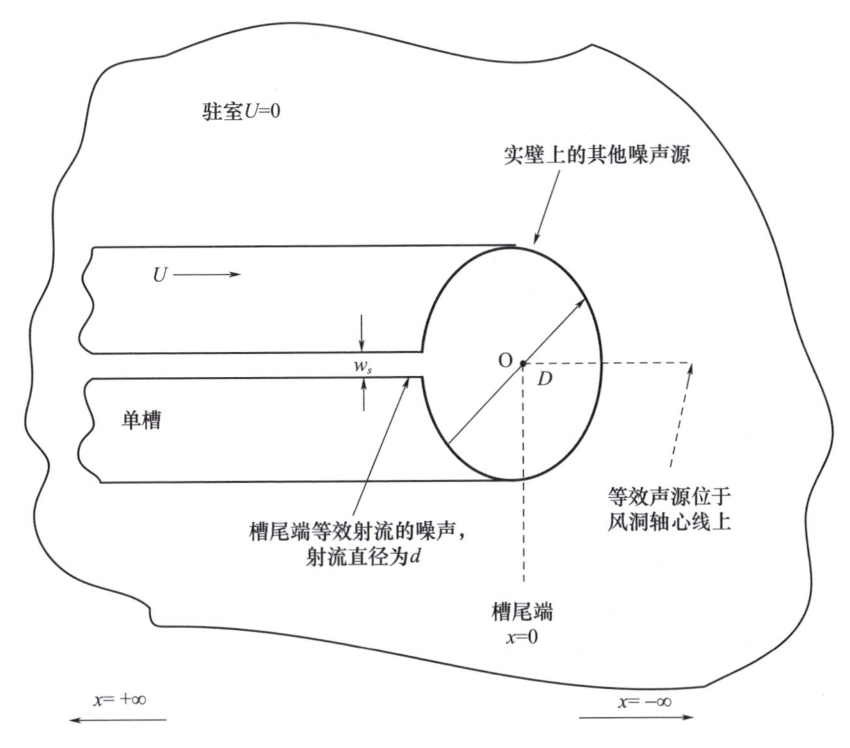

图5－14　半经验理论模型图

对驻室作一个重要的简化假设：假设驻室空气是静止的，流速为零，驻室与自由流温度一样，因此密度ρ也一样。再入区域的噪声被视为主要来源于槽尾端($x=0$)的流动，而不是试验段尾端其余周边部位的掺混。槽尾流动等效噪声源被认为作用于风洞轴线上。

Mabey通过试验结果得出结论，再入区域的噪声主要由槽尾端自由流和驻室静态气体的混合所激起。壁板尾端的台阶高度通常是槽宽的3～5倍，因此可以将再入区域气流理想化等效为引射器，混合区等效为一系列薄层射流，每个射流对应一个槽。根据槽以及驻室的出口到再入区域的形状，这些薄层周边射流可以等效为一个圆形射流，直径为

$$d=\lambda w_s \tag{5-29}$$

研究发现λ值介于2～9。这些假设意味着，等效射流激发的噪声比各壁板尾端的气泡流及壁板边缘的尾涡脱落产生的噪声都大很多。

通过上述假设将流动等效为一个复杂的三维流动。图5－15给出了壁面开有单个槽的4in×4in引导风洞再入区的流动油流图像及流动示意图。槽尾流动在沿流向长度大约$2w_s$处再附着，宽度也只有$2w_s$，台阶高度大约是$3w_s$，根据试验结果可知该引导风洞等效射流直径为$d=6.8w_s$，即$\lambda=6.8$。

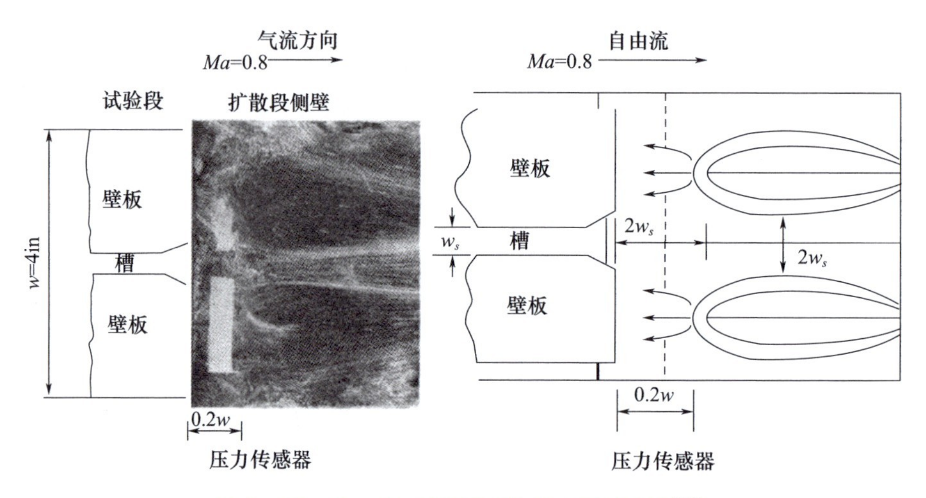

图 5-15　4in×4in 引导风洞中再入区的流动[29]

接下来将计算由槽尾端低速湍流混合导致的远场噪声。低速槽尾流动（与自由流相对速度为 U，密度为 ρ）将被等效成直径为 d 的射流，d 与槽宽 w_s 成正比。考虑射流噪声的 Lighthill 理论，远场声强为

$$I=\frac{\overline{(p^1)^2}}{\rho_0 c_0}\propto\frac{\rho^2 U^8}{\rho_0 c_0^5}\left(\frac{d}{x_1}\right)^2 \tag{5-30}$$

式中：p^1 为脉动压力；c_0 为环境声速；ρ_0 为环境密度；x_1 为与声源的有效距离；$d=\lambda w_s$。

射流噪声模型是一种四极子声源，可以假设槽尾流动流速非常小，则 $\rho=\rho_0$、$U=U_o$。式(5-30)可以重写为

$$\overline{(p^1)^2}\propto\rho^2 U^4 Ma^4\left(\frac{d}{x_1}\right)^2 \tag{5-31}$$

由此，当地辐射的均方脉动压力 $\overline{(p^1)^2}$ 有如关系 $\frac{\overline{(p^1)^2}}{q^2}\propto Ma^4\left(\frac{d}{x_1}\right)^2$，则均方根值

$$\frac{\bar{p}}{q}\propto Ma^2\left(\frac{d}{x_1}\right) \tag{5-32}$$

式(5-30)和式(5-32)都与雷诺数无关，这是由于湍流射流和槽尾流动的气动噪声是由湍流的涡黏决定的，涡黏是由典型速度和涡流尺寸决定的，而不是雷诺数。式(5-32)的结论与试验观察相吻合，即实际上所有开槽壁跨声速风洞的脉动压力系数 $\bar{p}/q$ 都与雷诺数无关。

式(5-30)计算的是一个全向声源的声强，因此不涉及指向性。Lighthill 指出声源对流对于指向性具有重要影响。自由场的指向性表现为，噪声向远场辐

射时声强 I 会衰减，衰减系数为$(1+Ma_c)^{-5}$，其中 Ma_c 是对流马赫数。如果槽向上游辐射噪声有相同的衰减系数，则在特定点上，$\bar{p}/q$ 有衰减系数

$$\delta=(1+Ma_c)^{-2.5} \tag{5-33}$$

试验段核心流与经驻室流入再入区域的槽尾流动之间产生平均剪切，形成湍流混合区，并且很可能向下游线性生长或产生平均对流，平均对流的流速大约是槽尾流动和驻室流速之差的0.5～0.65倍。图5-16给出了射流混合区对流马赫数的一个近似

$$Ma_c=\frac{Ma}{2} \tag{5-34}$$

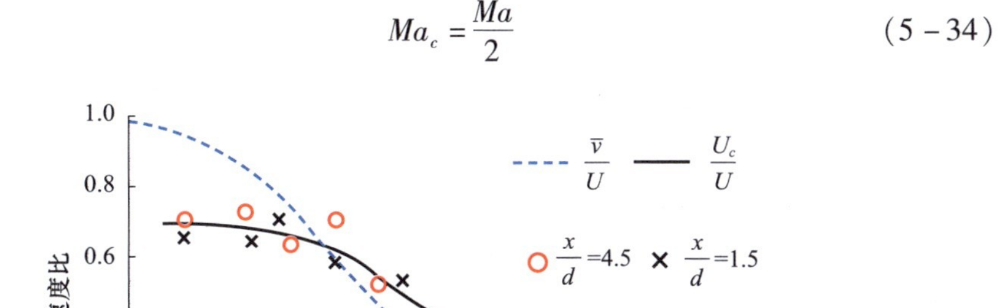

图5-16 速度 U_c 的射流混合区平均速度 $\bar{v}$ 及对流速度 U_c 随辐射距离变化曲线

根据式(5-33)和式(5-34)，式(5-32)可写为

$$\frac{\bar{p}}{q}=bMa^2\left(1+\frac{Ma}{2}\right)^{-2.5}\frac{d}{x_1} \tag{5-35}$$

其中，b 是一个经验系数。

式(5-35)仅对马赫数非常低的情形或对驻室适用，对于高流速情形，脉动压力向上游试验段的传播则大不相同。受自由流速($U=c_0Ma$)影响，向上游传播的速度由 c_0 减小为 $c_0(1-Ma)$。由此，自由流场中距离槽尾端 x 的上游，其噪声源的有效距离为

$$x^1=\frac{x+x_0}{(1-Ma)} \tag{5-36}$$

其中，x_0 是下游噪声源距离槽尾端的距离。将 x^1 代入式(5-35)有

$$\frac{\bar{p}}{q}=bMa^2\left(1+\frac{Ma}{2}\right)^{-2.5}(1-Ma)\frac{d}{x+x_o} \tag{5-37}$$

式(5-37)在 $Ma=0.59$ 处有最大值，然而实际中通常最大噪声会出现在 $Ma=0.8$ 处。这可能是由于声波从驻室向试验段传播时并没有以$(1-Ma)$的系

数减少。如果将$(1-Ma)$替换为$(1-Ma)^j$，则脉动压力系数的最大值将出现在Ma_j，必须根据特定试验选择j值。当$j=0.325$时，$\bar{p}/q$的最大值位于$Ma=0.8$，这符合典型开槽壁风洞的规律。

由此改进式(5-37)，并将d替换为λw_s，有

$$\frac{\bar{p}}{q}=bMa^2\left(1+\frac{Ma}{2}\right)^{-2.5}(1-Ma)^j\frac{\lambda w_s}{x+x_o} \tag{5-38}$$

需要注意的是，公式中有效距离与试验段的侧向位置无关，这意味着声波几乎以平面波的形式向上游传播。这与高速影像测试结果一致，也符合以往研究中“管道中大尺度湍流产生的声波以平面波形式传播”的结论。

当只有一个槽时，有如下关系：

$$w_s=Tw_1 \tag{5-39}$$

其中，w_1为风洞总周长；T为开口面积占壁板面积的比。

则脉动压力系数与开口面积比成正比：

$$\frac{\bar{p}}{q}=TbMa^2\left(1+\frac{Ma}{2}\right)^{-2.5}(1-Ma)^j\frac{\lambda w_1}{x+x_o} \tag{5-40}$$

如果宽度为w_s的槽的数目由1变为m，则

$$mw_s=Tw_1 \tag{5-41}$$

若符合Lighthill八次方定律的式(5-31)中的能量强度可线性叠加，即可视为非干涉声源，则单槽的局部脉动压力均方根应该乘以系数$\sqrt{m}$，并且槽宽w_s应替换为Tw_1/m，有

$$\frac{\bar{p}}{q}=\frac{TbMa^2}{\sqrt{m}}\left(1+\frac{Ma}{2}\right)^{-2.5}(1-Ma)^j\frac{\lambda w_1}{x+x_o} \tag{5-42}$$

当$m\to\infty$，$\bar{p}/q\to\infty$，也即开很多槽时，有扩散段的槽壁风洞的噪声就接近于实壁风洞或孔壁风洞。脉动压力系数将随着槽壁面积比的增大而增大，随着槽数目的增多而减小。

需要注意的是，式(5-42)只有当等效射流直径$d=\lambda w_s$比试验段直径D小很多时才适用。具有m个宽度为w_s的槽、等效射流直径为λw_s的典型风洞，另一个条件是

$$\frac{m\lambda w_s}{\pi D}\leqslant 1 \tag{5-43}$$

若不满足该条件，相邻槽之间可能会发生相互干扰，进而产生其他噪声。

5.3.3 噪声计算案例

针对0.6m风洞的槽壁试验段，考虑槽壁试验段的洞壁边界层噪声、试验段气流扩散引起的喷注噪声以及槽尾流动引起的噪声来进行噪声仿真计算。该型

风洞试验段示意图如图5－17所示(图中数值单位为mm),试验段左右壁板采用实壁,上下使用开槽壁,开闭比为10%,壁板长度为2350mm,前部为气流加速区,中部为模型试验区,后部为模型支架区,设置主气流引射缝和再入调节片。驻室直径为3000mm,驻室上、下壁对称设置两个抽气口,抽气口中心距试验段进口1500mm。通气槽的分布、槽横截面形状及气动轮廓分别如图5－18～图5－20所示。

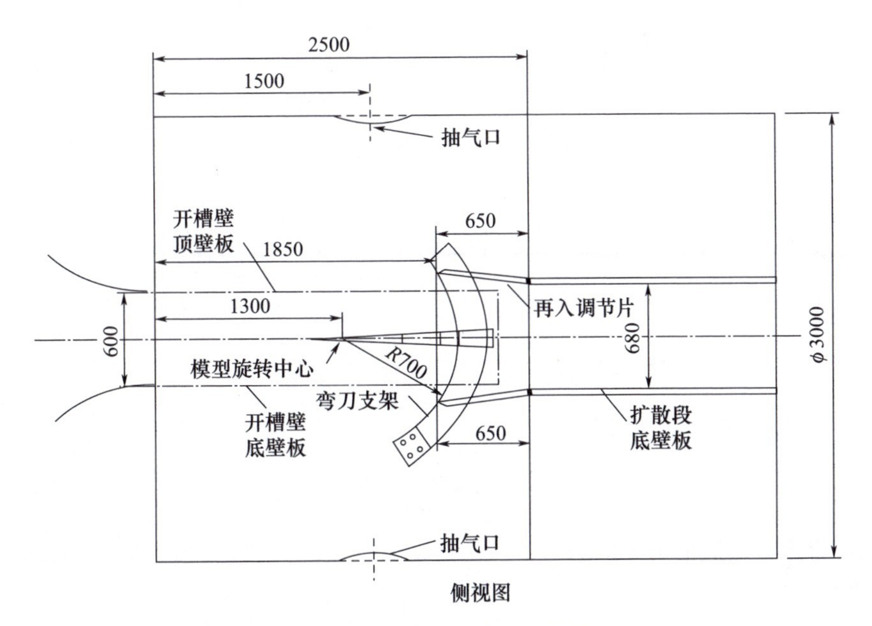

图5－17　开槽试验段示意图

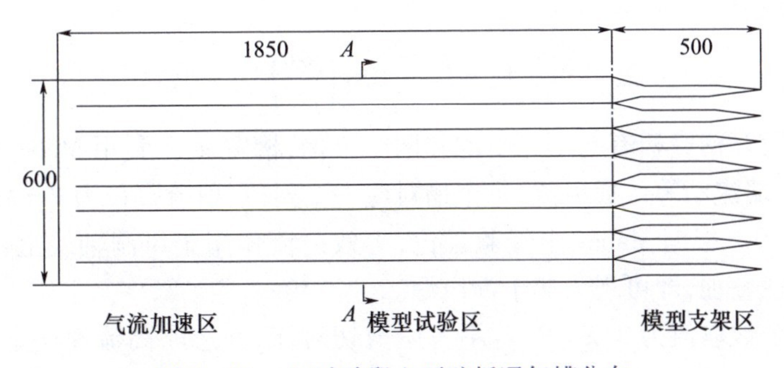

图5－18　1#试验段上下壁板通气槽分布

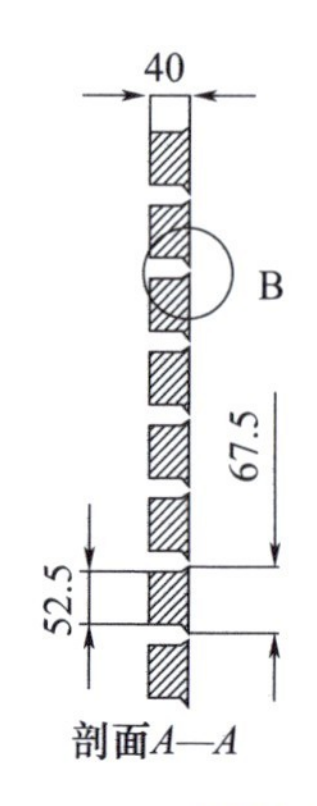

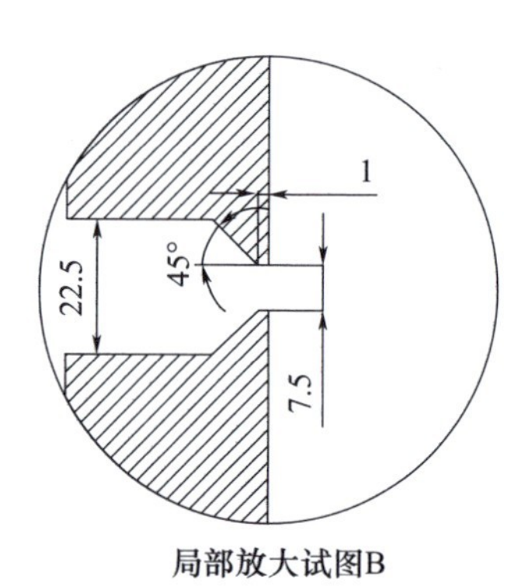

图 5－19　上下壁板通气槽的横截面形状

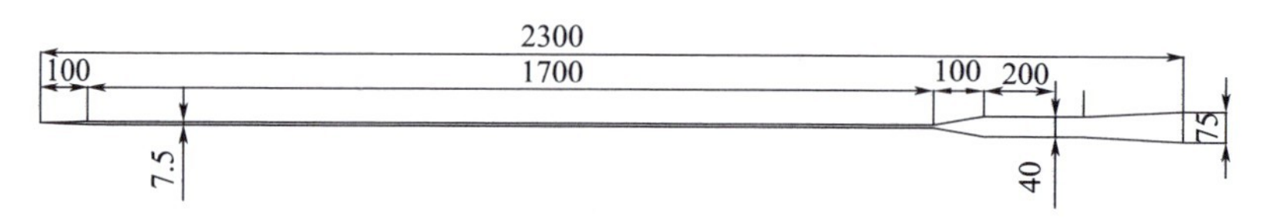

图 5－20　1#试验段上下壁板通气槽气动轮廓图

喷注噪声总声功率计算公式为

$$W = K\frac{\rho^2 U^8 D^2}{\rho_0 c_0^5} \tag{5-44}$$

其中,喷注系数取值 $K = 1.8 \times 10^{-4}$;喷注直径 D 取值为试验段宽度。由此可得声功率级为

$$L_W = 20\lg\left(\frac{W}{W_{\text{ref}}}\right) \tag{5-45}$$

换算成声压级可表示为

$$L_p = L_W - 10\lg\left(\frac{\rho_0 c}{\rho U}\right) \tag{5-46}$$

试验段开槽壁板有七个完整槽和两个半槽,槽宽 w_s。利用 Mabey 半经验理论,将槽尾端流动等效成射流,每个槽对应一个射流,射流直径为 $d = \lambda w_s$,其中 λ 常取值 2～9。根据 Mabey 半经验理论,等效射流作用于风洞轴线上,假设能量强度可线性叠加,即可视为非干涉声源。

槽的个数取值为 8,$\lambda = 9$,若不考虑剪切对流,并忽略高流速向上游传播时传播速度的衰减,则可以根据半经验理论模型计算槽尾流动引起的噪声声压级。

利用上述理论计算自由流喷注噪声、槽尾流动噪声、边界层噪声,并与试验段前、试验段中、试验段后、10°锥处的测试值进行比较,试验段噪声辐射随马赫数的变化如图 5－21 所示。

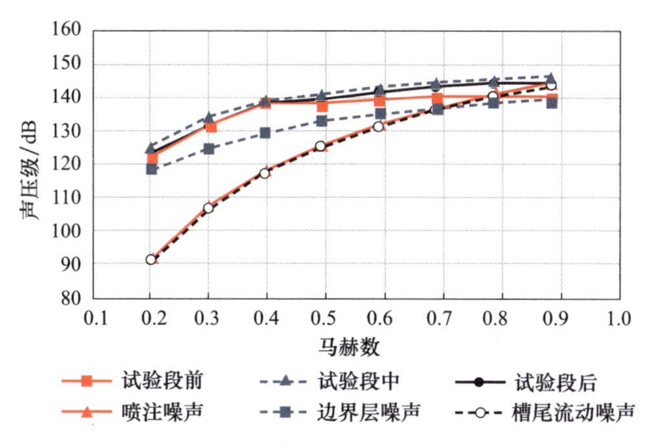

图5-21 试验段噪声辐射随马赫数的变化

由图5-21可见,在马赫数0.7以下,喷注噪声、槽尾流动等效射流噪声比边界层噪声小,在很低的马赫数下,喷注噪声将被边界层噪声淹没;在马赫数0.7以上,喷注噪声和槽尾流动噪声大于边界层噪声,在试验段噪声中的贡献较大。

当考虑射流中的剪切对流,以及高流速向上游传播时受自由流速($U=c_0Ma$)影响,向上游传播的速度由c_0减小为$c_0(1-Ma)$。利用Mabey半经验式(5-42)来计算槽尾流动等效射流强度,得到的槽尾流动等效射流噪声曲线如图5-22所示。

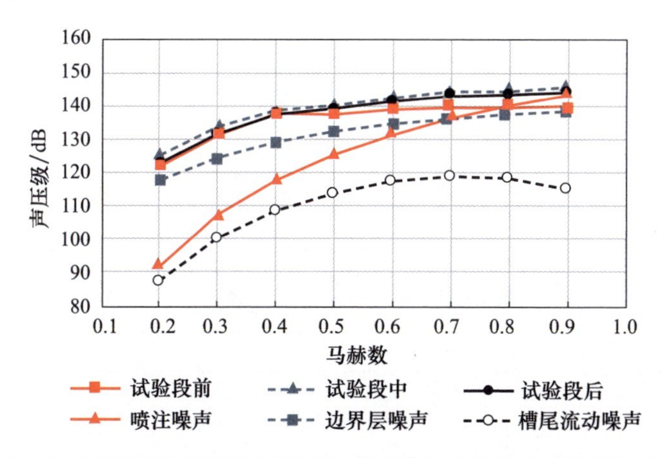

图5-22 试验段噪声辐射特性(考虑射流剪切对流和高流速槽尾流动)

对于上述三类气动噪声,仅在$Ma<0.4$时,边界层噪声大于喷注噪声和槽尾流动噪声;随着马赫数的增大,喷注噪声增长较快,在大于马赫数0.7时喷注噪声显著大于边界层噪声;在考虑剪切对流的情况下,槽尾流动噪声低于喷注

噪声。

由于所使用的理论计算公式中存在半经验公式，无法精准选取所有参数，因而计算结果存在一定误差。此外，以上三类噪声并不能表示试验段内的全部气动噪声，例如在槽尾流噪声中，仅对槽尾进行了模型等效，并通过试验总结出计算公式，并未包含再入调节片等结构和其他环境因素，因此实际的气动噪声应在此基础上进行叠加。

5.4 试验段孔壁噪声

从1947年第一座跨声速风洞运行开始，开孔壁经历了由“直孔－斜孔－变开闭比”的研究历程，到现今60°孔被确定为设计的主流形式，其主要原因就是这种形式的孔壁具有良好的消波性能，较容易建立起稳定且连续的试验段流场。

有研究学者把跨声速孔壁试验段的噪声分为三类[30]：

(1)通过多孔的射流引起的噪声；

(2)由风洞孔壁和风洞基体共振产生的噪声；

(3)试验段壁面和扩散段的湍流边界层产生的噪声。

其噪声占比如图5－23所示。

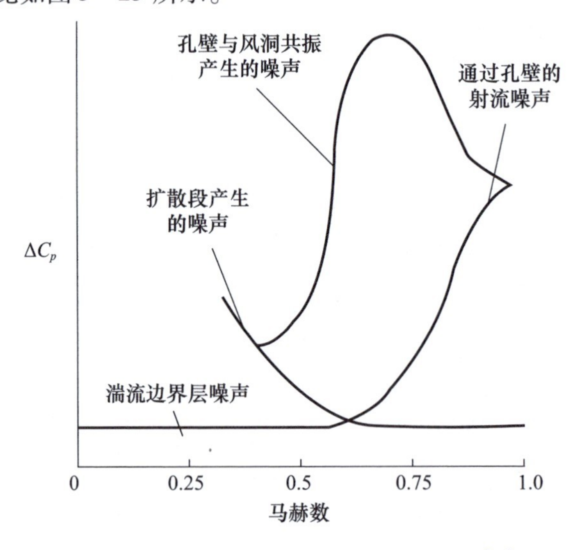

图5－23　跨声速孔壁试验段的噪声机理[30]

1)射流通过孔壁产生的噪声

射流通过孔隙产生的宽带噪声是开孔试验段的典型噪声源，其发声原理如图5－24所示。

用当量偶极子声源替代亚声速射流噪声。当 $Ma \to 1$ 时，由偶极子产生的脉动压力 ΔC_p 为

$$\Delta C_p = c_2 \frac{m(1-Ma)}{\beta^2 Ma^2 \gamma^4} \left[Ma - c_1 \left(1 + \frac{Ma^2}{5}\right)^3 \right]^4 \tag{5-47}$$

式中：$\gamma = 1.4$；m 为定义有效孔直径的参数，是射流直径 D 的函数；c_1 为常数；c_2 为待定常数；$\beta = \sqrt{1-Ma^2}$[31]。由式(5-47)便可确定高速气流通过孔隙后产生的脉动压力大小，进而可确定孔壁射流噪声。

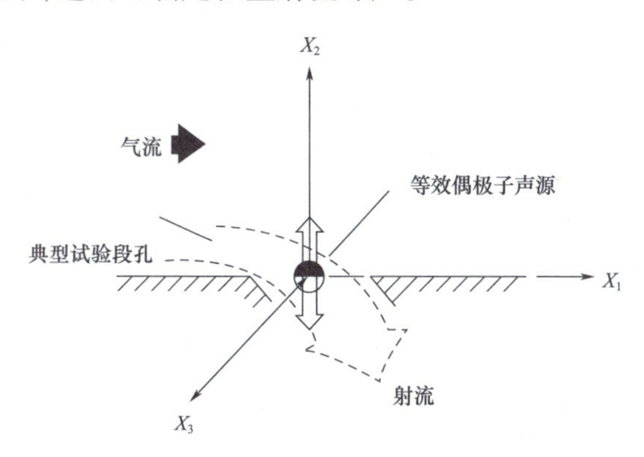

图5-24　射流通过孔壁引起噪声的物理模型[30]

2）孔壁和风洞基体共振产生的噪声

孔壁和风洞基体共振产生的噪声是在边棱音的基础上发展起来的，共振条件就是洞壁孔的自然频率同试验段某阶自然频率接近，从而发生耦合共振。从概念上说，边棱音是由孔后部分尖锐后缘的存在而产生加强涡系引起的压力波动。风洞开孔通气壁辐射的边棱音有以下特点：

(1)一般发生在高亚声速、跨声速流动中。

(2)随着气流马赫数的增加，其峰值频率增加。

(3)孔表面覆盖丝网或其他类似结构后，边棱音会受到抑制。

当孔的自然频率与试验段的自然频率一致时，就出现共振，在各个孔处产生边棱音。试验段的混响频率满足下列关系式：

$$f_m^2 = \frac{m^2 U^2}{4L_x^2}(1-Ma^2) \tag{5-48}$$

其中，L_x 为试验段的横截面尺寸；m 是声波的阶数；U 是流速；Ma 是马赫数。

60°斜孔的共振频率满足 McCanless 提出的经验公式

$$f_n = \frac{0.15Un^{1.68}}{(1+Ma)l} \quad (n=1,2,\cdots) \tag{5-49}$$

共振时脉动压力系数为

$$\Delta C_p = c_3 \frac{\beta^4(1+Ma_\infty)}{Ma_\infty^3}\left(\frac{L}{H}\right)\left(\frac{l}{H}\right)\left[\frac{\dfrac{Ma}{2\beta}\dfrac{\mathrm{d}C_p}{\mathrm{d}\theta}}{\left(\dfrac{1}{\beta}+\dfrac{Ma_\infty}{2}\dfrac{\mathrm{d}C_p}{\mathrm{d}\theta}\right)^2+\left(\dfrac{l}{\delta^*}\right)^2\left(\dfrac{1+Ma_\infty}{Ma_\infty}\right)^2}\right]^{\frac{1}{2}} \tag{5-50}$$

式中：c_3 为待定系数；$\beta=\sqrt{1-Ma^2}$；$\dfrac{L}{H}$为试验段长度和高之比；$\dfrac{l}{H}$为顺气流向的孔长与试验段高度之比；$\dfrac{\mathrm{d}C_p}{\mathrm{d}\theta}$为开孔壁的横流特性；$\dfrac{l}{\delta^*}$为顺气流向的孔长与边界层位移厚度之比。

针对0.6m风洞孔壁试验段，根据公式$f_n^2=\dfrac{m^2U^2}{4L_x^2}(1-Ma^2)$计算得到的前十阶风洞共振频率如表5－2所示。与此同时，计算得到的前五阶的60°斜孔共振频率如表5－3所示。

表5－2　试验段的共振频率（单位：Hz）

阶数	马赫数					
	0.4	0.5	0.6	0.7	0.8	0.9
1	104.18	123.05	136.40	142.05	136.40	111.48
2	208.35	246.10	272.80	284.11	272.80	222.96
3	312.53	369.14	409.20	426.16	409.20	334.44
4	416.71	492.19	545.60	568.22	545.60	445.92
5	520.89	615.24	682.00	710.27	682.00	557.39
6	625.06	738.29	818.40	852.33	818.40	668.87
7	729.24	861.33	954.80	994.38	954.80	780.35
8	833.42	984.38	1091.20	1136.44	1091.20	891.83
9	937.59	1107.43	1227.60	1278.49	1227.60	1003.31
10	1041.77	1230.48	1364.00	1420.55	1364.00	1114.79

表5－3　60°斜孔的共振频率（单位：Hz）

阶数	马赫数						
	0.4	0.5	0.6	0.7	0.8	0.9	1
1	521.93	608.92	685.04	752.21	811.90	865.32	913.49
2	1672.44	1951.17	2195.08	2410.28	2601.57	2772.73	2926.76
3	3305.09	3855.94	4337.93	4763.22	5141.25	5479.49	5783.91
4	5358.96	6252.12	7033.63	7723.20	8336.16	8884.59	9378.18
5	7796.31	9095.70	10232.66	11235.86	12127.6	12925.46	13643.54

由计算结果可见,在马赫数 0.4 ~ 1.0 范围内,60°斜孔的第一阶共振频率都不到 1kHz,第二阶不足 3kHz,而风洞的前十阶共振频率都不超过 2kHz。60°斜孔的低阶共振频率容易与风洞的共振频率发生共振,产生边棱音噪声。由于风洞前十阶共振频率普遍在 100Hz ~ 1kHz 范围内,在风洞中也易于发生低频空腔共鸣。

3)仿真计算案例分析

对 0.6m 风洞孔壁试验段进行了噪声仿真计算,采用的模型如图 5 - 25 ~ 图 5 - 27所示。试验段上下壁板为斜孔壁形式,开孔壁板长 1850mm、宽 600mm,分为气流加速区、模型试验区和模型支架区三个部分,采用 6% 的开孔率。

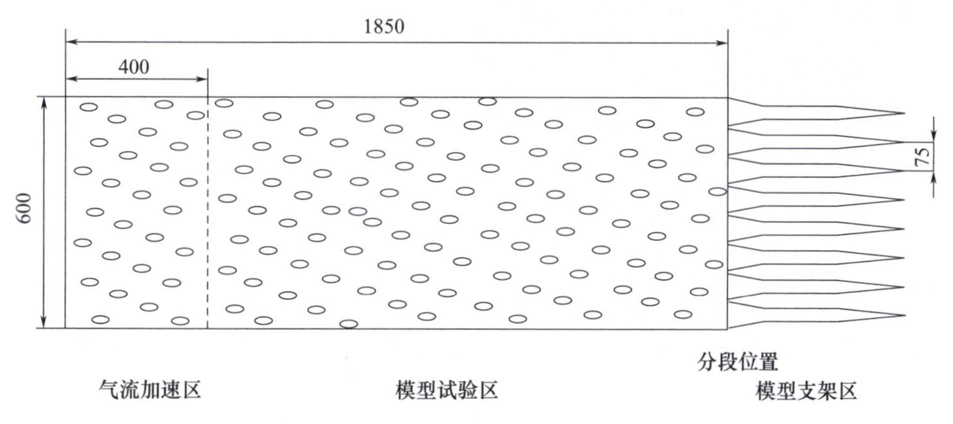

图 5 - 25　试验段上下壁板通气孔轮廓图

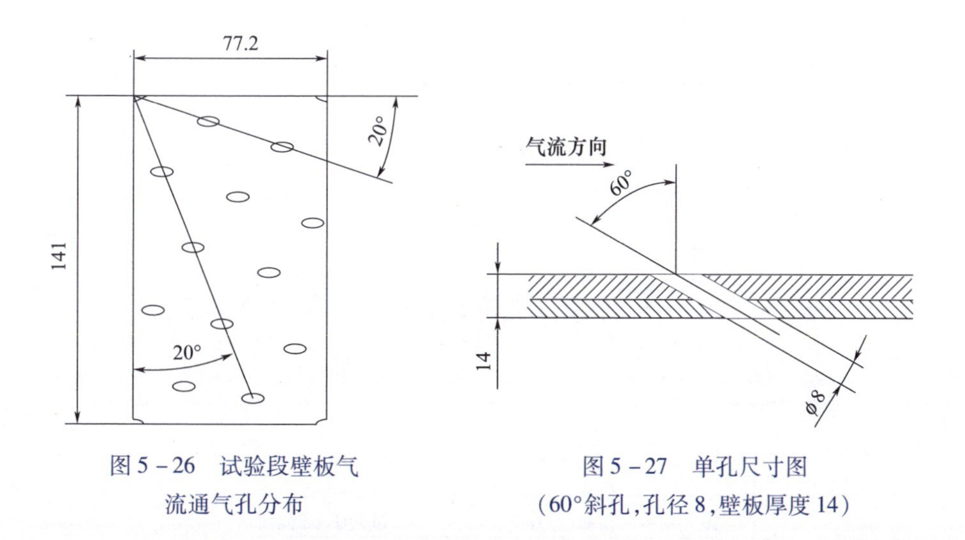

图 5 - 26　试验段壁板气流通气孔分布

图 5 - 27　单孔尺寸图（60°斜孔,孔径 8,壁板厚度 14）

图 5 - 28 所示为试验段核心流速马赫数 0.9 时的孔壁附近流速及流线分布图。由图可见,由于孔两侧压差的作用,气流会从高压一侧流向低压一侧。孔内

流出的气流会对孔壁面附近气流造成一定程度的挤压作用，但基本不影响试验段内主要的核心部分气流。

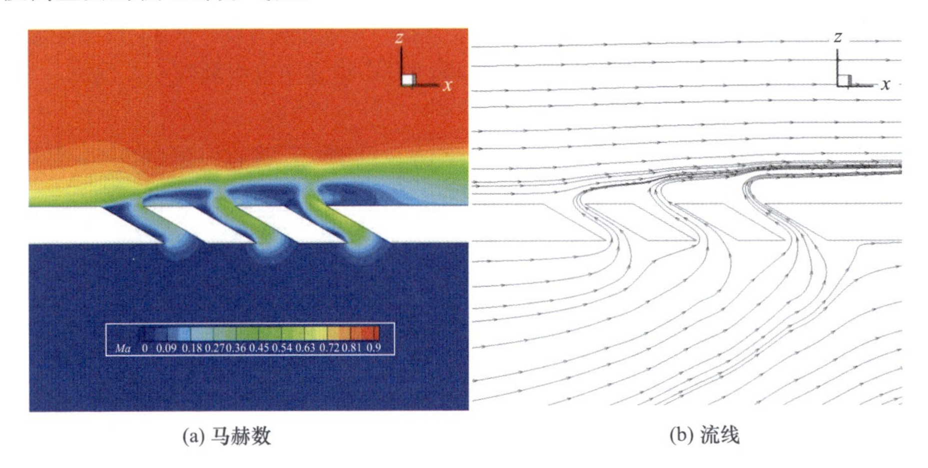

图 5-28　孔壁附近沿流向截面马赫数云图及流线图

为了获取孔附近的噪声分布，在单个孔附近布置了 5 个脉动压力监测点，其空间位置示意图如图 5-29 所示，图中来流方向为从左向右。点 1、2、3 位于试验段内部，点 5 位于驻室内，点 4 位于孔内部。5 个点的脉动压力声压级曲线如图 5-30 所示。

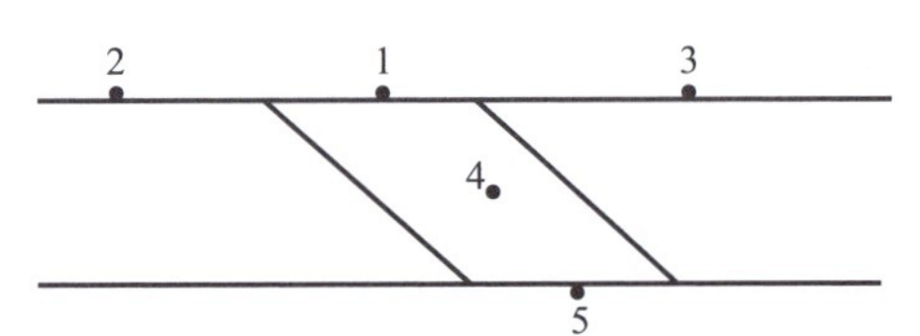

图 5-29　单个孔脉动压力监测点位置示意图

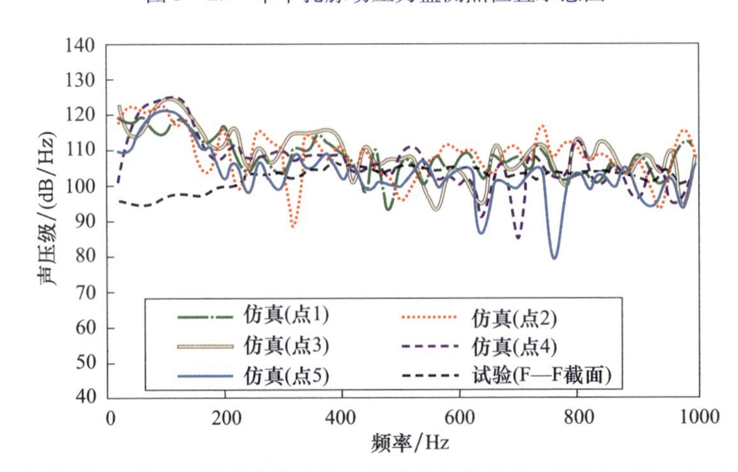

图 5-30　5 个监测点的脉动压力声压级曲线及与试验对比（$Ma=0.9$）

由图 5－30 可见，在孔附近的 5 个监测点处监测到的脉动压力值大小基本相当，孔内部测点 4 及驻室内测点 5 的脉动压力幅度略小于试验段内部 3 个测点。在 200Hz～1kHz 频率范围内，仿真计算获得的声压级与试验测试获得的声压级量级大小相当，仿真计算结果相对于试验值曲线上下波动。而在 1～200Hz 频率范围内，计算结果明显高于试验结果。这可能是因为仿真的监测点在孔的附近，这一部分流场较为紊乱，存在边棱音等多种噪声源，而试验的监测点在左右壁板上，流场相对稳定。

5.5 模型支架噪声

5.5.1 模型支架噪声特性分析

由于要满足支撑模型的需要，在风洞试验段安装有模型支架。模型支架作为风洞试验段必不可少的组成部分，其本身具有特定的噪声特性，是风洞试验段内部一个比较稳定的噪声源。将模型支架作为刚体处理时，在高速气流中，当流体流经模型支架表面时，流体与支架耦合将形成一个偶极子噪声源，进而对周边流场产生偶极子噪声辐射。其辐射的声功率可以近似用如下公式来表征：

$$W_d \propto \rho v^3 D^2 Ma^3 \tag{5-51}$$

式中：W_d 为辐射声功率；D 为支架特征尺寸。

由此可见模型支架的尺寸对辐射噪声具有较大的影响，成平方关系。将模型支架假设为刚体时，会产生气动噪声辐射。然而，由于模型支架为片状，具有薄壁结构的典型特征，这样的结构在受到宽频带激励时很容易在其固有频率处产生较大的辐射噪声，这部分辐射噪声是由于结构振动而产生的。由支架振动引起的辐射噪声叠加在气动噪声上形成了流场中的总噪声。在频率较低时（低于模型支架第一阶模态），模型支架可完全视为刚体，此时流场中噪声主要是气动噪声。当频率较高时，模型支架本身由于受到流场激励也会引起噪声，此时流场中噪声由气动噪声和结构振动引起的噪声共同构成。由于二者叠加在一起，因此较难分辨二者的贡献量大小。因此有必要对气动噪声与辐射噪声进行单独分析，以便获取二者中贡献量较大的成分，从而为确定风洞试验段主要噪声源提供判断依据，同时也为后期进行模型支架降噪设计奠定基础。

在分析气动噪声时，假设模型支架为刚体，即在风洞试验段流动激励下，模型支架不产生振动，因此也不会产生噪声辐射。在分析由模型支架结构振动而产生的二次辐射噪声时，将由气动激励及由压缩机振动传递产生的振动加速度作为振动激励施加在模型支架表面，作为激励输入，以此来计算模型支架产生的辐射噪声。

5.5.2 模型支架辐射噪声特性

为了分析模型支架辐射噪声特性，建立了含有模型支架的辐射噪声分析模型。图 5 - 31(a)所示为模型支架示意图，图 5 - 31(b)为支架振动与声空间耦合场示意图。

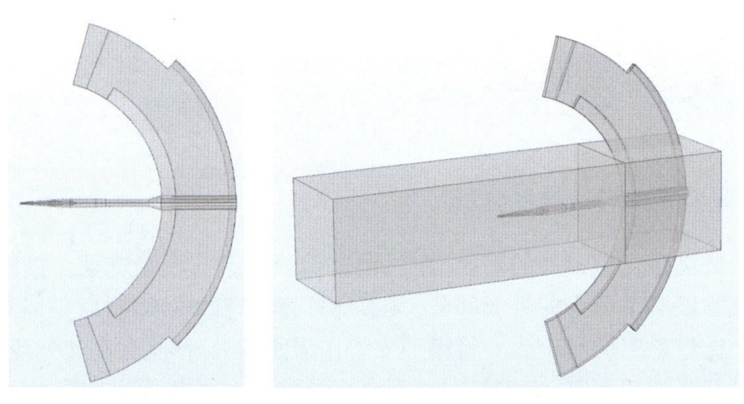

(a) 模型支架　　(b) 0.6m风洞试验段声振耦合场

图 5 - 31　模型支架及试验段声振耦合场示意图

5.5.2.1 模型支架模态分析

一般情况下，在模型支架模态频率处将会引起较大的结构噪声，因此以下对安装有 10°锥的模型支架进行了模态分析，以深入分析模型支架模态频率大小及模态振型。其有限元模型如图 5 - 32 所示。

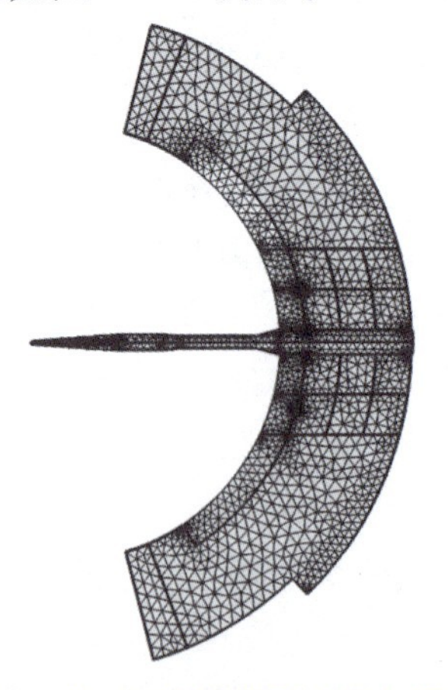

图 5 - 32　带 10°锥的模型支架有限元模型

由有限元模型计算得到的前18阶固有频率如表5-4所示,其相应模态振型如图5-33所示。

表5-4　带10°锥的模型支架固有频率

模态阶数	第1阶	第2阶	第3阶	第4阶	第5阶	第6阶
频率/Hz	26.6	46.5	59.8	79.2	145.7	162.3
模态阶数	第7阶	第8阶	第9阶	第10阶	第11阶	第12阶
频率/Hz	264.9	306.6	351.3	402.2	415.1	492.3
模态阶数	第13阶	第14阶	第15阶	第16阶	第17阶	第18阶
频率/Hz	561.1	614.9	645.8	679.3	721.4	769.2

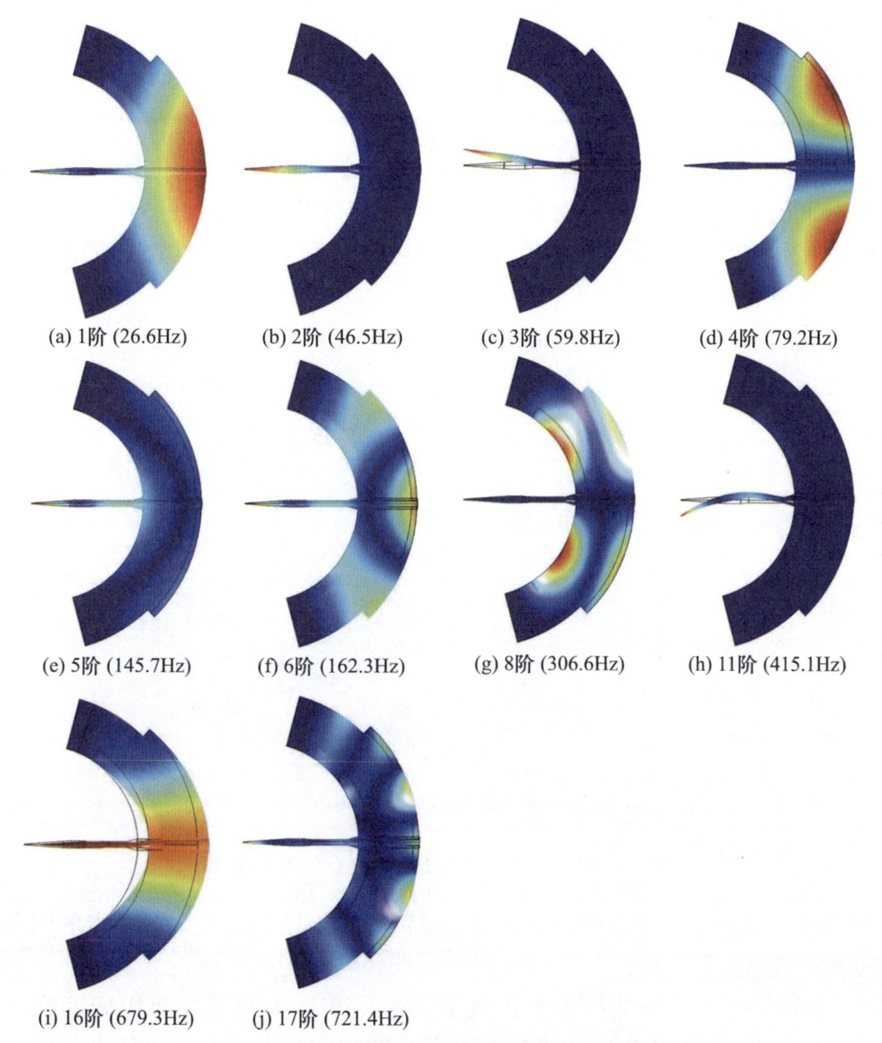

图5-33　带10°锥的模型支架模态振型云图

以前六阶模态振型为例，由模态振型图可见，第 2 阶、第 3 阶与第 5 阶模态对应 10°锥的振动，其中第 2、5 阶模态为 10°锥的前后弯曲摆动，第三阶为 10°锥的上下弯曲摆动。第 1 阶、第 4 阶与第 6 阶模态对应模型支架主体部分的弯曲振动，主要由模型支架本身的特性确定，其固有频率分别为 26. 6Hz、79. 2Hz 和 162. 3Hz。当模型支架受到这三个固有频率附近的流体激励时，模型支架将以图中所示的振动形式来振动。对于薄壁结构，这样的弯曲振动能量很容易辐射到周边流体中产生辐射噪声。除此之外还存在类似第 6 阶，对应支架主体的弯曲振动以及 10°锥弯曲摆动同时存在的模态振型；第 16 阶，对应支架整体前后移动的模态振型。随着频率增大，类似于第 4 阶、第 6 阶模态的模型支架弯曲振动模态将更加密集，如图中第 8 阶与第 17 阶模态均对应模型支架的弯曲振动。因此风洞试验段由模型支架引起的结构振动可能会对试验段总的噪声声压级带来一定的影响。具体影响程度大小需进一步通过声辐射数据的大小来定量分析。

为了进一步分析模型支架的振动与模态特性，在模型支架上使用激振器激励获取了某些测点处的加速度响应，并对各点加速度响应进行了力归一化，获取了归一化后的各测点振动加速度。试验中激励点与测点位置示意图如图 5 - 34 所示。

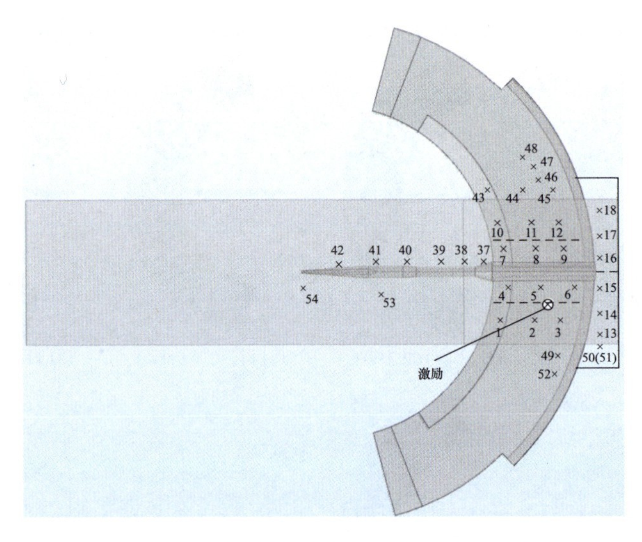

图 5 - 34　模型支架激励点与测点位置示意图

图 5 - 35 所示为选取的测点 6、测点 11 与测点 47 三个代表性测点的归一化振动加速度级。

如图所示，这三条曲线中均出现了 26Hz、76Hz、186Hz 与 300Hz 等峰值频率，一般情况下可以认为这些峰值频率即为结构的模态频率。由仿真分析中的数据可知，仿真模型中的前四阶与模型支架弯曲振动有关的模态频率分别为26.6Hz、79.2Hz、162.3Hz与306.6Hz。由于试验中实际模型特别复杂，因此有限元振动模型会存在一些误差。由对比可知，第3阶有限元模型模态频率与试验中的第3阶峰值频率相差23.7Hz，而两种模型的第1阶、第2阶与第4阶的模态频率则吻合较好，因此有限元仿真模型可以在一定程度上反映模型支架的振动特性。

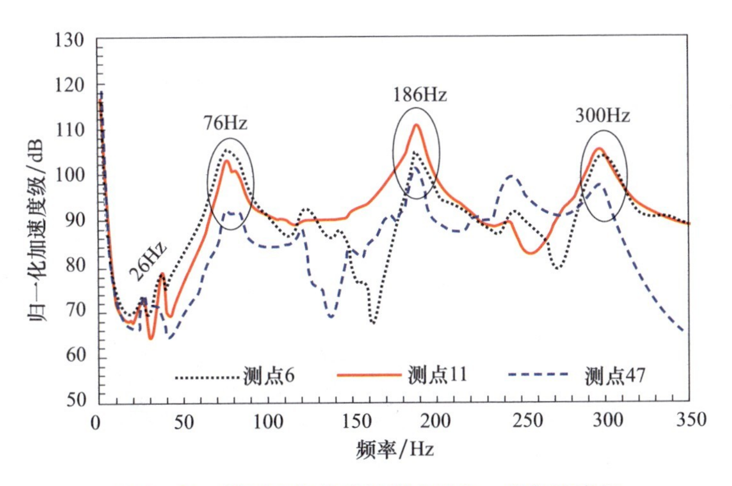

图5－35 模型支架代表性测点处归一化加速度级

5.5.2.2 模型支架声辐射分析

当高速流体流经模型支架表面时会产生振动，另外，由压缩机运转产生的振动也可以沿着风洞各段结构依次传递到试验段的模型支架上。而模型支架的振动能量一部分又会以声能量的形式辐射出去，会在纯气动噪声的基础上叠加一个二次辐射噪声。

为了定量获得辐射噪声的大小，试验测试了模型支架表面上的振动数据。由于流速较高，振动传感器无法布置在试验段内部，因此测点均布置在模型支架结构位于驻室中的部分。受限于试验条件，在模型支架上布有5个测点（图5－36）。由于测点数量有限，因此无法精确获得试验段内部的声辐射，但计算结果仍然可以在一定程度上反映试验段内二次辐射引起的声能量的增加。另外，由于试验段的侧壁并非纯刚性结构，其本身的振动也同样会引起声辐射。因此，在试验段来流方向的左侧壁板上也同样布置了2个测点（图5－36），这样壁板的声辐射也一并考虑在内。

试验中分别获取了马赫数0.9与马赫数1.3工况下测点位置处的振动加速度，如图5－37与图5－38所示。

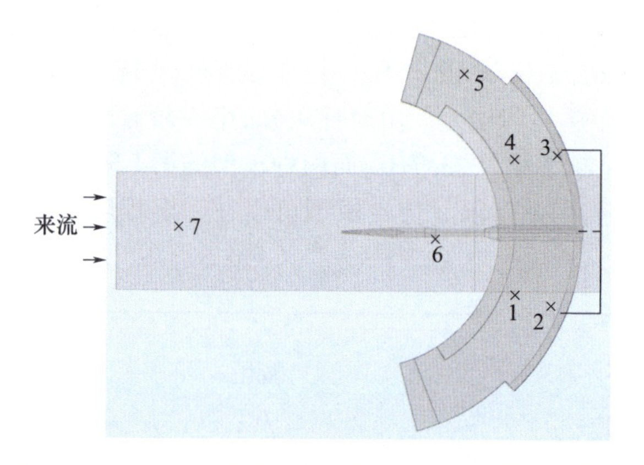

图 5－36　试验段与模型支架段的振动测点位置示意图

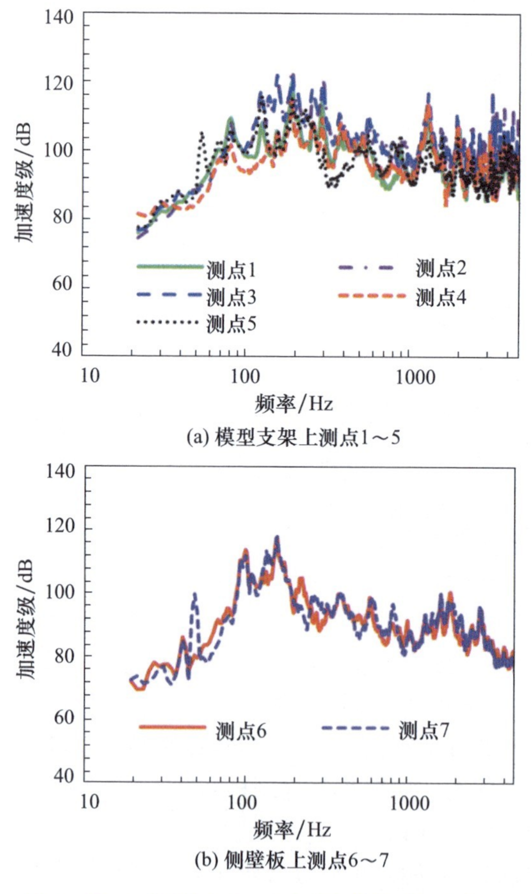

图 5－37　马赫数 0.9 工况下测点振动加速度级

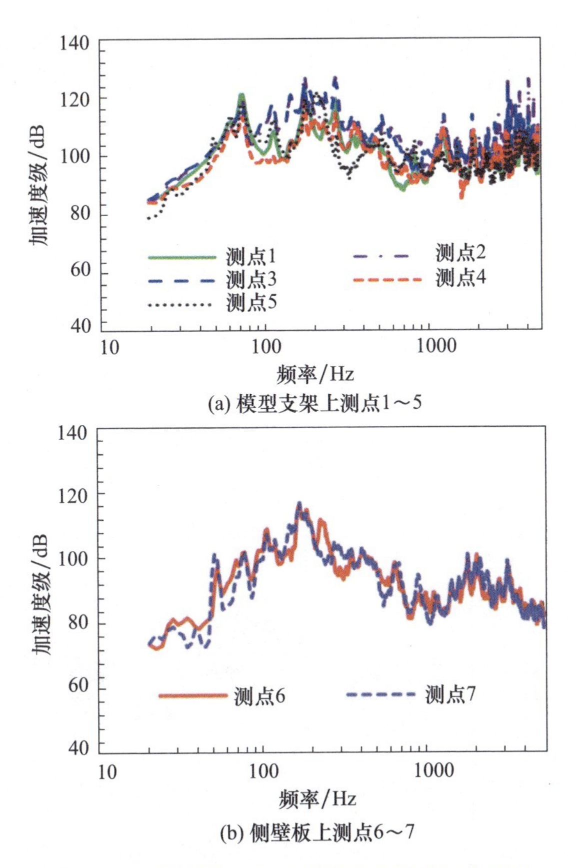

图 5－38　马赫数 1.3 工况下测点振动加速度级

由图可见，在马赫数 0.9 与马赫数 1.3 工况下，模型支架上 5 个测点的振动响应较为一致，最大振动加速度级分别为 122.7dB 与 125.9dB。同时，侧壁板上两个测点的振动响应也较为一致，其最大振动加速度级分别为 115.9dB 与 116.4dB。图 5－39 所示为模型支架上测点的平均加速度级与侧壁板上测点的平均加速度级。

由图 5－39 还可以发现，在绝大多数频率处，模型支架上的平均加速度级均比侧壁板上的平均加速度级大。在马赫数 0.9 与马赫数 1.3 工况下其频率平均加速度级分别相差 10.8dB 与 13.6dB。虽然模型支架的振动要大于侧壁板上的振动，然而由于侧壁板的辐射面积要远远大于模型支架的辐射面积，因此在考虑试验段内辐射噪声时，侧壁板的声辐射也一并考虑在内。

将试验所获取的支架表面与侧壁板上的振动数据作为激励施加在图 5－31(b)中的声振耦合模型上，通过有限元软件的声振耦合分析可获取 0.6m 风洞试验段上各观测点的声压级数据。试验仅在来流方向左侧侧壁板上布置了两个测点(测点6与测点7),而右侧壁板上没有布置测点,但由于模型是对称的,因此此处在右侧壁板上也采用测点6(记为测点8)与测点7(记为测点9)的加速度测试数据作为输入。

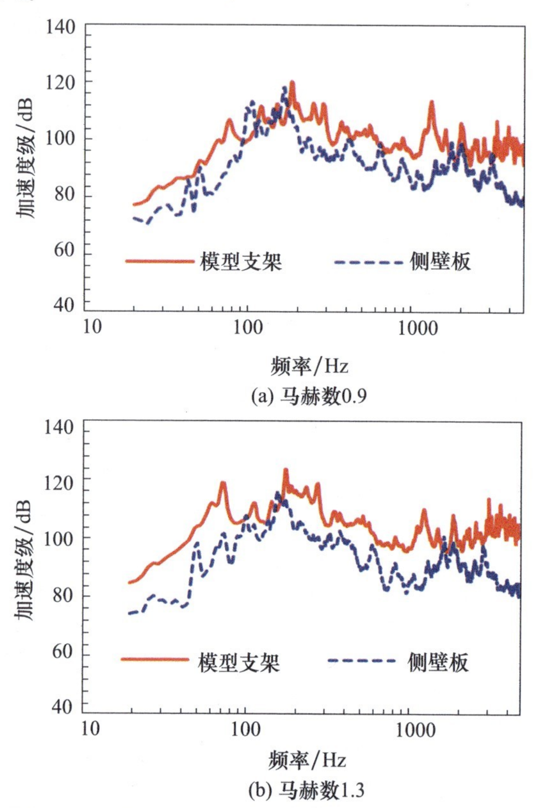

图5-39 模型支架与侧壁板平均振动加速度级对比

以试验测试获得的加速度振动数据作为输入来计算试验段以及模型支架段的噪声辐射,获得的辐射噪声声压级频谱曲线如图5-40与图5-41所示。

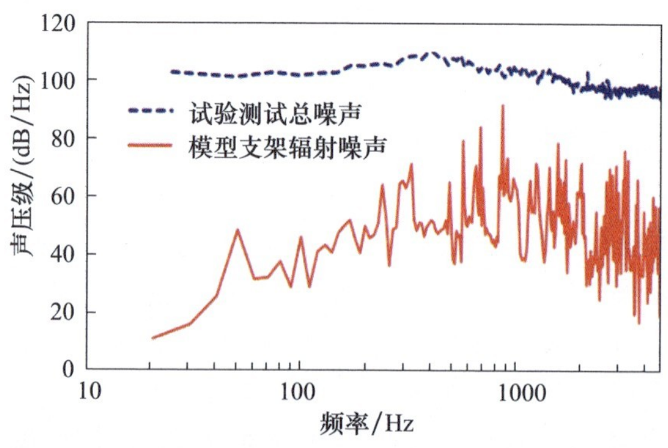

图5-40 试验测试总噪声与辐射噪声声压级对比(马赫数0.9)

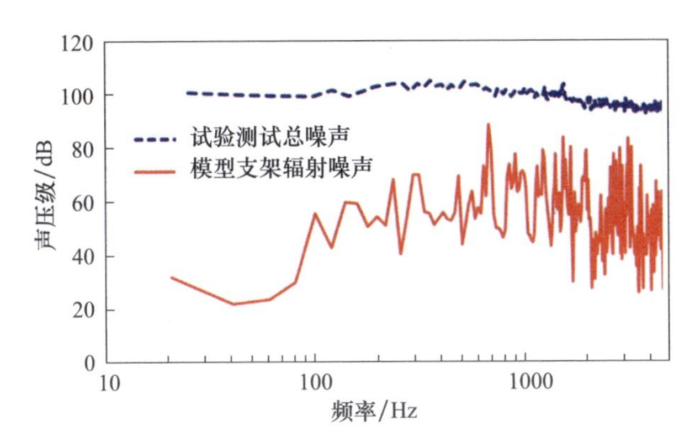

图5－41　试验测试总噪声与辐射噪声声压级对比(马赫数1.3)

由图5－40与图5－41可见,在20Hz～5kHz频率范围内,模型支架辐射噪声远小于试验测试获得的总声压级,平均相差35dB以上。说明在试验段内,由模型支架振动引起的辐射噪声非常小,并非试验段内主要噪声成分。因此在跨声速风洞声学设计时可将重点放在气动噪声上,而不需过多关注结构振动引起的二次辐射噪声。

5.5.3　模型支架气动噪声特性

5.5.3.1　几何模型及网格划分

为了进一步分析模型支架气动噪声特性,建立了含有模型支架的气动噪声分析模型。附加中隔板的弯刀支架和10°锥模型分别如图5－42和图5－43所示,其中弯刀支架厚30mm。

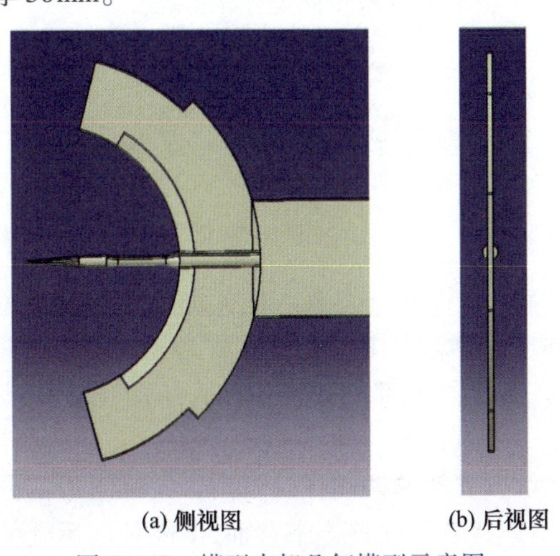

图5－42　模型支架几何模型示意图

10°锥模型轮廓图如图 5－43 所示。整个 10°锥模型沿来流方向(从左向右)外形较为复杂,模型由锥体、柱体、圆台三种基本几何元素组成。

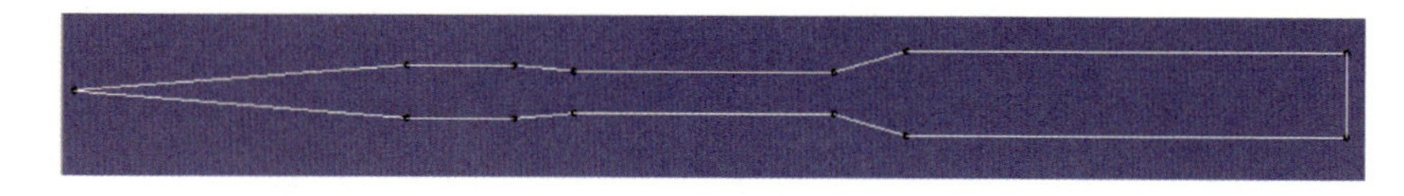

图 5－43　10°锥轮廓图

10°锥侧视图、俯视图和前视图分别如图 5－44(a)～(c)所示。在 10°锥最前端圆锥体上含有两个对称平面,计算时通过切除平面的方法进行建模,如图 5－45 所示。

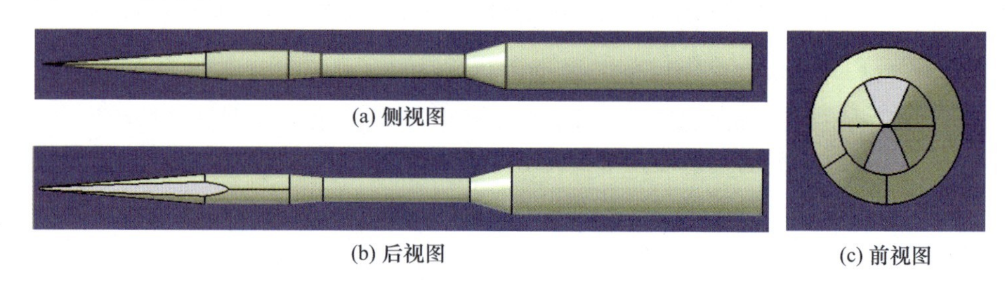

(a) 侧视图

(b) 后视图

(c) 前视图

图 5－44　10°锥三维视图

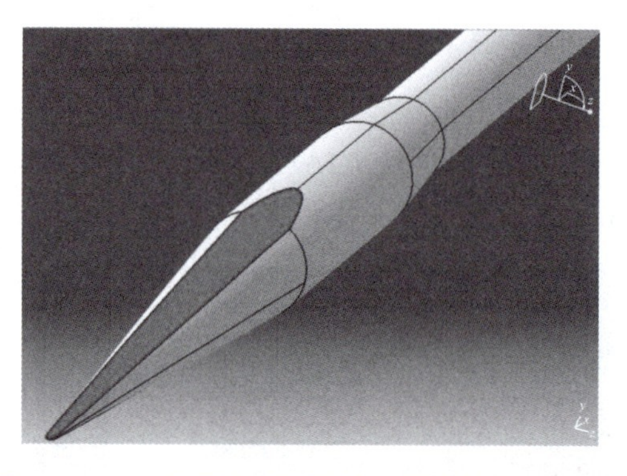

图 5－45　10°锥最前端圆锥体和圆柱体的切除平面

在流场计算时,将 10°锥和支架放入横截面为 0. 6m × 0. 6m 的一段方柱中,用方柱来模拟试验段内流场,如图 5－46 所示,图中来流方向为从左向右。其中弯刀支架的一部分在试验段外部的驻室内。为了简化计算,驻室未建立在本模型中。

在图 5－46 中,弯刀支架的两端在驻室内,10°锥附近部分在试验段内。10°锥后面的中隔板上下连接着试验段上下壁面,中隔板向后延伸直至图中 0. 6m × 0. 6m 方柱最右端。

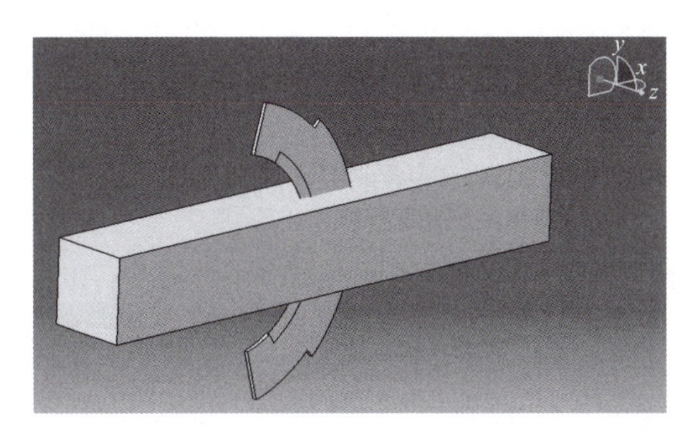

图5-46　弯刀支架、10°锥和试验段流场几何模型

使用ICEM划分高质量结构化多块网格，并使用O网格生成边界层网格，在物面法向进行网格距离拉近。图5-47所示为模型支架流场计算网格图，其中图(a)是整体网格图，图(b)是沿流向截面网格图，图(c)是10°锥处垂直流向截面网格图，图(d)是弯刀支架处垂直流向截面网格图。

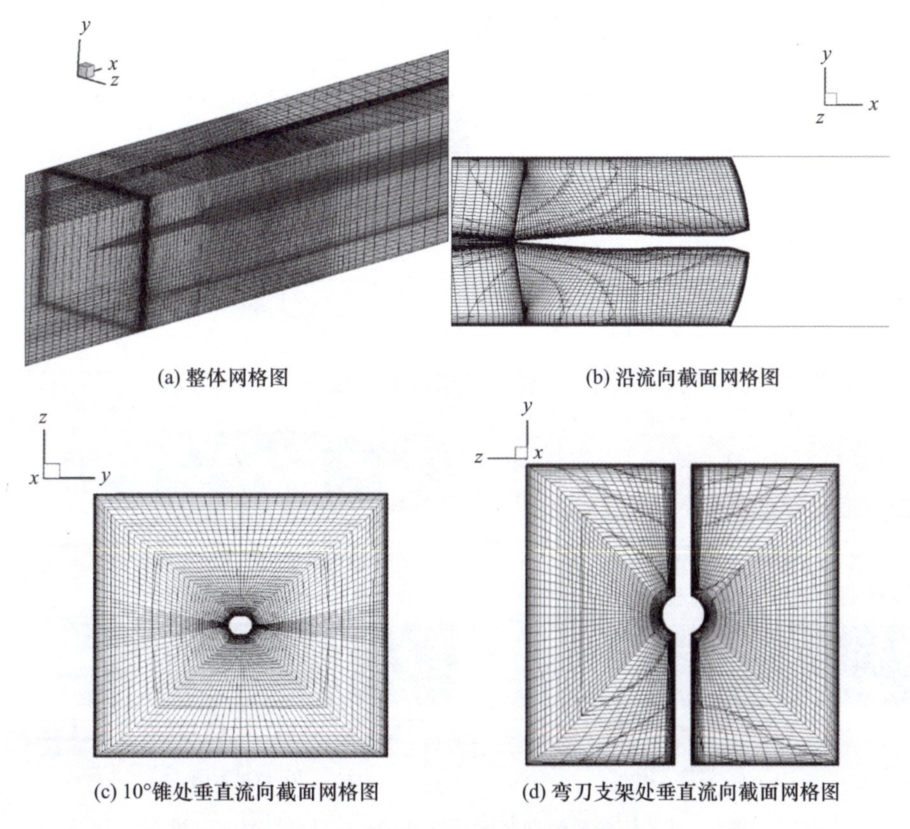

图5-47　模型支架流场计算网格图

5.5.3.2　气动噪声计算与分析

1)定常流场计算与分析

研究中对0.6m×0.6m风洞试验段马赫数为0.9与1.3两种工况分别进行了分析计算。首先分析了0.6m×0.6m风洞试验段在马赫数为0.9时的气动噪声特性。

沿流向截取A、B、C、D、E五个截面,如图5-48所示。其中A、B截面位于10°锥上,C截面位于弯刀支架上,D、E两个截面位于支架后端的中隔板上。从图中可以看出,由于支架及中隔板的堵塞作用,气流发生一定程度的加速,在弯刀支架之前马赫数小于弯刀支架之后的马赫数。

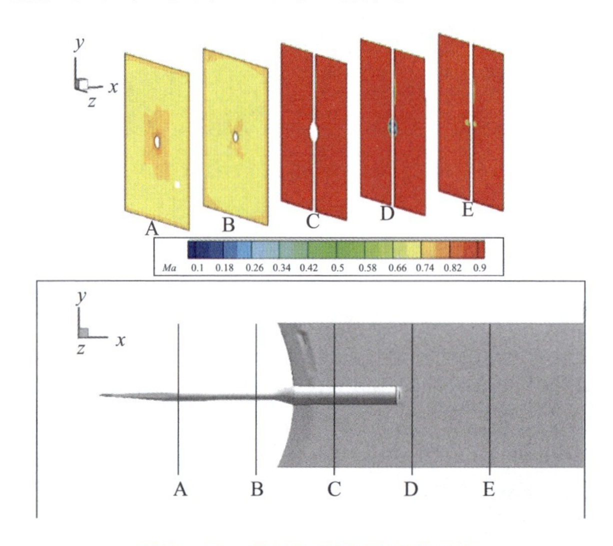

图5-48　沿流向截面马赫数云图

沿流向截面的马赫数、压力、温度和密度云图如图5-49所示。

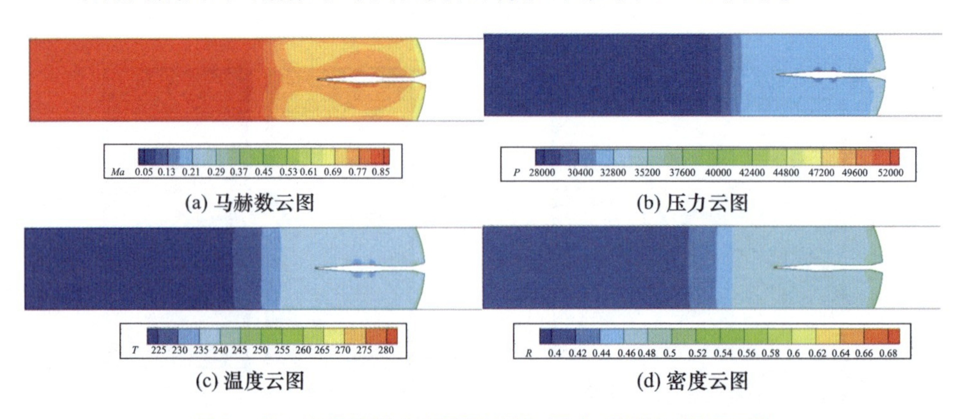

图5-49　流场沿流向截面马赫数、压力、温度与密度云图

由于来流马赫数为 0.9，方向为从左向右，即沿 x 轴正向流动，且 10°锥和弯刀支架对试验段后端形成一定程度的堵塞，造成来流有一定程度的加速，很容易达到马赫数 1.0，即声速。由图 5－49 的 4 张云图中可以看出存在气流堵塞现象，同时，由于 10°锥轮廓与试验段壁板沿流向呈现出或压缩或扩张的通道，气流在 10°锥体上局部会或加速或减速。沿流向截面流线图如图 5－50 所示。

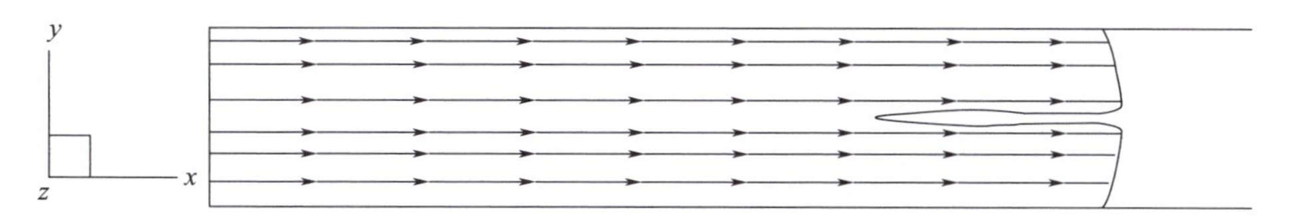

图 5－50　沿流向截面流线图

流动方向为沿 x 轴正向。在支架前端，流线基本都是直线，遇到 10°锥和弯刀支架后会发生一定程度的横向偏折。弯刀支架之后的中隔板将气流分为两半，减弱了气流的横向流动，对抑制尾流有一定的积极作用。

仿真计算中进一步将流速提高到马赫数 1.3，与马赫数 0.9 工况时相似，沿流向也截取了 A、B、C、D、E 五个截面进行分析，如图 5－51 所示。其中 A、B 截面位于 10°锥上，C 截面位于弯刀支架上，D、E 两个截面位于支架后端的中隔板上。从图中可以看出，由于来流马赫数为 1.3，即超声速，当通道横截面积变小时，超声速流速度降低。

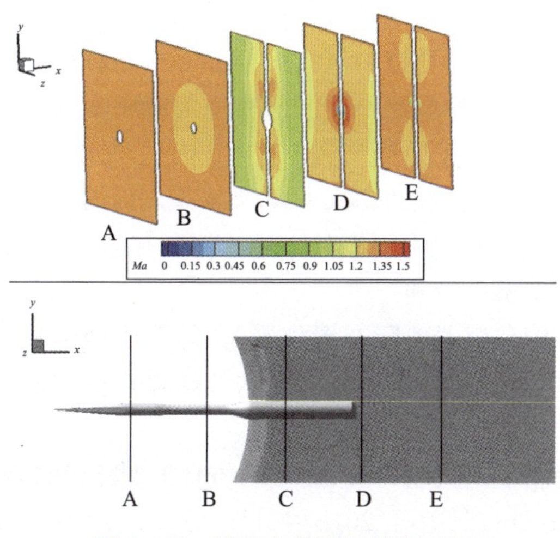

图 5－51　沿流向截面马赫数云图

沿流向截面的马赫数、压力、温度和密度云图如图 5－52 所示。来流马赫数为 1.3，即超声速，在遇到 10°锥前端时形成一道激波。在 10°锥中部由于 10°锥横截面有一定程度的缩小，形成一道压缩波。

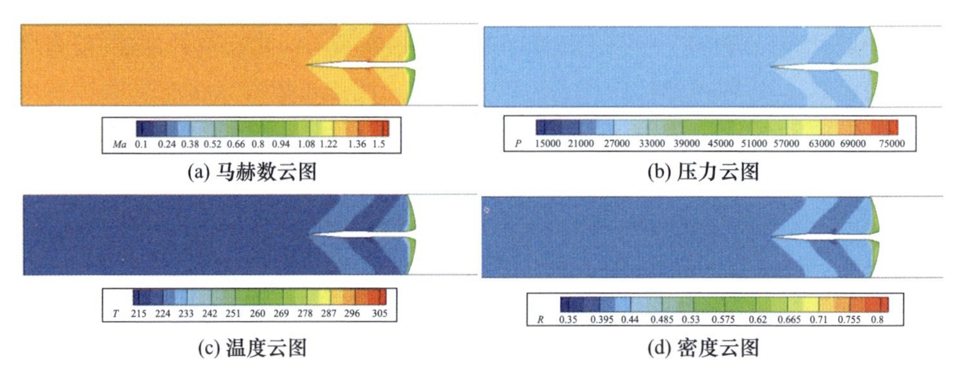

(a) 马赫数云图 (b) 压力云图

(c) 温度云图 (d) 密度云图

图 5－52 流场沿流向截面马赫数、压力、温度与密度云图

沿流向截面流线图如图 5－53 所示，流动方向为沿 x 轴正向。与马赫数 0.9 相似，在支架前端，流线基本都是直线，遇到 10°锥和弯刀支架后会发生一定程度的横向偏折。弯刀支架之后的中隔板将气流分为两半，减弱了气流的横向流动，对抑制尾流有一定积极的作用。

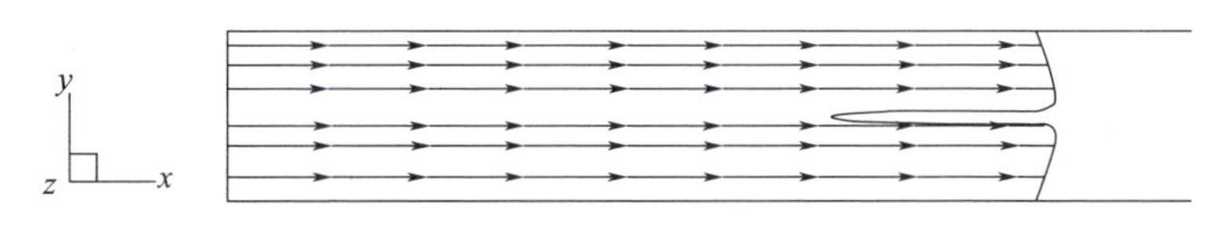

图 5－53 沿流向截面流线图

模型支架处于试验段的通道内，会对气流造成一定程度的堵塞作用，当速度在声速附近时更容易发生这种现象。10°锥基本上为旋成体，其轮廓线在流向上对气流既有压缩趋势又有膨胀趋势，当来流是超声速时，容易形成激波和膨胀波。支架后添加中隔板后，产生尾流的区域减小。弯刀支架之后的中隔板将气流分为两半，减弱了气流的横向流动，同时中隔板对抑制尾流有一定的积极作用。

2）非定常流场计算与分析

按照试验段段中传感器实际布置位置，在计算模型中的对应壁面位置附近布置了气动噪声计算观测点，将计算所得的气动噪声值与试验测试获得的噪声值进行了对比。

为了获得较为精确的气动特性，在气动仿真模型建模时网格划分较为密集，受限于计算资源，此处仅计算了 20Hz～3kHz 频率范围内的气动噪声。马赫数 0.9 工况下的气动噪声频谱曲线分别如图 5－54 所示。

在 20Hz～3kHz 频率范围内，由气动仿真模型计算得到的气动噪声与试验数据趋势较为一致，数值计算结果略小于试验测试结果，但量级大小相当，说明在此频率范围内，模型支架引起的气动噪声占有较为重要的成分。

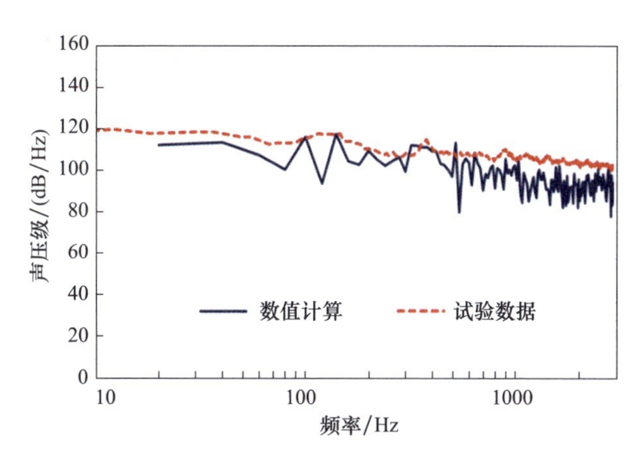

图 5-54　仿真模型气动噪声频谱与试验测试总噪声对比

模型支架的辐射噪声总声压级为 107.4dB，远低于模型支架气动噪声总声压级，同时远小于试验测试结果。而模型支架的气动噪声总声压级略小于试验总声压级，但量级相当。这说明模型支架气动噪声比模型支架辐射噪声占有更为主要的成分。由于模型支架辐射噪声与试验测试总噪声相差 30dB 以上，其对试验段内总噪声的贡献可以忽略。因此，在考虑主要噪声源以及模型支架优化设计时应当重点关注气动噪声。

5.6 本章小结

本章针对跨声速风洞试验段中存在的各种气动噪声源的成因、计算方法及噪声特性进行了详细介绍，包括洞壁边界层噪声、喷注噪声、槽壁噪声、再入片边棱音噪声、孔壁噪声及模型支架噪声等。通过本章的内容，读者可以对跨声速风洞试验段中的气动噪声有更为全面的认识，在风洞设计时可以综合权衡各种噪声的大小进行系统化声学设计。

第 6 章　跨声速风洞轴流压缩机噪声特性

跨声速风洞的驱动方式有连续式和暂冲式（或称为间歇式）两种，其中连续式风洞由轴流压缩机驱动，提供风洞运行所需的压力比；暂冲式需要事先通过压气机将压缩空气储存在气罐内，瞬间打开通向风洞进气管道上的阀门让压缩空气进入风洞回路，从而建立风洞流场。目前，跨声速风洞的主流驱动方式为前者，美国的 NTF、欧洲的 ETW 和我国的低温高雷诺数风洞（CTW）均采用这种方式。跨声速风洞轴流压缩机气动噪声辐射是一个复杂的流体力学和声学两个领域相互耦合的技术问题，压缩机内部气流流动过程中存在多种非定常扰动，从而产生了多种类型的气动噪声，压缩机噪声在通过气流管道传播过程中，由于管道结构的限制，声波以模态波的形式向外传播。

6.1 压缩机噪声源

由于压缩机是一种典型的周期性旋转的流体机械，气流在旋转的转子和静子叶片排之间流动时，既产生了强烈的周期性单音噪声，又产生了随机脉动的宽频噪声。典型的压缩机噪声频谱如图 6－1 所示，可以看出，压缩机噪声谱的特征是叶片通过频率单音及其谐波叠加在宽频噪声谱中[31－33]。

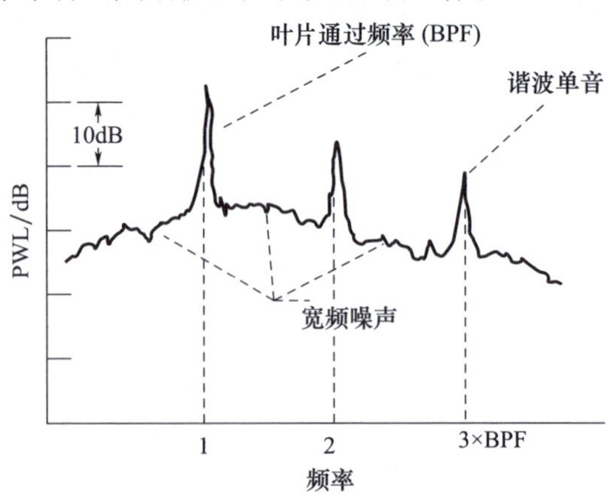

图 6－1　典型的压缩机噪声频谱

转子和静子之间的相互干涉在叶片上产生周期性变化的非定常气动力是压缩机单音噪声产生的主要原因，如图6－2所示；压缩机宽频噪声则主要是由随机特性的叶片脉动力所引起，如图6－3所示，大量研究表明，随机宽频噪声主要是由压缩机叶片前缘与尾缘附近湍流压力脉动所产生。对于三维叶片，由于沿叶片径向气流的变化，还存在叶尖间隙随机气流脉动等三维非定常流动效应。

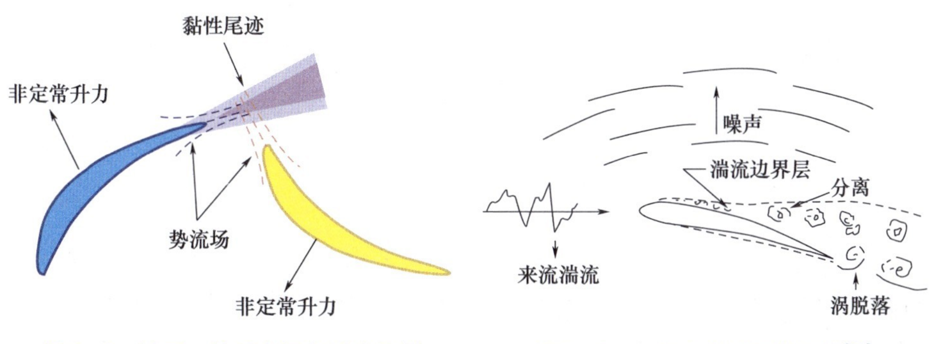

图6－2　转子－静子之间的干涉机制　　　图6－3　二维叶片宽频噪声源[34]

6.1.1　压缩机噪声的传播

由管道声学基本理论可知，对于包含平均流动速度和温度梯度的气流管道中的声传播，其控制方程是一个奇次波动方程，而由于管道壁面边界条件的影响，只有一部分特定类型的声波才能沿着管道传播，在管道声学理论中，将这种特定类型的声波结构称为模态。管道声模态的传播特性是由管道具体几何形状、尺寸大小以及管道内的流场特性决定的[34－35]。在压缩机的圆形和环形管道中，管道声模态是由围绕管道轴线旋转的旋转运动和由贝塞尔函数描述的径向幅值剖面所刻画，如图6－4所示[36]。

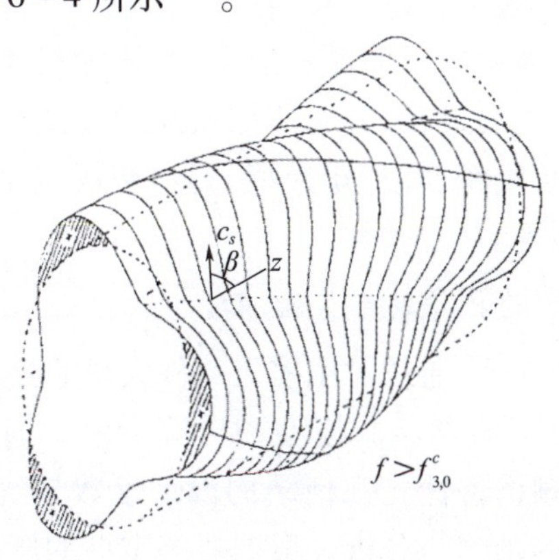

图6－4　模态波沿环形管道的传播

尽管在管道内能够传播的模态个数有限,但是有些情况下数目也是庞大的。对于典型的高速压缩机而言,其传播的周向模态阶数可以达到50,径向模态阶数可以达到12(对于周向模态 $m=0$ 而言),处于截通状态的模态个数可以达到600个。而对于压缩机单音噪声来说,其转静干涉模态只是传播模态的一部分。

Tyler 利用理论分析和实验测量方法揭示了轴流压缩机/压缩机管道内噪声的产生、传播和辐射过程,他们将圆形或者环形管道内的声场分解成不同的周向模态 m 和径向模态 n,并且给出了压缩机转静干涉周向模态的计算公式:

$$m = hB \pm kV \tag{6-1}$$

其中,h 是压缩机轴频谐波阶次,B 是转子叶片数,V 是静子叶片数,k 是任意整数,表示静子产生畸变的空间谐波。该模态的转速为

$$\Omega_{\text{mode}} = hB\Omega_{\text{fan}}/m \tag{6-2}$$

当 $k=0$、$h=1$ 时,对应的模态 $m=B$ 表示转子锁定模态,该模态的转速等于压缩机轴的转速。转子锁定模态以及更高阶的模态只有在转子叶尖马赫数大于1时才能传播,而低阶模态由于转速更快,因此在亚声速工况下也能传播。

压缩机管道内湍流宽频噪声仍然是以统计平均的模态波形式传播,声能量分布在各个“截通”的模态上。因此,在分析宽频噪声管道模态时,要对不同频率下所有处于“截通”状态的模态进行分析。对于宽频噪声,由于空间点与点之间的相关性周期很短,因此,只能基于统计学原理,使用空间互相关函数以及平均值来对宽频噪声管道声模态进行描述。

6.1.2 压缩机气动噪声预测分析模型

压缩机中气流干涉和噪声辐射是非常复杂的,高性能叶轮机叶片一般是高负荷的,气流通过叶片不但有显著的压力变化而且还有大的气流转折,由于级间速度的径向变化,流动具有很强的三维特征。此外,在叶尖或叶根附近,二次流与下游叶排还会发生干涉。由于问题的复杂性,压缩机噪声预测分析模型经历了一个从简单到完整的发展过程,针对压缩机噪声预测所建立的分析模型大致可以分为5类,即半经验模型、叶片排模型、管道声场模型、流场/声场混合计算模型和全数值计算模型等。

6.1.2.1 基于声类比理论指导的半经验模型

在气动声学理论指导下,通过对压缩机部件大量的噪声试验,发展起来了压缩机部件噪声预测和分析的半经验模型和计算方法。通过将压缩机噪声源强度、噪声指向性和噪声频谱特性与几何结构设计参数与气流工作参数的相互关联,实现对压缩机噪声的预测与分析。根据能够掌握的压缩机设计参数的多少,这类模型有多种形式,其关联的压缩机设计参数的详细程度也不相同。这种模

型的优点是计算快捷,能够迅速给出压缩机噪声的评估。但是这种模型的缺点是,它关联设计参数有限,不能适用压缩机的精细化声学设计,例如半经验模型仅关联了压缩机增压比、流量、温升等气动参数和半径、转速等设计参数等,无法分析精细化压缩机叶片设计参数和三维流场设计参数对噪声的影响。

6.1.2.2 叶轮机噪声的叶片排模型

这类模型用简单的转子和静子干涉摸拟叶轮机工作过程,首先用简化的自由场内 Lighthill 气动声学方程求解,模拟噪声辐射;其次利用叶轮机非定常流场试验数据和噪声试验数据对这类模型的修正,将叶轮机主要设计参数与噪声辐射进行关联。叶片排模型与叶轮机工作的物理环境相比做了简化,因此,叶排模型一般需要采用流场和声场试验数据对其加以修正完善,该类声学模型和方法适用于叶轮机通流设计和流面设计阶段气动与声学一体化综合设计。

6.1.2.3 叶轮机管道声学模型

这类模型与叶片排模型类似,是专门针对叶轮机部件噪声分析的解析模型,假定叶片为无厚度无弯曲的直叶片,转子和静子位于等截面、两端无声波反射的管道内。基于上述假设,应用管道内的气动声学基本方程,即可分析叶轮机内非定常流动产生的各个声模态分量。早期,由于非定常流场计算的复杂性,这类模型在叶轮机转子静子非定常干涉气动力计算方面采用了线性简化,因此,与采用试验数据修正的叶片排模型相比,其噪声预测能力并没有太大改进。近年来,随着非定常 CFD 技术的发展,将非定常 CFD 计算流场与管道模型联合求解,为该类模型发展指明了方向,也就是下面介绍的混合模型。

6.1.2.4 压缩机流场/声场混合计算模型

流场/声场混合模型是目前发展最快的压缩机气动声学模型。这类模型通过对压缩机声源部件周围非定常湍流流场的 CFD 计算,并将声源流场参数耦合到基于气动声学理论的声远场计算中,以此开展流场/声场计算分析。因此,混合模型完整描述了压缩机内部复杂的流场、声场、流场和声场相互作用等物理过程,在具备压缩机部件完整设计参数之后,这种模型可以实现对压缩机部件噪声精细化计算与分析。但是,由于需要计算声源的非定常湍流流场,该类模型对计算机硬件资源和计算时间要求较高。

6.1.2.5 全数值计算模型

全数值计算模型需要对湍流场和远场声场都采用全数值计算方法。由于压缩机噪声就是其内部气体的非定常压力脉动通过气体的弹性和惯性作用向远离流动区域传播而形成的波动,因此,有关气动力和气动声学效应都是由流体运动基本方程所描述的。严格意义上讲,直接求解非定常 Navier - Stokes 方程可以同时获得流场和声场，在可压的非定常 Navier - Stokes 方程数值计算结果中，包含了非定常流场的信息和气动噪声信息。这种方法的优点是对声源和声传播模拟最为精细，是精细化声学设计的重要理论保障。但是，由于声变量和产生声场的流动变量之间在能量和尺度上差别较大，气动噪声传播的范围非常大，频谱范围又非常宽，因此这种方法对于全频率范围的声场数值计算是目前计算机难以承受的。

上述五种压缩机噪声分析模型各有优缺点，不同的模型适用于不同的噪声研究任务，如表 6 - 1 所示。

表 6 - 1　压缩机噪声模型研究现状

模型	优点	缺点	用途
半经验模型	计算快捷，能够迅速给出压缩机部件噪声评价	关联设计参数有限，不适应精细化设计	压缩机总体设计阶段的噪声评估
叶片排模型	借鉴气动声学理论，关联设计参数多，计算快捷	模型简化，不适应于精细化设计	部件通流设计阶段的噪声分析
管道声学模型	接近真实压缩机部件声辐射物理机制，关联设计参数多	对声源非定常流场计算采用简化方法，不能反映三维精细化参数设计	部件通流和流面设计阶段的噪声分析
流场/声场混合计算模型	能够描述压缩机内部复杂的物理过程，将声场计算结果与压缩机部件详细设计参数关联起来	对计算机资源要求较高，必须具备压缩机三维详细设计参数	压缩机三维详细设计阶段的噪声分析
全数值计算模型	对流场和声传播模拟更为精细，研究对象无简化	对计算机资源要求很高，计算量是现阶段难以承受的	目前工程应用价值有限，适合学术研究

6.2 压缩机噪声流场/声场混合计算模型

6.2.1 流场/声场混合模型的基本思想

由声学基本理论可知，空气中的声波就是由微压缩扰动波和微膨胀扰动波交替组成的微弱压缩波，而气动噪声就是流场区域中的压力扰动，通过气体的弹性和惯性作用向远离流动区域的空间传播的波动。因此，有关气动噪声生成和辐射的控制方程与描述流体运动的基本方程 Navier - Stokes 方程是一致的。理论上，只要算法有足够的时、空精度，那么计算结果就同时包含了气动力学和气动声学信息，如图 6－5 所示。

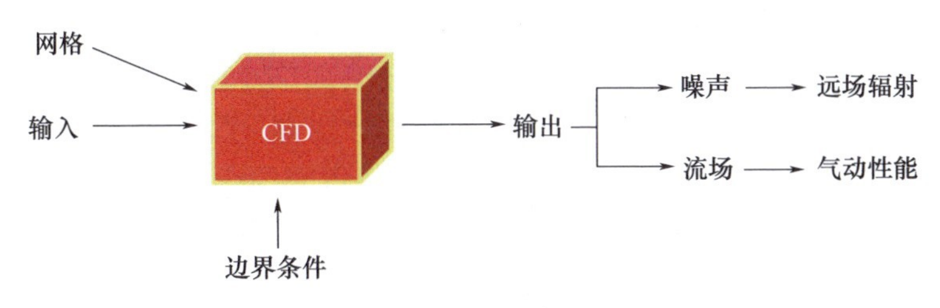

图 6－5　基于 CFD 的声场/流场求解

尽管随着计算机算力的提升，似乎直接对气动噪声进行计算变得可行了。实际上，一方面因为声变量和产生声的流动变量之间在能量和尺度上相差很大，绝大多数情况下声波的扰动量级较平均流动量要小 3 ~5 个量级；另一方面声的传播往往有较大的空间尺度。因此在保证模拟精度的前提下，在全场中求解 Navier－Stokes 方程同时获得流场和气动声场的研究路线，无论对计算机硬件还是数值计算方法都有非常高的要求，是目前工程上难以实现的。为了解决计算精度与计算资源限制（计算量与计算时间）之间的矛盾，近年来在气动声学研究领域，发展了流场/声场混合计算方法。在这种方法中，将计算域分成声源产生区域和声场传播区域，流场（源域）和声场（声学传播域）采用不同的方程、数值方法和网格来求解，如图 6－6 所示。在气动声源域，也就是压缩机中叶轮机及喷流等邻近区域，流动变量如压力、速度、密度等的非定常分量与流场的非定常（时均）分量有相同的量级，因此控制方程是非线性、时间依赖和有旋的，这部分的非定常流场用 CFD 计算。

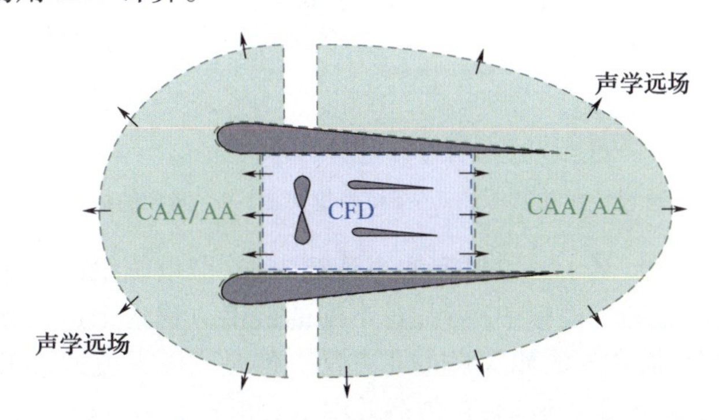

图 6－6　压缩机噪声的分区域计算方法

尽管有很多学者利用线化欧拉方程完成了近场噪声的求解，但是这些方法无一不依赖于 CFD 定常结果作为背景流场或者来流的给定，而且必须看到，定常 CFD 结果并不等同于非定常时均结果，忽略了很多非定常流动现象的影响，这导致声场的求解一开始就出现误差。另外,这种方法人为地将流场和声场割裂开来,对声场产生物理机制的研究有天生的缺陷。

噪声研究的特点是关注远离声源区域较大范围的声辐射,声传播区域一般要比声源区域大很多,这时候使用 CFD 方法就会面临难以承受的巨额计算量。同时在声传播区域,流动变量的非定常成分相比定常(平均)量很小,可以近似认为是线性过程。因此,在这个区域中就可以求解采用线化欧拉方程的计算气动声学(Computational Aero - Aoustics, CAA)方法或者基于声类比(Acoustic Analogy, AA)理论的解析方法。

6.2.2 流场/声场混合模型的耦合方法

因为 CFD 非定常结果中的脉动量既有声脉动也有非声脉动,不能直接作为声源信息,所以从 CFD 结果中准确地载入声波信息是混合方法的关键。在 CFD/CAA 或 CFD/AA 混合方法中,由于声源区域和声传播区域采用了不同的方程或计算方法,因此必然存在一个交界面,该交界面两侧的变量不连续,需要特殊的方法将近场的流场计算与远场的声计算相耦合,混合方法的计算精度很大程度上依赖于耦合的准确度。

通常用于混合模型的耦合方法分为两种:一种是等价声源(Equivalent Sources)方法;另一种是声学边界条件(Acoustic Boundary Conditions)方法,如图 6 -7所示。

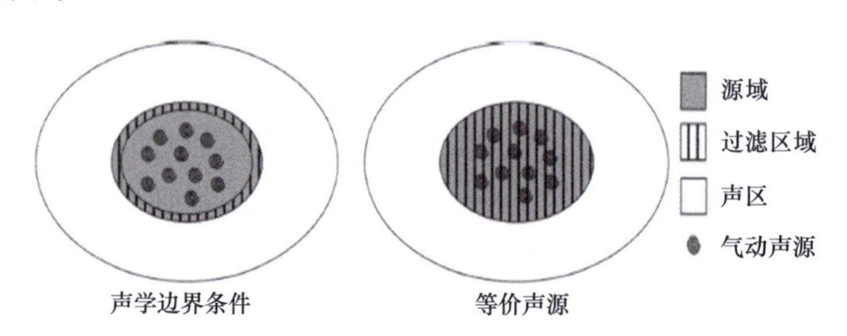

图 6 -7　基于通过声学边界条件(左)和等价声源(右)耦合的混合方法滤波区域

声学边界方法是基于源域模拟的声连续方法,假设围绕源域边界面的声变量能够从合适的流场域模拟中得到,对不同的传播方程这个声信息能够用特定类型的边界耦合,最常见的如 Kirchhoff 方法。但是当漩涡流通过 Kirchhoff 表面时气动波动造成流体压力波动,在传播域中就会出现假声,这个结果会造成非物理声,甚至造成后续不稳定的声波求解。

等价源方法正是 Lighthill 声类比理论的基本思想,通过重写 Navier - Stokes 方程,将方程左边变换为关于密度的线性声波方程,右边就得到了著名的 Lighthill 应力张量,即气动声源项。作为气动声学理论的重要方法,由 Curle、Hawkings 和 Howe 进行了深入的发展和完善。这个方法被广泛地应用于流场/声场混合方法中,即 CFD 方法用来求解源域给出声源,而通过求解 FW－H 方程来解决源域外的声传播问题。

从误差分析上来说,声学边界耦合方法属于直接信息提取方法,最终声场计算的误差取决于声源边界处声信息计算的误差大小,因此声源区域计算的精度要求高,不适用于工程设计中对叶轮机械噪声的快速分析。而等效声源法本质就是一种声波信息的间接提取方法,是声场的计算主要依赖于声类比计算公式,因此该模型并不需要耗费大量计算资源,而且从误差分析上看,等价源方法属于直接信息提取方法,最终声场计算的误差取决于声类比理论计算公式的误差传递,在获得相同的声场计算精度条件下,这种方法对声源区域流场计算的精度要求较低,因而更加适用于低噪声叶轮机设计中的叶片详细设计。

从风扇单音噪声流场/声场混合模型的发展现状来看,尽管研究人员已经开展了大量计算分析和试验验证工作,但是还没有对混合模型的预测精度及影响预测精度的关键因素形成统一的认识。例如,Christian Weckmüller 等研究指出,CFD/CAA 对风扇单音噪声进口声压级与试验测量差别在 1～2dB 之间;但是 M. Lebrun 等的研究结果发现,CFD/CAA 对风扇单音的预测精度低于解析模型,其与试验测量结果可以达到相差 5dB,CFD/AA 预测结果与试验测量结果相差高达 13dB;而 Naoki Tsuchiya 等的研究结果表明 CFD/AA 对风扇单音噪声的预测精度远远高于解析模型。因此,压缩机噪声流场/声场混合模型还有待于进一步的发展,重点要分析影响混合模型预测精度的关键因素,不断对其进行完善和改进。

6.3　压缩机流场/声场混合模型计算方法

6.3.1　单音噪声源的非定常流场计算方法

众所周知,压缩机内部流动过程是一个三维、黏性、非定常的过程,其内部的非定常流动过程包含着多种不同尺度的非定常流动现象,其中小尺度包括尾迹流动、湍流脉动、转捩等;中尺度包括转静干涉、通道涡、泄漏涡等;大尺度则包括畸变进气、旋转失速、喘振等。由于 N－S 方程自身的非线性特性,求得其解析解过程非常困难,而采用数值计算则可以对流体运动控制方程进行求解,得到流场的近似解。若要对压缩机内部流动失稳的发生以及发展演化过程,即对压缩机内的中、大尺度非定常流动现象进行精确的模拟,需要对压缩机进行多通道,甚至全通道的三维非定常数值计算。

目前根据对 N－S 方程的求解方式不同可分为直接数值模拟方法(DNS)和非直接数值模拟方法。DNS 是对原始的 N－S 方程进行直接求解,DNS 的最大好处是无须对湍流流动做任何简化或近似,理论上可以得到相对准确的计算结果,但是 DNS 需要很小的空间和时间尺度以分辨出湍流中的详细空间结果以及时间演化特征,使用现有的计算能力还很难实现。非直接数值模拟方法包括大涡模拟(LES)、统计平均法和雷诺平均方法。LES 相比于 DNS 是放弃对湍流全尺度范围内的涡运动模拟,而只将比网格尺度大的湍流运动通过 N－S 方程直接计算,针对小尺度的涡对大尺度运动的影响建立模型。总体而言,LES 对计算机内存和 CPU 速度的要求虽低于 DNS,但仍要求较高。统计平均方法则是基于湍流相关函数的统计理论,用相关函数及谱分析方法来研究湍流结构,主要用于小尺度涡的运动分析。LES 和统计平均方法主要是针对湍流涡运动结构进行分析所采用的方法,但在很多情况下,研究人员在做数值计算分析时,并不关心湍流涡运动的详细结构,而只是关心湍流引起的平均流场变化,即湍流引起的整体效果,人们自然就想到了求解时均化的 N－S 方程,将瞬时的脉动量通过某种模型在时均化的方程中体现出来,于是便产生了雷诺平均方法(RANS 方法)。

如前面所述,压缩机单音噪声源是压缩机内部转静叶片排周期性干涉,也即在周期性运动产生的非定常流场中产生的,因此对单音噪声源的认识和掌握,只需要捕捉到压缩机内部转静叶片排之间周期性的非定常干涉流动过程,基本不关心湍流涡涡运动的细部结构。基于以上原因,对于压缩机内部转静干涉非定常流动的数值模拟,目前普遍采用基于雷诺平均的非定常流体运动方程的数值求解方法。

6.3.2 RANS 方法在压缩机声场计算中的应用

下文对 RANS 方法的求解过程中的控制方程、湍流模型、近壁面流动模拟方法、离散格式、转/静交界面处理方法等做简要说明,计算软件采用的是商用软件 CFX。

1)压缩机内部流动控制方程

对于湍流流动采用 Boussinesq 假设,在相对直角坐标系下,不考虑重力以及对外界换热、带源项的 Reynolds 平均 N－S 方程可以写成如下形式:

$$\frac{\partial \boldsymbol{Q}}{\partial t}+\frac{\partial \boldsymbol{F}_{\text{inv}}}{\partial x}+\frac{\partial \boldsymbol{G}_{\text{inv}}}{\partial y}+\frac{\partial \boldsymbol{H}_{\text{inv}}}{\partial z}=\boldsymbol{S}+\frac{\partial \boldsymbol{F}_{\text{vis}}}{\partial x}+\frac{\partial \boldsymbol{G}_{\text{vis}}}{\partial y}+\frac{\partial \boldsymbol{H}_{\text{vis}}}{\partial z} \tag{6-3}$$

方程的独立变量向量为

$$\boldsymbol{Q}=[\rho,\rho v_x,\rho v_y,\rho v_z,\rho E]^{\mathrm{T}} \tag{6-4}$$

其中,v_x、v_y、v_z 是绝对气流速度在 x、y、z 三个方向的分量,ρ 是气体的密度,E 是气体的总内能,$\boldsymbol{S}$ 是源项,其表达式为

$$\boldsymbol{S} = [J, S_{mx}, S_{my}, S_{mz}, S_e]^{\mathrm{T}} \tag{6-5}$$

其中,J 为质量源项,S_{mx}、S_{my}、S_{mz}分别是动量源项 x、y、z 三个方向的分量,S_e 为能量源项。

根据理想气体假设,气体的压力计算如下:

$$p = (\gamma - 1)\rho\left[E - \frac{1}{2}(v_x^2 + v_y^2 + v_z^2)\right] \tag{6-6}$$

无黏通量项的定义分别是

$$\boldsymbol{F}_{\mathrm{inv}} = \begin{bmatrix} \rho v_x \\ \rho v_x^2 + p \\ \rho v_x v_y \\ \rho v_x v_z \\ \rho v_x H_t \end{bmatrix} \quad \boldsymbol{G}_{\mathrm{inv}} = \begin{bmatrix} \rho v_y \\ \rho v_x v_y \\ \rho v_y^2 + p \\ \rho v_y v_z \\ \rho v_y H_t \end{bmatrix} \quad \boldsymbol{H}_{\mathrm{inv}} = \begin{bmatrix} \rho v_z \\ \rho v_x v_z \\ \rho v_y v_z \\ \rho v_z^2 + p \\ \rho v_z H_t \end{bmatrix} \tag{6-7}$$

其中,总焓 H_t 与总内能有关,它的计算式是

$$H_t = E + \frac{p}{\rho} \tag{6-8}$$

黏性通量项的定义分别是

$$\boldsymbol{F}_{\mathrm{vis}} = \begin{bmatrix} 0 \\ \tau_{xx} \\ \tau_{xy} \\ \tau_{xz} \\ q_x \end{bmatrix} \quad \boldsymbol{G}_{\mathrm{vis}} = \begin{bmatrix} 0 \\ \tau_{yx} \\ \tau_{yy} \\ \tau_{yz} \\ q_y \end{bmatrix} \quad \boldsymbol{H}_{\mathrm{vis}} = \begin{bmatrix} 0 \\ \tau_{zx} \\ \tau_{zy} \\ \tau_{zz} \\ q_z \end{bmatrix} \tag{6-9}$$

根据 Newtonian 流体的本构方程,Reynolds 应力张量各分量和热通量各分量计算如下:

$$\tau_{xx} = 2\mu\left(\frac{\partial v_x}{\partial x}\right) + \lambda_v \nabla \cdot \boldsymbol{V} \tag{6-10}$$

$$\tau_{yy} = 2\mu\left(\frac{\partial v_y}{\partial y}\right) + \lambda_v \nabla \cdot \boldsymbol{V} \tag{6-11}$$

$$\tau_{zz} = 2\mu\left(\frac{\partial v_z}{\partial z}\right) + \lambda_v \nabla \cdot \boldsymbol{V} \tag{6-12}$$

$$\tau_{xy} = \mu\left[\left(\frac{\partial v_x}{\partial y}\right) + \left(\frac{\partial v_y}{\partial x}\right)\right] \tag{6-13}$$

$$\tau_{xz} = \mu\left[\left(\frac{\partial v_z}{\partial x}\right) + \left(\frac{\partial v_x}{\partial z}\right)\right] \tag{6-14}$$

$$\tau_{yz} = \mu\left[\left(\frac{\partial v_y}{\partial z}\right) + \left(\frac{\partial v_z}{\partial y}\right)\right] \tag{6-15}$$

$$q_x = v_x \tau_{xx} + v_y \tau_{xy} + v_z \tau_{xz} + k \frac{\partial T}{\partial x} \tag{6-16}$$

$$q_y = v_x \tau_{yx} + v_y \tau_{yy} + v_z \tau_{yz} + k \frac{\partial T}{\partial y} \tag{6-17}$$

$$q_z = v_x \tau_{zx} + v_y \tau_{zy} + v_z \tau_{zz} + k \frac{\partial T}{\partial z} \tag{6-18}$$

其中,μ 是流体第一黏性系数,它与流体分子的内聚力和热运动有关,k 是导热系数,λ_v 是第二黏性系数,根据 Stokes 假设,由下式计算得到

$$\lambda_v = -\frac{2}{3}\mu \tag{6-19}$$

其他黏性应力通过下列等式给出:

$$\begin{aligned} \tau_{yx} &= \tau_{xy} \\ \tau_{zy} &= \tau_{yz} \\ \tau_{zx} &= \tau_{xz} \end{aligned} \tag{6-20}$$

第一黏性系数由 C. D. Sutherland 的计算公式得到,即

$$\mu = \mu_0 \frac{T_{\text{ref}} + S}{T + S}\left(\frac{T}{T_{\text{ref}}}\right)^n \tag{6-21}$$

其中,μ_0 为参考黏性系数,S 为 Sutherland 常数,T_{ref} 为参考温度,n 为温度指数,对于大多数气体 n 值取 1.5。

导热系数由 C. D. Sutherland 的计算公式得到

$$k = k_0 \frac{T_{\text{ref}} + S}{T + S}\left(\frac{T}{T_{\text{ref}}}\right)^n \tag{6-22}$$

其中,k_0 为参考导热系数。

2)湍流模型

由于方程中采用了 Reynolds 平均方法,方程中多出了 Reynolds 应力项,使方程中出现了新的未知项,方程不能封闭。因此须建立 Reynolds 应力的表达式或对 Reynolds 应力作出某种假设,即建立湍流模型。由于没有特定的物理规律可以用来建立湍流模型,所以目前的湍流模型只能以大量的实验和数值经验为基础。根据 Reynolds 应力做出的假设或处理方式不同,目前的湍流模型分为两大类:Reynolds 应力模型和涡黏模型。Reynolds 应力模型又分为 Reynolds 应力方程模型和代数应力方程模型。而涡黏模型则根据湍动黏度微分方程的多少分为零方程模型、一方程模型和两方程模型。目前应用最广泛的是两方程模型。

下文选择应用较多的 $k-\varepsilon$ 湍流模型和 SST 湍流模型,分别进行介绍。

标准 $k-\varepsilon$ 湍流模型由 Launder 和 Spalding 在 1972 年提出,模型中的湍动耗散率被定义为

$$\varepsilon = \frac{\mu}{\rho}\overline{\left(\frac{\partial u'_i}{\partial x_k}\right)\left(\frac{\partial u'_i}{\partial x_k}\right)} \tag{6-23}$$

湍流黏度 μ_t 可表示为 k 和 ε 的函数,即

$$\mu_t = \rho C_\mu \frac{k^2}{\varepsilon} \tag{6-24}$$

其中,C_μ 为经验常数。

在标准 $k-\varepsilon$ 模型中,k 和 ε 是两个基本未知量,与之相对应的输运方程为

$$\frac{\partial(\rho k)}{\partial t} + \frac{\partial}{\partial x_i}(\rho k u_i) = \frac{\partial}{\partial x_i}\left[\left(\mu + \frac{\mu_t}{\sigma_k}\right)\frac{\partial k}{\partial x_i}\right] + P_k + P_{kb} - \rho\varepsilon \tag{6-25}$$

$$\frac{\partial(\rho\varepsilon)}{\partial t} + \frac{\partial}{\partial x_i}(\rho\varepsilon u_i) = \frac{\partial}{\partial x_i}\left[\left(\mu + \frac{\mu_t}{\sigma_\varepsilon}\right)\frac{\partial \varepsilon}{\partial x_i}\right] + \frac{\varepsilon}{k}(C_{\varepsilon1}P_k - C_{\varepsilon2}\rho\varepsilon + C_{\varepsilon1}P_{\varepsilon b}) \tag{6-26}$$

其中,P_k 是由于平均速度梯度引起的湍动能 k 的产生项,P_{kb}、$P_{\varepsilon b}$是由于浮力引起的湍动能 k 的产生项,$C_{\varepsilon1}$、$C_{\varepsilon2}$、σ_k、σ_ε 为常数。

对于一般的两方程模型都难以对逆压力梯度下的分离起始点位置和分离区大小进行准确的预测。主要原因是它们难以对湍流的输运问题进行准确的考量。而 Menter 提出了基于 $k-\omega$ 模型的 SST(Shear - Stress - Transport)湍流模型,则可以对逆压力梯度下的分离起始点位置和分离区大小进行较好的模拟。该模型综合了 $k-\omega$ 模型和 $k-\varepsilon$ 模型在边界层内外计算的优点,在近壁处采用 $k-\omega$ 模型,可以对低雷诺数条件下的近壁处理更为精确,在远离壁面处采用 $k-\varepsilon$ 模型,从而保持很好的收敛特性。该模型将湍流的输运影响耦合在涡黏性计算公式中,解决了湍流剪切应力的输运问题,对逆压力梯度下的分离流动具有较高精度的预测。该湍流模型在许多验证性研究工作中得到了证实,考虑到压气机中的逆压力梯度流动以及可能出现的角区分离,因此本文在数值模拟中选择了 SST 湍流模型。

在 $k-\omega$ 模型中,湍流黏性通过湍动能 k 和湍动频率 ω 进行关联,其关系式如下:

$$\mu_t = \rho\frac{k}{\omega} \tag{6-27}$$

Wilcox 发展的 $k-\omega$ 湍流模型方程为

$$\frac{\partial(\rho k)}{\partial t} + \frac{\partial}{\partial x_i}(\rho k u_i) = \frac{\partial}{\partial x_i}\left[\left(\mu + \frac{\mu_t}{\sigma_{k1}}\right)\frac{\partial k}{\partial x_i}\right] + P_k + P_{kb} - \beta'\rho k\omega \tag{6-28}$$

$$\frac{\partial(\rho\omega)}{\partial t} + \frac{\partial}{\partial x_i}(\rho\omega u_i) = \frac{\partial}{\partial x_i}\left[\left(\mu + \frac{\mu_t}{\sigma_{\omega1}}\right)\frac{\partial \omega}{\partial x_i}\right] + \alpha_1\frac{\omega}{k}P_k - \beta_1\rho\omega^2 + P_{\omega b} \tag{6-29}$$

式中:α_1、β_1、β'、σ_{k1}、$\sigma_{\omega1}$ 均为常数。

Wilcox$k-\omega$ 模型对自由来流具有很高的敏感性,根据进口给定的 ω 值,结

果会出现明显的不同。Menter 将 Wilcox$k-\omega$ 模型与变换后的 $k-\varepsilon$ 模型通过转换函数 F_1 结合起来。

首先将 $k-\varepsilon$ 模型中 ε 方程变换为 ω 方程，变换后的方程为

$$\frac{\partial(\rho k)}{\partial t}+\frac{\partial}{\partial x_i}(\rho k u_i)=\frac{\partial}{\partial x_i}\left[\left(\mu+\frac{\mu_t}{\sigma_{k2}}\right)\frac{\partial k}{\partial x_i}\right]+P_k+P_{kb}-\beta'\rho k\omega \tag{6-30}$$

$$\frac{\partial(\rho\omega)}{\partial t}+\frac{\partial}{\partial x_i}(\rho\omega u_i)=\frac{\partial}{\partial x_i}\left[\left(\mu+\frac{\mu_t}{\sigma_{\omega 2}}\right)\frac{\partial \omega}{\partial x_i}\right]+2\rho\frac{1}{\sigma_{\omega 2}\omega}\frac{\partial k}{\partial x_i}\frac{\partial \omega}{\partial x_i}+\alpha_2\frac{\omega}{k}P_k-\beta_2\rho\omega^2+P_{\omega b} \tag{6-31}$$

之后通过转换函数将两者结合，方程则变化为

$$\frac{\partial(\rho k)}{\partial t}+\frac{\partial}{\partial x_i}(\rho k u_i)=\frac{\partial}{\partial x_i}\left[\left(\mu+\frac{\mu_t}{\sigma_{k2}}\right)\frac{\partial k}{\partial x_i}\right]+P_k+P_{kb}-\beta'\rho k\omega \tag{6-32}$$

$$\frac{\partial(\rho\omega)}{\partial t}+\frac{\partial}{\partial x_i}(\rho\omega u_i)=\frac{\partial}{\partial x_i}\left[\left(\mu+\frac{\mu_t}{\sigma_{\omega 2}}\right)\frac{\partial \omega}{\partial x_i}\right]+(1-F_1)2\rho\frac{1}{\sigma_{\omega 2}\omega}\frac{\partial k}{\partial x_i}\frac{\partial \omega}{\partial x_i}+\alpha_2\frac{\omega}{k}P_k-\beta_2\rho\omega^2+P_{\omega b} \tag{6-33}$$

式中：α_2、β_2、σ_{k2}、$\sigma_{\omega 2}$均为常数，并且

$$F_1=\tanh(\arg_1^4) \tag{6-34}$$

$$\arg 1=\min\left[\max\left(\frac{\sqrt{k}}{\beta'\omega y},\frac{500\mu}{\rho\omega y^2}\right);\frac{4\rho\sigma_{\omega 2}k}{CD_{k\omega}y^2}\right] \tag{6-35}$$

式中：y 为距离壁面的最近距离。

$$CD_{k\omega}=\max\left[2\rho\sigma_{\omega 2}\frac{1}{\omega}\frac{\partial k}{\partial x_i}\frac{\partial \omega}{\partial x_i};10^{-20}\right] \tag{6-36}$$

式(6-32)和式(6-33)称为 BSL 湍流模型，虽然 BSL 湍流模型集合了 Wilcox $k-\omega$ 模型和 $k-\varepsilon$ 模型的优点，但仍不能对分离起始点和分离区大小进行合理预测。主要原因是方程中没有考虑湍流剪切应力的输运，这导致了对湍流黏性计算偏高。为了合理地计算湍流黏性，Menter 提出以下公式对湍流黏性进行限制：

$$\mu_t=\rho\frac{\alpha_1 k}{\max(\alpha_1\omega,SF_2)} \tag{6-37}$$

式中：S 为涡量的绝对值；F_2 为

$$F_2=\tanh(\arg_2^2) \tag{6-38}$$

$$\arg_2=\max\left(2\frac{\sqrt{k}}{\beta'\omega y},\frac{500\mu}{\rho y^2\omega}\right) \tag{6-39}$$

3）近壁面流动模拟方法

前面介绍的标准 $k-\varepsilon$ 湍流模型和 SST 湍流模型都是针对充分发展的湍流

才有效，而壁面上的边界层内黏性底层流动几乎为层流，所以不能用前面介绍的湍流模型进行求解。实际应用中对于近壁面区域边界层流动的模拟主要有两种方法：壁面函数方法和低雷诺数方法。

壁面函数法实际是一组半经验的公式，用于将壁面上的物理量与湍流核心区待求的未知量直接联系起来，需要与其他湍流模型配合使用。首先假设近壁面处网格节点位于边界层中充分发展湍流区域，忽略黏性底层区域的影响；然后采用经验公式为自由流动和湍流输运方程提供近壁面流动边界条件。在对数法则区域，近壁面切向速度通过对数关系和壁面剪切应力联系起来。

壁面函数中近壁面流动速度对数关系如下：

$$u^{+}=\frac{U_{t}}{u_{\tau}}=\frac{1}{\kappa}\ln(y^{+})+C,y^{+}=\frac{\rho\Delta y u_{\tau}}{\mu},u_{\tau}=\left(\frac{\tau_{\omega}}{\rho}\right)^{(1/2)} \tag{6-40}$$

其中，u^{+}为近壁面速度，u_{τ} 为摩擦速度，U_{t} 为已知距离壁面 Δy 处切线速度，y^{+}为无量纲壁面距离，τ_{ω} 为壁面剪切应力，κ 为冯卡门常数，C 为决定于壁面粗糙程度的对数层常数。

在流动分离点处，由于近壁面切线速度 U_{t} 为零，式(6－40)出现 u^{+}为零的异常情况。为解决这个问题，可以选择另一个速度尺度 u^{*} 来代替 u^{+}。定义如下：

$$u^{*}=C_{\mu}^{(1/4)}k^{(1/2)} \tag{6-41}$$

由于在湍流中绝对不会出现 k 值完全等于零的情况，所以即使当 U_{t} 为零的时候 u^{*}并不为零。这样就得到了摩擦速度 u_{τ} 的显式公式：

$$u_{\tau}=\frac{U_{t}}{\frac{1}{\kappa}\ln(y^{*})+C},y^{*}=\frac{\rho u^{*}\Delta y}{\mu} \tag{6-42}$$

进而得到了壁面剪切应力公式

$$\tau_{\omega}=\rho u^{*}u_{\tau} \tag{6-43}$$

标准壁面函数方法存在的一个主要缺陷在于其预测结果取决于距离壁面最近节点的位置，这个条件对于近壁面网格划分情况非常敏感。为了解决标准壁面函数方法对于网格划分十分敏感的问题，CFX 开发了可扩展壁面函数方法(Scalable Wall Functions)。该方法通过采用公式$\tilde{y}^{*}=\max(y^{*},11.06)$限制对数法则公式中 y^{*}的值，解决了壁面函数对近壁面网格精度的敏感问题，使得黏性底层内不论有、无网格都能模拟到相同的结果。

虽然可扩展壁面函数处理方法解决了不同网格精度计算结果的一致性问题，但是壁面函数方法所依据的物理假设仍存在疑问，尤其对于低雷诺数($Re<10^{5}$)的流动情况。由于壁面函数方法忽略了边界层黏性底层部分在质量与动量平衡过程中的作用，对于低雷诺数流动情况，这个假设将导致达 25% 的边界层

位移厚度误差。

低雷诺数方法抛弃了边界层中速度分布对数假设,通过对高雷诺数的湍流模型进行修正,使得湍流模型能够适用于不同雷诺数的区域。这样可以采用修正后的湍流模型直接求解边界层内部流动细节,结果更为合理准确。由于需要直接求解包括黏性底层在内的边界层流动,低雷诺数方法要求近壁面区域中网格划分尺度必须非常精细,同时还需要满足一定的节点数目要求。这些条件导致网格数目迅速增大,对计算中内存需求和时间需求随之增加,即低雷诺数方法对计算资源的要求大大高于壁面函数方法。

根据实际应用的需要,CFX 发展了一种新的近壁面处理方法。这种方法能够根据不同的网格精度在壁面函数方法和低雷诺数方法之间自动转换,称为自动壁面处理方法(Automatic Near - Wall Treatment)。它可以根据近壁处的网格精度,自动在壁面函数处理和低雷诺数处理之间切换。

4)控制方程离散格式

为了将连续区域上偏微分格式的控制方程转化为离散空间点上的代数方程,需要将控制方程进行离散。控制方程的离散方法通常有三种:有限差分法、有限元法、有限体积法。

有限差分法是最早提出的和应用的最成熟的流体力学数值方法。它是将待求解的域划分为差分网格,用有限个离散的网格点代替连续的求解区域,然后将偏微分方程(控制方程)的导数用差商代,推导出含有离散点上有限个未知数的差分方程组。求差分方程组的解,就是微分方程定解问题的数值近似解,是一种直接将微分方程问题变为代数问题的近似数值解法。该方法多用于求解抛物型方程和双曲型方程,对于求解边界条件复杂,尤其是椭圆形问题不如有限元法或有限体积法方便。

有限元法是将连续的求解域任意划分为适当形状的许多微小单元,并将各小单元分片构造插值函数,之后根据极值原理将问题的控制方程转化为所有单元上的有限元方程,把总体的极值作为各单元极值之和,形成嵌入了指定的边界条件的代数方程组,求解该方程组就得到各节点上参数的近似值。相比有限差分法,该方法特别适用于几何及物理条件区域比较复杂的问题,对椭圆形方程问题具有更好的适用性。

有限体积法是目前在 CFD 领域应用得最为广泛的离散方法,其特点是计算效率高,大多数商用软件都采用这种方法。其基本思路是:将计算域划分为网格,并使每个网格点周围有一个互补重复的控制体积,将待解微分方程对每一个控制体积积分,从而得到一组离散方程。该离散方程在每个小控制体上都满足积分守恒特性。故离散方程在整个流体计算域上也满足守恒性。能满足守恒性是该方法相对于有限差分法和有限元法的显著优点。

5)转/静交接面处理方法

在对单级或多级叶轮机械进行全三维流场数值模拟时,由于转子和静子之间的相对运动,决定了转静部件各自的计算域网格划分必须分块进行,而在求解时通过交界面的形式把转静部件连接起来,这就造成了转静部件之间通过交界面进行信息传递的问题。根据求解方法的不同,转静交界面处理方法分为定常和非定常两种。

对于定常流动模拟,交界面上信息传递处理方法主要分以下两种:混合平面(Mixing Plane)法和冻结转子(Frozen Rotor)法。

混合平面法假设每个叶片排进出口边界条件都是定常且周向均匀的,通过对交界面上各通量做周向平均来获得相邻叶片排进口或出口流动参数沿径向的分布型面。在混合平面法中,交界面上的信息传递过程可简单描述如下:在叶轮机械内部流场的数值模拟中,压力波的传递是双向进行的,即上游流场的信息不断往下游流场进行传递,同时下游流场的信息也不断往上游流场进行传递。

转静交界面上的信息传递方式类似于动静叶片排进出口边界的给定方法,需要根据该处的流动是亚声速还是超声速来决定传递信息量的多少。当上游叶片排出口流动为超声速时,则需要将交界面上的平均通量和压力传递给下游叶片排进口;而当流动为亚声速时,则仅需要传递平均通量。类似的,当下游流场信息向上游流场传播时,如果下游叶片排进口是亚声速流动,则需要将平均压力传递给上游叶片排出口;而当流动为超声速时,根据特征线理论,则不需要向上游传递任何信息。在动静叶之间的信息传递完成之后,压力、密度以及速度等参数则可从不同的通量之中求解得到。

混合平面法一方面能够保证流体的流量、动量和能量的守恒,然而对交界面上的通量进行周向平均的处理过程导致了突然的掺混损失。另一方面,通过这种平均处理方法,求解过程考虑了转静干涉作用的时均效应,同时却抹掉了转静干涉的非定常流动信息。另外,混合平面法不适合在周向变化很大的情况下应用。

冻结转子法保证其连接的上下两个计算域的相对位置在计算过程中不发生改变。流体从上游参考坐标系下的计算域通过固定转静交界面进入下游另一参考坐标系下的计算域之后,将求解特定参考坐标系下的控制方程。如果交界面两侧栅距不相等,则根据栅距变化的大小重新标定通过交界面的通量。当交界面处的通流速度大于转子叶片的旋转速度时,应用冻结转子法将导致大的误差。冻结转子法适用于周向变化很大的流动,这种方法部分考虑了转静部件之间的干涉作用,却没有考虑非定常效应,漏掉了真实非定常转静干涉下流动掺混导致的损失。

对压缩机单音噪声的预测需要进行非定常流场数值模拟。由于计算资源的限制,在叶轮机械非定常数值模拟中进行全通道计算通常是不可行的。为了降低计算资源消耗,研究人员发展出多种方法来减小计算域。

其中一种方法是,将一个包含单个或多个叶片通道的扇段作为计算域,同时保证转子扇段和静子扇段具有相同的角度,使得应用周期性边界条件成为可能,如 Rao 研究中采用的方法。但现代叶轮机械设计中通常采用不可约化的导向器和转子叶片数目比例来避免遇到由于非定常流动带来的气动(尾迹叠加)、结构(共振现象)以及噪声(不利的噪声模态)等问题,这使得直接采用这种方法成为不可能。研究中通常的做法是采用近似的叶片数目之比来获得周期性扇段,叶片数目改变之后对叶型进行缩放保持稠度和原来几何保持一致。大量针对叶轮机械内部三维非定常流动开展的研究工作都采用了这种处理方法(Rai Clark、Arnone)。

由于这种方法需要对叶轮机械几何尺寸进行缩放处理,研究人员还提出了多种不需要进行几何调整的模拟方法。对具有任意叶片数目比例的叶轮机械,为了实现计算域中各叶片排仅包含一个通道而完成非定常数值模拟,Erdos 等提出了一种针对相位滞后的栅距方向边界参数的存储方法。这种方法的主要思想是存储一个叶片通过周期中栅距方向边界的流动参数求解结果,并作为边界条件应用于下一个叶片通过周期。He 提出一种类似的方法,通过存储周期性边界上流动变量即时的傅里叶系数从而减少了求解器对内存的需求,这种方法被称为形状修正方(Generalized Shape Correction)法或相位延迟方(Phase Lagging)法,Burgos、Billonnet 等采用这种方法对涡轮内部转静干涉等非定常流动问题进行了数值研究。正如 Giles 指出,这两种方法基于同一个假设,即叶轮机械内部非定常流动是具有时间周期性的。因此,对于由叶片通过频率倍数以外黏性流动导致的诸如涡脱落等非定常现象这种方法无能为力。

6.3.3 压缩机单音噪声的声场计算方法

压缩机单音噪声场的计算方法基于 Goldstein 的广义 Lighthill 方程。Goldstein 将 Lighthill 的理论进行了扩展,可以考虑到固体边界以及运动介质的影响。

由气动声学基本理论可知,均匀流内有运动固体边界存在的气流噪声控制方程为

$$\rho'(\boldsymbol{x},t) = \frac{1}{c_0^2}\int_{-T}^{T}\int_{v(\tau)}\frac{\partial^2 G}{\partial y_i \partial y_j}T'_{ij}s(\boldsymbol{y})\,\mathrm{d}\tau + \frac{1}{c_0^2}\int_{-T}^{T}\int_{s(\tau)}\frac{\partial G}{\partial y_i}f_i\mathrm{d}s(\boldsymbol{y})\,\mathrm{d}\tau + \frac{1}{c_0^2}\int_{-T}^{T}\int_{s(\tau)}\rho_0 v'_n\frac{D_0 G}{D\tau}\mathrm{d}s(\boldsymbol{y})\,\mathrm{d}\tau \tag{6-44}$$

式中:$\boldsymbol{x}$ 和 $\boldsymbol{y}$ 分别为观察点坐标和声源坐标;t 为观察点接声时间;τ 为声源时间;

$\upsilon(\tau)$表示除固体边界之外的气流空间;$s(\tau)$表示整个固体边界表面;c_0 为声速;G 为满足环形或圆形管道固体边界的格林函数。第一项表示四极子噪声源;第二项表示叶片作用在流体上脉动力的偶极子声源;第三项表示叶片体积移动产生的单极子声源。

对于实际风扇/压气机,可以忽略单极子声源项和四极子声源项,因此式(6-44)可以写成

$$\rho'(\boldsymbol{x},t) = \frac{1}{c_0^2}\int_{-T}^{T}\int_{s(\tau)}\frac{\partial G}{\partial y_i}f_i \mathrm{d}s(\boldsymbol{y})\mathrm{d}\tau \tag{6-45}$$

写成声压形式为

$$p(\boldsymbol{x},t) = \int_{-T}^{T}\int_{s(\tau)}\frac{\partial G}{\partial y_i}f_i \mathrm{d}s(\boldsymbol{y})\mathrm{d}\tau \tag{6-46}$$

G 是环形管道固体边界的格林函数,表达式为

$$G\left(\boldsymbol{y},\frac{\tau}{\boldsymbol{x}},t\right) = \frac{i}{4\pi}\sum_{m,n}\frac{\Psi_m(\kappa_{mn}r)\Psi_m^*(\kappa_{mn}r')}{\Gamma_{mn}}\cdot\exp[im(\phi-\bar{\phi})]\times$$
$$\int_{-\infty}^{\infty}\left\{\frac{\exp[\mathrm{i}\omega(\tau-t)]}{k_{mn}}+\frac{\exp\left[\mathrm{i}\dfrac{Ma\cdot\omega}{\beta^2\cdot c_0}(y_1-x_1)\right]}{k_{mn}}+\frac{\exp\left[\mathrm{i}\dfrac{k_{mn}}{\beta^2}|y_1-x_1|\right]}{k_{mn}}\right\}\mathrm{d}\omega \tag{6-47}$$

其中,$\beta=\sqrt{1-Ma^2}$,$\bar{\phi}=\tan\dfrac{y_3}{y_2}$,$\phi=\tan\dfrac{x_3}{x_2}$,$r=\sqrt{x_2^2+x_3^2}$,$r'=\sqrt{y_2^2+y_3^2}$,$\Gamma_{mn}$的计算方法以及其他符号的意思与前文相同,这里就不再做详细介绍。

假设气体是无黏的,叶片表面上的载荷力$\boldsymbol{f}$垂直于叶片表面,即$\boldsymbol{f}=P\boldsymbol{n}$,其中 P 是叶片表面压力,$\boldsymbol{n}$ 是叶片表面外法向量,则式(6-46)可以写成

$$p(\boldsymbol{x},t) = \int_{-T}^{T}\int_{S(\tau)}\boldsymbol{n}(\boldsymbol{y})\cdot G(\boldsymbol{x},\boldsymbol{y},t-\tau)\cdot P(\boldsymbol{y},\tau)\mathrm{d}s(\boldsymbol{y})\mathrm{d}\tau \tag{6-48}$$

上述给出的管道声学方程都是时域上的,而在气动声学研究中,我们通常对噪声的频域信息更感兴趣。因此,通过傅里叶变换,可以得到

$$p(\boldsymbol{x},\omega) = \sum_m\sum_n P_{mn}(\omega)\Psi_{m,n}(\kappa_{m,n}r)\exp(im\phi-\mathrm{i}\gamma_{m,n}x_1) \tag{6-49}$$

其中,P_{mn}是对应频率下(m,n)阶模态振幅,其表达式是

$$P_{mn}(\omega) = \frac{1}{2\mathrm{i}\Gamma_{mn}\kappa_{mn}}\int_S\{\Psi_m(\kappa_{mn}r')\cdot\boldsymbol{n}\cdot[\exp(-im\phi'+\mathrm{i}\gamma_{mn}y_1]$$
$$P(\boldsymbol{y},\omega-m\Omega)\}\mathrm{d}s(\boldsymbol{y}) \tag{6-50}$$

其中,Ω 是后面叶片排的转动频率,如果后面的叶片排是静子,则 $\Omega=0$。假设上式中的面积积分是在 V 个叶片上进行的,为了减小积分的区域,任选一个叶片作为参考叶片,制定该叶片编号 0,随着 ϕ'的增大,其他叶片的编号分别是 1 到 $(V-1)$。假设第 s 个叶片上的压力为 $P_s(\boldsymbol{y}_0,\omega-m\Omega)$,其中 $\boldsymbol{y}_0$是叶片 s 上的点

$(r',y_1,\phi'-2\pi s/V)$。V 个叶片对 P_{mn} 的总贡献是

$$P_{mn}(\omega) = \frac{1}{2\mathrm{i}\Gamma_{mn}\kappa_{mn}}\int_S \Psi_{mn}(\kappa_{mn}r')\cdot \boldsymbol{n}(\boldsymbol{y}_0)\cdot\nabla[\exp(-\mathrm{i}m\phi'+\mathrm{i}\gamma_{mn}y_1]\cdot$$
$$[\sum_{S=0}^{V-1}P_s(\boldsymbol{y}_0,\omega-m\Omega)\exp(\mathrm{i}2\pi ms/V)]\mathrm{d}s(\bar{y}) \tag{6-51}$$

由式(6－51)计算得到模态振幅之后,就可以计算出该模态对应的声功率为

$$W_{mn}(\omega)=\frac{\pi(r_D^2-r_H^2)}{\rho_0 U}\cdot\frac{\mp Ma^2(1-Ma^2)^2(\omega/U)k_{mn}(\omega)}{[\omega/c_0\pm Ma\,k_{mn}(\omega)]^2}\cdot[P_{mn}(\omega)\cdot(P_{mn}(\omega))^*] \tag{6-52}$$

式中:符号 ± 和 ∓ 上面的符号表示逆流(负的 x 方向)传播,下面的符号表示顺流(正的 x 方向)传播。将该频率下所有的模态声功率进行叠加,就可以计算得到该频率对应的声功率

$$W(\omega) = \sum_{m=-\infty}^{\infty}\sum_{n=0}^{\infty}W_{mn}(\omega) \tag{6-53}$$

式(6－52)和式(6－53)即为根据叶片表面非定常压力脉动计算管道声模态幅值及其声功率级的通用计算公式。对于由转静干涉引起的单音噪声而言,噪声频率位于转子叶片通过频率以及其高次谐波上,而且根据 Tyler－Sofin 模态理论可知,对于单音噪声而言,只有特定的模态存在,即 $m=qB\pm kV$,其中 B 是转子叶片数,V 是静子叶片数,$q,k=1,2,\cdots$。

从式(6－51)可以看出,要计算管道模态振幅 $P_{mn}(\omega)$,主要是计算叶片表面非定常压力脉动振幅 $P_s(\boldsymbol{y}_0,\omega-m\Omega)$。叶片表面每一个微元面都可以看成一个小声源,这些小声源由于声源强度(压力脉动幅值)、声源相位(压力脉动相位)及传播方向(叶片表面法向量 $\boldsymbol{n}(\boldsymbol{y}_0)$)的不同而对远场模态波产生不同的影响,将叶片表面所有小声源进行线性叠加就可以计算得到整个叶片排引起的模态波振幅 $P_{mn}(\omega)$,当然,这种叠加需要考虑叶片表面不同位置压力脉动的方向和相位。

风扇单音噪声产生的主要根源是来自风扇转静叶片排相互干涉在叶片表面产生的周期性脉动力(偶极子噪声源),如图 6－8 所示。从叶轮机内部非定常流动分类上来说,转静干涉属于中尺度非定常流动,采用非定常雷诺平均(URANS)计算,就可以获得精度足够的单音噪声声源信息。

图 6－9 给出了叶片表面某一位置非定常载荷的基频及其高次谐波的流程示意图。获得叶片表面不同位置的非定常压力脉动之后,将压力脉动相位幅值以及对应位置的坐标、法向量等信息代入式(6－51),就可以获得对应频率下模态为(m,n)的幅值,进而利用式(6－52)获得该噪声模态对应的声功率。

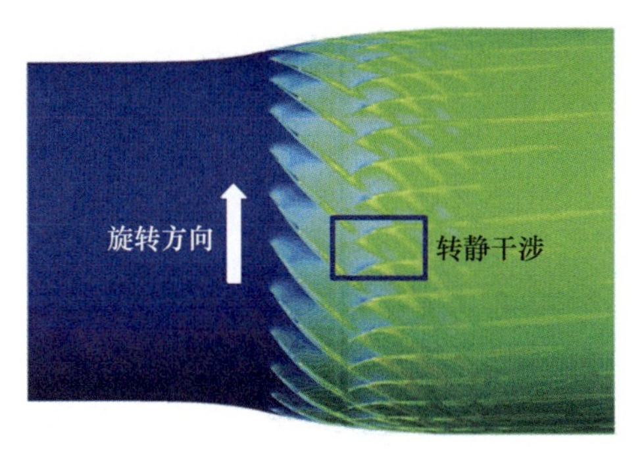

图6-8　风扇单音噪声产生机制

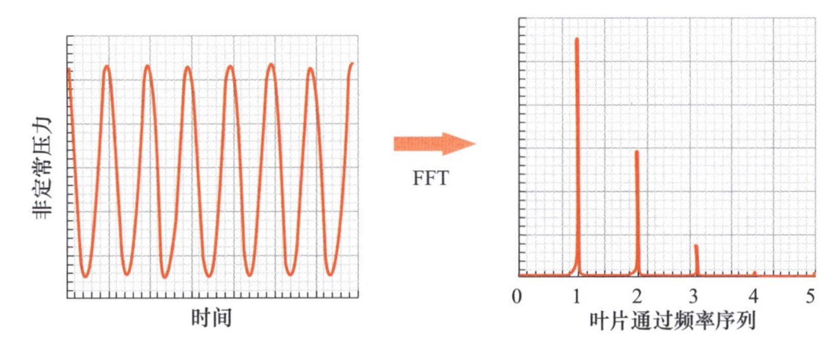

图6-9　获得叶片表面非定常载荷力基频及其高次谐波流程示意图

在流场/声场混合模型中，静叶表面的非定常载荷由URANS获得，对转子与静子叶片几何没有任何假设，通过CFD计算获得静叶表面的压力脉动幅值，把时域压力脉动信息转化为频域声源信息，然后用下面的噪声预测方法计算管道声功率级。对于风扇单音，单音噪声频率是叶片通过频率及其谐频，即BPF及其谐波，在获得各个模态的声压之后，则管道内的声功率表达式如下：

$$\text{Power} = \frac{\pi(r_D^2 - r_H^2)}{\rho_0 U} \sum_{m=-\infty}^{\infty} \sum_{n=0}^{\infty} \sum_{s=-\infty}^{-\infty} \frac{\mp Ma^2 \beta^4 (sB\Omega/U)\, k_{mn}}{(sB\Omega/c_0 \pm Ma\, k_{mn})^2} |p_{mn}(\omega)|^2 \tag{6-54}$$

式(6-54)中上面的符号对应于向上游传播的声功率，下面的符号对应于向下游传播的声功率。实际计算中，仅对式(6-54)中满足截通条件的模态($k_{mn}>0$)进行计算。对于转静干涉单音，周向模态阶数m与转子叶片数B以及静子叶片数V的关系为：$m=sB-qV$，q为任意整数（包括负整数、零、正整数）。因而，计算单音噪声时，式(6-54)也可以写为

$$\text{Power} = \frac{\pi(r_D^2 - r_H^2)}{\rho_0 U} \sum_{q=-\infty}^{\infty} \sum_{n=0}^{\infty} \sum_{s=-\infty}^{-\infty} \frac{\mp Ma^2 \beta^4 (sB\Omega/U)\, k_{mn}}{(sB\Omega/c_0 \pm Ma\, k_{mn})^2} |p_{mn}(\omega)|^2 \tag{6-55}$$

声功率级的计算如下：

$$\mathrm{PWL}=10\log_{10}\left(\frac{\mathrm{Power}}{W_{\mathrm{ref}}}\right) \tag{6-56}$$

式中：PWL 为声功率级(dB)；W_{ref}为参考声功率，$W_{\mathrm{ref}}=1\times10^{-12}\mathrm{W}$。

6.4 0.6m 风洞压缩机噪声数值计算分析

在前述理论分析的基础上，将定常流场计算结果作为非定常流场计算的初始条件，采用流场/声场混合模型对 0.6m 风洞压缩机噪声进行了计算分析。

如图 6－10 所示，CTW 压缩机有进口导向叶片排 S0(数量:44 片)、第一级转子叶片排 R1(数量:31 片)与静子叶片排 S1(数量:48 片)、第二级转子叶片排 R2(数量:32 片)与静子叶片排 S2(数量:48 片)共计 5 个叶片排，因此其主要噪声源分别由 R0/R1、R1/S1、S1/R2、R2/S2 四个声源形成。

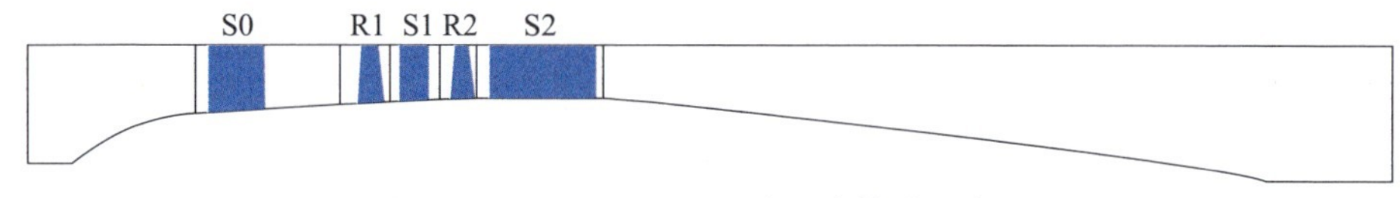

图 6－10　0.6m 风洞压缩机计算域示意图

计算中采用相位延迟(Phase Lagging)方法，通过对转子与静子交界面之间信息传递方式，实现对上述转子静子干涉非定常流场的计算，从而获取压缩机噪声源流场信息，进一步采用声场计算方法，获得噪声的数值模拟结果，计算网格如图 6－11 所示。如前所述，计算流场/声场混合模型可以计算压缩机叶片排噪声向前传播和向后传播的噪声级和声功率。

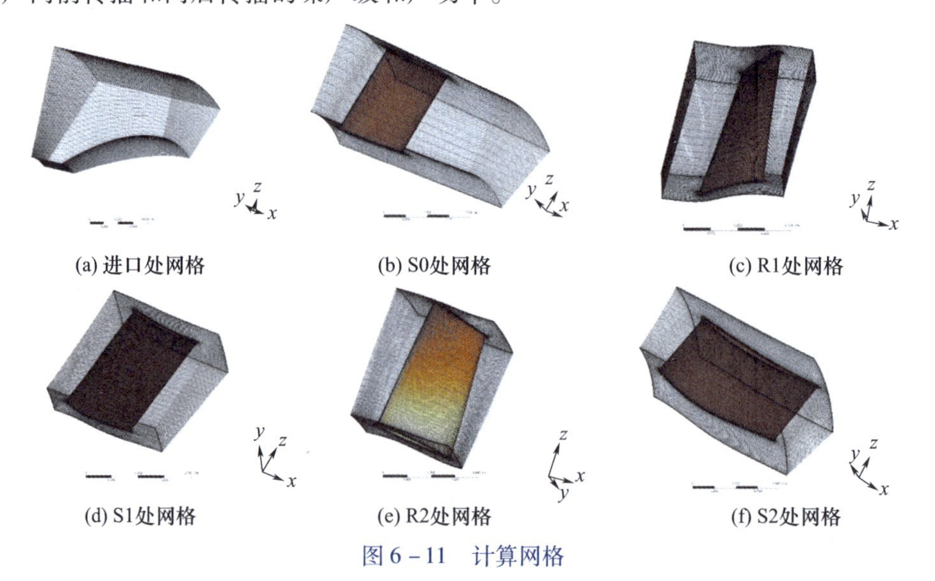

图 6－11　计算网格

对于压缩机单音噪声而言，主要是由转子和静子叶片排之间相互非定常干涉在叶片表面引起周期性的压力脉动引起的，因此，叶片表面的周期性压力脉动力的分布特性是反映单音噪声的声源分布特性的主要标志，对分析声源分布特性、压缩机降噪设计而言至关重要。

以R1转子为例，图6－12给出了叶片表面脉动压力幅值分布。从图中可以看出，转子叶片表面非定常载荷分布的影响主要集中在80%展高以上的叶尖区域，而其他区域非定常载荷幅值变化不大。这也就是说，压缩机的噪声主要声源集中在80%展高以上的叶尖区域。

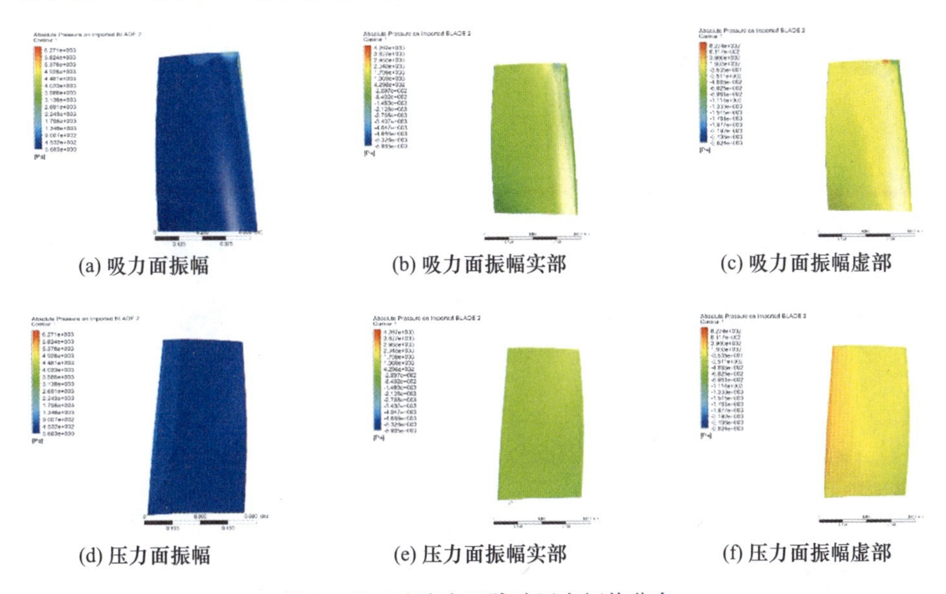

(a) 吸力面振幅　(b) 吸力面振幅实部　(c) 吸力面振幅虚部

(d) 压力面振幅　(e) 压力面振幅实部　(f) 压力面振幅虚部

图6－12　叶片表面脉动压力幅值分布

以R2与S2的干涉为例，图6－13～图6－15分别给出了不同工况下叶片通过频率及其高次谐波对应的S2静子叶片表面的非定常压力脉动分布云图。为了能够清晰地看到不同单音频率下静子叶片表面的噪声源分布特性，对于不同的频率，云图使用了不同的取值范围。从图中可以看出，对于所有的BPF谐波，最大的载荷都是分布在静子叶片前缘，这说明，对于该研究对象来说，静子叶片前缘是单音噪声主要的噪声源，而且吸力面上的声源强度明显大于压力面。同时，对于1BPF噪声而言，静子叶片吸力面前缘轮毂角区附近也是主要的噪声分布区域。初步分析这是因为在该工作状态下，静子叶片吸力面出现较大的流动分离。

根据仿真结果，分别提取了压缩机叶片排噪声向前和向后传播的噪声级。表6－2、表6－3分别给出了在马赫数0.9工作状态下0.6m风洞压缩机进口和出口噪声数值计算结果。需要指出，由于该压缩机第一级转子叶片数与第二级转子叶片数相同,压缩机所有叶片排干涉产生的单音噪声频率,也即叶片通过频率是相同的,因此对由于压缩机不同叶片排之间干涉产生的进口和出口单音,可以用统一的转子叶片通过频率描述。最后通过对所有叶片排转静干涉单音求和获得压缩机进出口总噪声。表6-4、表6-5分别给出了在马赫数0.3工作状态下0.6m风洞压缩机进口和出口噪声数值计算结果。

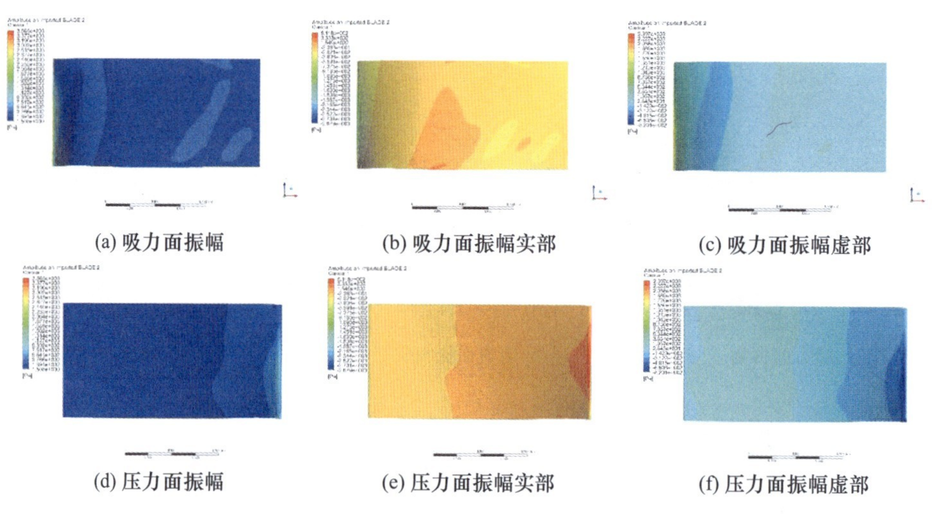

(a) 吸力面振幅　(b) 吸力面振幅实部　(c) 吸力面振幅虚部

(d) 压力面振幅　(e) 压力面振幅实部　(f) 压力面振幅虚部

图6-13　静子叶片表面非定常载荷分布(1BPF)

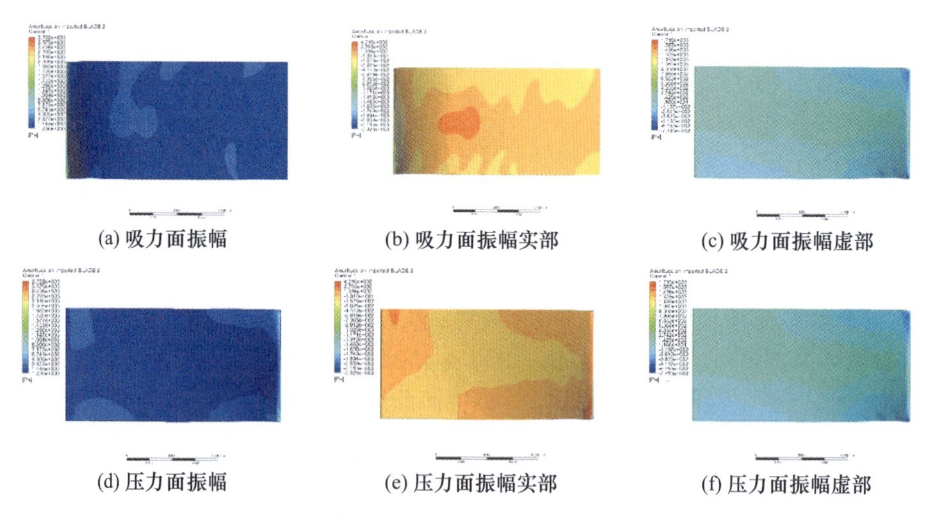

(a) 吸力面振幅　(b) 吸力面振幅实部　(c) 吸力面振幅虚部

(d) 压力面振幅　(e) 压力面振幅实部　(f) 压力面振幅虚部

图6-14　静子叶片表面非定常载荷分布(2BPF)

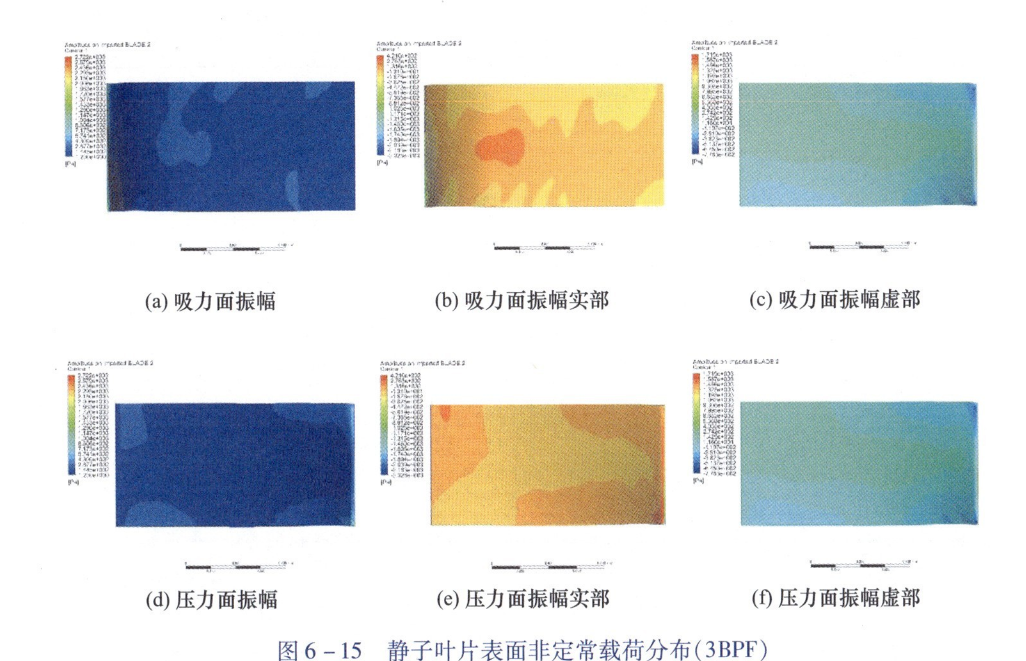

(a) 吸力面振幅　(b) 吸力面振幅实部　(c) 吸力面振幅虚部

(d) 压力面振幅　(e) 压力面振幅实部　(f) 压力面振幅虚部

图 6－15　静子叶片表面非定常载荷分布(3BPF)

表 6－2　马赫数 0.9 工况下 0.6m 风洞压缩机进口噪声计算结果

声源位置	声源类型	单音分量	总噪声
S0_R1	1BPF	135.4dB	136.4dB
	2BPF	129.5dB	
	3BPF	115.6dB	
R1_S1	1BPF	143.9dB	154.4dB
	2BPF	153.5dB	
	3BPF	132.5dB	
S1_R2	1BPF	156.2dB	156.9dB
	2BPF	147.4dB	
	3BPF	142.4dB	
R2_S2	1BPF	140.7dB	143.6dB
	2BPF	132.9dB	
	3BPF	139.5dB	

表 6-3　马赫数 0.9 工况下 0.6m 风洞压缩机出口噪声计算结果

声源位置	声源类型	单音分量	总噪声
S0_R1	1BPF	145.0dB	145.6dB
	2BPF	134.3dB	
	3BPF	132.5dB	
R1_S1	1BPF	148.1dB	153.3dB
	2BPF	151.7dB	
	3BPF	135.7dB	
S1_R2	1BPF	149.6dB	151.2dB
	2BPF	144.0dB	
	3BPF	141.8dB	
R2_S2	1BPF	147.2dB	149.7dB
	2BPF	136.2dB	
	3BPF	145.5dB	

表 6-4　马赫数 0.3 工况下 0.6m 风洞压缩机进口噪声计算结果

声源位置	声源类型	单音分量	总噪声
S0_R1	1BPF	124.0dB	126.1dB
	2BPF	121.6dB	
	3BPF	107.3dB	
R1_S1	1BPF	130.3dB	132.5dB
	2BPF	118.5dB	
	3BPF	127.9dB	
S1_R2	1BPF	142.2dB	143.0dB
	2BPF	132.6dB	
	3BPF	131.5dB	
R2_S2	1BPF	127.4dB	132.7dB
	2BPF	115.0dB	
	3BPF	131.1dB	

表 6－5　马赫数 0.3 工况下 0.6m 风洞压缩机出口噪声计算结果

声源位置	声源类型	单音分量	总噪声
S0_R1	1BPF	126.0dB	129.5dB
	2BPF	126.7dB	
	3BPF	114.0dB	
R1_S1	1BPF	133.4dB	134.2dB
	2BPF	121.2dB	
	3BPF	124.5dB	
S1_R2	1BPF	133.4dB	137.1dB
	2BPF	115.9dB	
	3BPF	134.6dB	
R2_S2	1BPF	127.2dB	136.5dB
	2BPF	127.9dB	
	3BPF	135.3dB	

6.5 本章小结

本章系统地介绍了压缩机噪声的传播规律、压缩机噪声流场/声场混合计算模型建模思想和方法、压缩机流场/声场混合模型计算方法等内容，重点对压缩机单音噪声流场/声场数值计算方法、转静干涉单音噪声数值计算方法进行了深入剖析，并结合 0.6m 风洞压缩机流场/声场仿真实例对相位延迟这一方法进行了验证性说明。

第 7 章　风洞噪声控制措施

随着飞行器噪声问题逐渐受到关注,研究者在风洞中进行飞行器流动试验的同时,还要进行更加全面的声学试验。当风洞背景噪声较大时会掩盖被测模型的声学特征,导致无法进行有效的声学测试。此外,高背景噪声也会对一些流动参数的测量带来干扰,降低测试精度。因此,根据风洞结构特点和主要噪声成因进行特定结构的声学设计,已经成为风洞设计和建造过程中需要重点关注的问题之一。前面各章节对跨声速风洞各种噪声源的基本特性进行了较为详细的讲解,本章将在此基础上进一步阐述跨声速风洞降噪的一般措施,为开展风洞低噪声设计提供参考。

7.1 吸声降噪基本原理

在传统降噪措施中,吸声是最有效的方法之一,在工程中被广泛应用。采用吸声手段改善噪声环境时,通常有两种处理方法:一是采用吸声材料;二是采用吸声结构。吸声材料或吸声结构的声学性能与频率有关,通常采用吸声系数、吸声量、流阻三个与频率有关的物理量来评价。

7.1.1 吸声系数和吸声量

工程实际中通常采用吸声系数来描述吸声材料和吸声结构的吸声能力,以 α 表示,定义为

$$\alpha = \frac{E_a}{E_i} \tag{7-1}$$

式中:E_i 为声波入射到材料或结构表面的总能量;E_a 表示被材料或结构吸收的声能量。E_a 可以表示为 $E_a = E_i - E_r$,其中 E_r 表示被材料或结构反射的声能量。

从式(7-1)可以发现:当声波被完全反射时,$E_a = 0$,则吸声系数 $\alpha = 0$,说明结构不吸收声能;当声波被完全吸收时,$E_r = 0$,则吸声系数 $\alpha = 1$,说明没有声波反射。一般材料的吸声系数均在 0 ~ 1 之间,α 值越大,吸声效果越显著。

根据声波入射角度的不同,吸声材料或吸声结构的吸声系数也不同。通常可以用垂直入射吸声系数 α_0 和混响吸声系数 α_T 来描述,垂直入射吸声系数和混响吸声

系数都是度量材料或结构吸声特性的物理量。实验室中常采用驻波管法测定垂直入射吸声系数,该方法比较简单经济,因此在产品的研制和对比试验中经常使用。

吸声材料或吸声结构的吸声性能一般与频率相关,不同频率的吸声性能一般不一样。工程中通常采用125Hz、250Hz、500Hz、1kHz、2kHz、4kHz 6个倍频程中心频率处的吸声系数来衡量某一材料或结构的吸声频率特性,并且只有在这6个倍频程中心频率处的吸声系数的算术平均值都大于0.2的材料,才作为吸声材料或吸声结构使用。

工程上评价一种吸声材料的实际吸声效果时,通常采用吸声量进行评价。吸声量定义为吸声系数与所使用吸声材料的面积之乘积,用A来表示,单位为平方米(m^2)。按照定义,向着自由空间敞开部分,其吸声量等于敞开部分的面积。当评价某空间的吸声量时,需要对空间内各吸声处理面积与吸声系数的乘积进行求和,得到该空间的总吸声量

$$A = \sum S_i \alpha_i \tag{7-2}$$

根据理论分析,吸声降噪值与声源的特性、吸声面积、吸声材料的厚度、容重以及吸声结构的具体形式都有关系。从数值上,吸声降噪值取决于吸声处理前后的平均吸声系数与吸声面积,可以表示为

$$\Delta L = 10\lg \frac{A_2}{A_1} \tag{7-3}$$

式中:A_1和A_2分别是目标结构吸声处理前后的吸声量,在计算吸声量时,必须计及吸声结构的总面积[37]。

7.1.2　吸声材料

采用吸声材料进行声学处理是最常用的吸声降噪措施。工程上具有吸声作用并有工程应用价值的材料多为多孔性吸声材料,而微穿孔板等具有吸声作用的材料,通常被归为吸声结构。多孔吸声材料种类很多,按成型形状可分为制品类和砂浆类;按材料可以分为玻璃棉、岩棉、矿棉等;按多孔性形成机理及结构状况又可分为纤维状、颗粒状和泡沫塑料三种。

多孔材料主要吸收中高频噪声,大量的研究和试验表明:多孔性吸声材料,如矿棉、超细玻璃棉等,只要适当增加厚度和容重,并结合吸声结构设计,其低频吸声性能也可以得到明显改善。

多孔性吸声材料要具有吸声性能,就必须具备两个重要条件:一是具有大量的孔隙;二是孔与孔之间要连通。当声波入射到多孔性吸声材料表面后,一部分声波从多孔材料表面反;另一部分声波透射进入多孔材料,进入多孔材料的这部分声波,引起多孔性吸声材料内的空气振动,由于多孔性材料中空气与孔的摩擦

和黏滞阻力等，将一部分声能转化为热能。此外，声波在多孔性吸声材料内经过多次反射进一步衰减，当进入多孔性吸声材料内的声波再返回时，声波能量已经衰减很多，只剩下小部分的能量，大部分则被多孔性吸声材料损耗吸收掉。

大量的工程实践和理论分析表明，影响多孔性吸声材料吸声性能的主要因素有材料的流阻、材料的厚度、材料的容重或空隙率、温度和湿度、材料厚空气层的影响和材料饰面的影响等。

（1）流阻。

流阻 R_f 是评价吸声材料或吸声结构对空气黏滞性能影响大小的参量。流阻的定义是：微量空气流稳定地流过材料时，材料两边的静压差 Δp 和流速 v 之比：

$$R_f = \frac{\Delta p}{v} \tag{7-4}$$

流阻与空气的黏滞性、材料或结构的厚度、密度等都有关系。通常将吸声材料或吸声结构的流阻控制在一个适当的范围内，吸声系数大的材料或结构，其流阻也相对比较大，而过大的流阻将影响通风系统等结构的正常工作，因此在吸声设计中必须兼顾流阻特性。

（2）材料的厚度。

吸声材料的厚度决定了吸声系数的大小和频率范围。增大厚度可以增大吸声系数，尤其是增大中低频吸声系数。同一种材料，厚度不同，吸声系数和吸声频率特性不同；不同的材料，吸声系数和吸声频率特性差别也很大，具体选用时可以查阅相关声学技术文件。

（3）材料的容重或空隙率。

材料的容重是指吸声材料加工成型后单位体积的重量，有时也用空隙率来描述。空隙率是指多孔性吸声材料中连通的空气体积与材料总体积的比值，可以表示为

$$q = \frac{V_0}{V} = 1 - \frac{\rho_0}{\rho} \tag{7-5}$$

式中：ρ_0 为吸声材料的容重（kg/m^3）；ρ 为制造吸声材料物质的密度。通常，多孔吸声材料的空隙率可以达到 50% ~90%，如采用超细玻璃棉，则空隙率可以达到更高。

材料的容重或空隙率不同，对吸声材料的吸声系数和频率特性有明显影响。一般情况下，密实、容重大的材料，其低频吸声性能好，高频吸声性能较差；相反，松软、容重小的材料，其低频吸声性能差，而高频吸声性能较好。因此，在具体设计和选用时，应该结合待处理空间的声学特性，合理地选用材料的容重。

（4）湿度和温度。

湿度对多孔性材料的吸声性能也有十分明显的影响。随着孔隙内含水量的

增大，孔隙被堵塞，吸声材料中的空气不再连通，空隙率下降，吸声性能下降，吸声频率特性也将改变。因此，在一些含水量较大的区域，应合理选用具有防潮作用的超细玻璃棉毡等，以满足潮湿气候和地下工程等使用的需要。

温度对多孔性吸声材料也有一定影响。温度下降时，对于低频噪声的吸收能力提升；温度上升时，低频吸声性能下降，因此在工程中，温度因素的影响也应该引起注意。

(5)材料后空气层的影响。

在实际工程结构中，为了改善吸声材料的低频吸声性能，通常在吸声材料背后预留一定厚度的空气层。空气层的存在，相当于在吸声材料后又使用了一层空气作为吸声材料，或者说，相当于使用了吸声结构。

(6)材料饰面的影响。

在实际工程中，为了保护多孔性吸声材料不致变形，以及防止材料破碎、泄漏引起环境污染，通常采用金属网、玻璃丝布及较大穿孔率的穿孔板等作为安装护面；有些环境还需要对表面进行喷漆、喷塑等处理，这些都会不同程度地影响吸声材料的吸声性能。但当护面材料的穿孔率（穿孔面积与护面总面积的比值）超过20%时，这种影响可以忽略不计。

7.1.3 吸声结构

吸声处理中较常采用的另一措施就是采用吸声结构。吸声结构的吸声机理，就是利用赫姆霍兹共振吸声原理。

1)共振吸声原理

最简单的赫姆霍兹共振吸声器如图7-1所示。

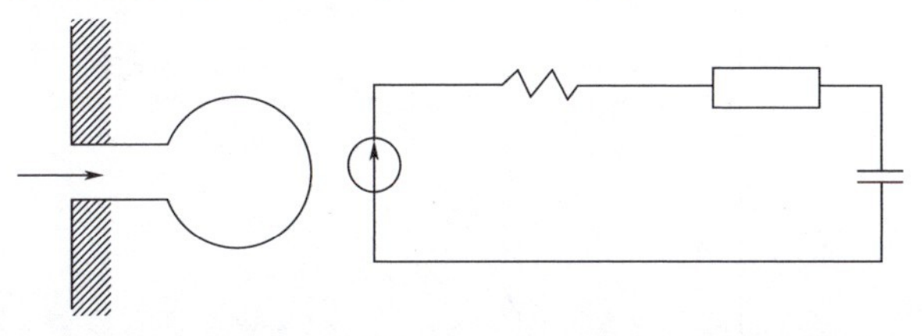

图7-1 赫姆霍兹共振吸声器示意图及等效线路图

当声波入射到赫姆霍兹共振吸声器的入口时，容器口内的空气受到激励，将产生振动，容器内的介质将产生压缩或膨胀变形，根据等效线路图分析，可以得到单个赫姆霍兹共振吸声器的等效声阻抗为

$$Z_a = R_a + \mathrm{j}\left(M_a\omega - \frac{1}{C_a\omega}\right) \tag{7-6}$$

式中：Z_a 为声阻抗；R_a 为声阻；M_a 为赫姆霍兹共振吸声器的声质量，$M_a = \rho_0 l/S$，ρ_0 为空气密度，l 为入口管长度，S 为入口管面积；C_a 为赫姆霍兹共振吸声器的

声顺，$C_a = V_0/(\rho_0 c_0{}^2)$，$V_0$ 为容器体积。由上式可以得到赫姆霍兹共振吸声器的共振频率为

$$f_0 = \frac{c_0}{2\pi}\sqrt{\frac{S}{V_0 l}} \tag{7-7}$$

赫姆霍兹共振吸声器达到共振时，其声抗最小，振动速度达到最大，对声的吸收也达到最大。

2）常用吸声结构

工程中常用的吸声结构有空气层吸声结构、薄板/薄膜共振吸声结构、穿孔板吸声结构、微穿孔板吸声结构、吸声体等，其中最简单的吸声结构是吸声材料后留空气层的吸声结构。

（1）空气层吸声结构。

在多孔材料背后留一定厚度的空气层，使材料离后面的刚性安装壁保持一定距离，形成空气层或空腔，如此一来吸声结构的吸声系数将有所提高，特别是低频的吸声性能可得到大幅改善。采用这种办法，可以在不增加材料厚度的前提条件下，提高低频的吸声性能，从而节省吸声材料的使用，降低单位面积的重量和成本。通常推荐使用的空气层厚度为 50～300mm。若空腔厚度太小，则达不到预期的效果；若空气层尺寸太大，施工时存在一定难度。当然，对于不同的吸声频率，空气层的厚度存在设计最佳值。对于中频噪声，一般推荐多孔材料距离刚性壁面 70～100mm；对于低频吸声用途，其预留距离可以增大到 200～300mm。背后空气层厚度对多孔吸声材料特性的影响如图 7－2 所示。

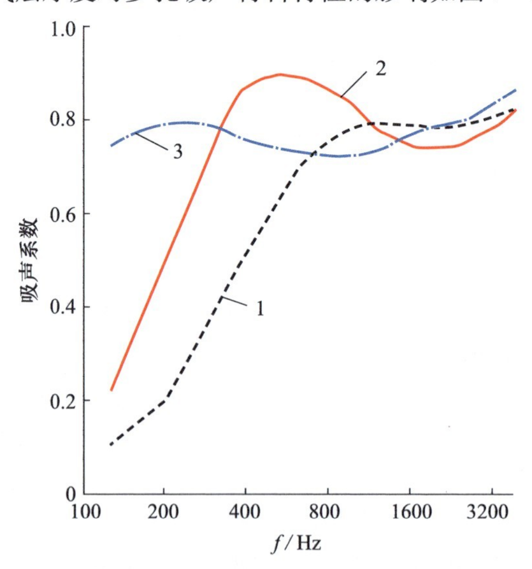

图 7－2　空气层厚度对多孔性吸声材料吸声性能的影响示意图

1—空腔厚度 0；2—空腔厚度 100mm；3—空腔厚度 300mm。

(2)薄板共振吸声结构。

在噪声控制工程及声学系统音质设计中,为了改善系统的低频特性,常采用薄板结构,板后预留一定空间,形成共振声学空腔。有时为了改进系统的吸声性能,还在空腔中填充纤维状多孔吸声材料。这类结构统称为薄板/薄膜共振吸声结构。

图7-3所示为薄板共振吸声结构的原理示意图。在该共振吸声结构中,薄板的弹性和薄板后空气层的弹性共同构成了共振结构的弹性,而质量由薄板结构的质量确定。在低频时,可以将这种共振结构理解为单自由度振动系统,当薄板受到声波激励且激励频率与薄板结构的共振频率一致时,系统发生共振,薄板产生较大变形。薄板在变形过程中将耗散能量,起到吸收声波能量的作用。由于薄板的刚度较小,因而由此构成的共振吸声结构主要用于提升低频吸声性能。工程上常用如下公式预测系统的共振吸声频率:

$$f_r = \frac{1}{2\pi}\sqrt{\frac{1.4\times10^7}{mD}+\frac{k}{m}} \tag{7-8}$$

式中:f_r 为系统的共振频率;m 为板的面密度;D 为空气层的厚度;k 为板的刚度。由此构成的吸声结构,一般设计其吸声频率为80~300Hz,共振吸声系数为0.2~0.5。通常,单纯使用薄板空气层构成的共振吸声结构吸声频率较低,吸声频带也较窄。为了增大吸声带宽和提高吸声系数,常在空气层中填充多孔性吸声材料,填充多孔吸声材料后系统的吸声特性可以通过试验进行测试。对应薄板吸声结构及其吸声特性如图7-4所示。

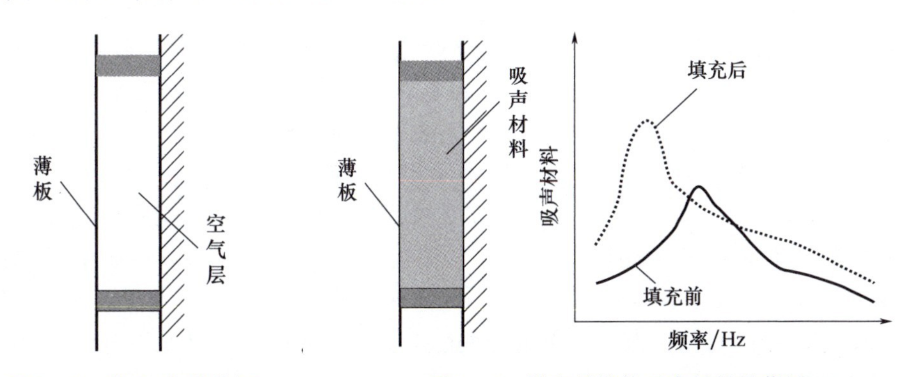

图7-3　薄板/薄膜共振吸声结构示意图

图7-4　填充纤维状吸声材料的薄板吸声结构及其吸声特性

(3)穿孔板吸声结构。

由穿孔板构成的共振吸声结构被称作穿孔板共振吸声结构,它也是工程中常用的共振吸声结构,其结构如图7-5所示。工程中有时也按照板穿孔的多少将其分为单孔共振吸声结构和多孔共振吸声结构。对于单孔共振吸声结构，它本身就是最简单的赫姆霍兹共振吸声结构，其共振频率可由式(7－8)求得。同样，可以通过在小孔颈口部位加薄膜透声材料或多孔性吸声材料以改善穿孔板吸声结构的吸声特性，也可以通过加长小孔的有效颈长 l 来改变其吸声特性等。

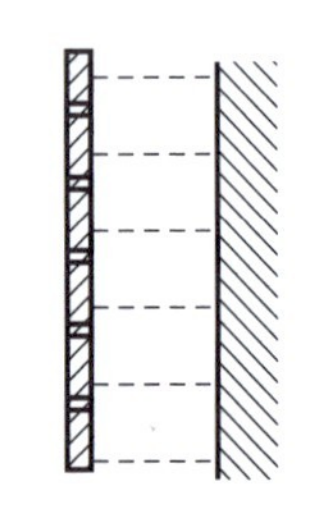

图7－5　穿孔板吸声结构示意图

对于多孔共振吸声结构，实际上可以看成单孔共振吸声结构的并联结构。因此，多孔共振吸声结构的吸声性能要比单孔共振吸声结构的吸声效果好，通过孔参数的优化设计可以有效改善其吸声系数、吸声频带等性能。

对于多孔共振吸声结构，通常设计板上的孔为均匀分布且具有相同的大小，因此，其共振频率同样可以使用式(7－7)进行计算。当孔的尺寸不相同时，可以分别计算各自的共振频率。需要注意的是，式中的体积应该用每个孔单元实际分得的体积，如果用穿孔板的穿孔率表示，则可以改写成

$$f_0=\frac{c_0}{2\pi}\sqrt{\frac{q}{hl}} \tag{7-9}$$

式中：q 为穿孔板的穿孔率，$q=S/S_0$，S 为穿孔板中孔的总面积，S_0 为穿孔板的总面积；h 为空腔的厚度。

从式(7－9)可以发现：多穿孔板的共振频率与穿孔板的穿孔率、空腔深度都有关系，与穿孔板孔的直径和孔厚度也有关系。穿孔板的穿孔面积越大，吸声频率就越高，空腔或板的厚度越大，吸声频率就越低。为了改变穿孔板的吸声特性，可以通过改变上述参数以满足声学设计上的需要。通常，穿孔板主要用于吸收中低频率的噪声，穿孔板的吸声系数在0.6左右。穿孔板吸声结构的吸声带宽定义为吸声系数下降到共振时吸声系数一半时的频带宽度。通常穿孔板的吸声带宽较窄，只有几十赫到几百赫，为了提高多孔穿孔板的吸声性能与吸声带宽，可以采用如下方法：①空腔内填充纤维状吸声材料；②降低穿孔板孔径，提高孔口的振动速度和摩擦阻尼；③在孔口覆盖透声薄膜，增加孔口的阻尼；④组合不同孔径和穿孔率、不同板厚度、不同腔体深度的穿孔板结构。工程中常采用板厚度为2～5mm、孔径为2～10mm、穿孔率为1～10%、空腔厚度为100～250mm的穿孔板结构。

(4)微穿孔板吸声结构。

微穿孔板是一种特殊形式的吸声结构，其基本理论是在穿孔板作为吸声结构的工程应用过程中逐渐发展起来的。通常，穿孔板主要用于吸收中、低频率的噪声，穿孔板的吸声系数不高，其吸声带宽也较窄。为了提高穿孔板的吸声性能和吸声带宽，工程上一般在空腔内填充纤维状吸声材料，但该做法不适用于风洞

降噪。风洞试验段内气流流速高,压力范围变化大,在高马赫数下一般的吸声材料很难固定在空腔内,甚至可能会随气流进入压缩机内,对压缩机的正常运转造成不利影响。而微穿孔板可以很好地解决这一问题。

微穿孔板吸声结构是一种板厚度和孔径都比较小的穿孔板结构,其穿孔率通常只有1%~3%,孔径一般小于3mm。微穿孔板不需要在空腔内添加多孔性吸声材料就可以达到很高的吸声带宽及吸声系数,兼具有阻性和抗性消声器的特点。微穿孔板结构简单,面板不受材料限制,从纸板、塑料、金属板至薄膜,可根据不同目的选用不同板材。常用的不锈钢金属结构微穿孔板具有耐高温、耐油、防水和防腐蚀等特性,而且其表面光洁,气流阻力小,再生噪声低,尤其适用于高速气流的情况。

微穿孔板在垂直入射条件下的吸声系数为

$$\alpha = \frac{4r}{(1+r)^2 + [\omega m - \cot(\omega D/c)]^2} \tag{7-10}$$

其中,$r + \mathrm{j}\omega m$ 是微穿孔板的相对声阻抗率,D 是板后空腔的厚度。r 和 m 与微穿孔板的孔径、穿孔率以及板厚有关。具体的微穿孔板结构如图7-6所示。

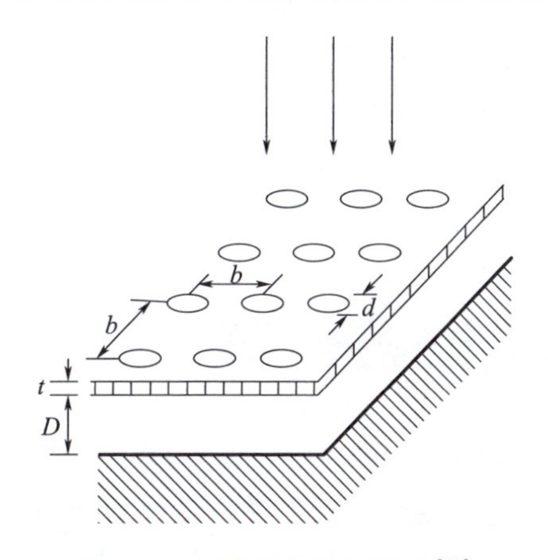

图7-6 微穿孔板吸声结构[38]

吸声系数 α 在共振频率时最大,其值为 $\alpha_0 = \frac{4r}{(1+r)^2}$,共振频率 f_0 满足关系式 $\omega_0 m - \cot(\omega_0 D/c) = 0$。在共振频率的基础上,通过计算可以得到微穿孔板的吸声带宽,其计算公式为

$$\frac{\Delta f}{f_0} = \left(\frac{4}{\pi}\right)\arctan(1+r) \tag{7-11}$$

$$\frac{f_2}{f_1} = \left[\frac{\pi}{\mathrm{arccot}(1+r)}\right] - 1 \tag{7-12}$$

式中：Δf 为吸声带宽；f_2 为上限频率；f_1 为下限频率。

分析可知，r 越大，带宽越大；但当 r 增大时，吸声系数 α 会降低，吸声性能也会有所下降。所以实际应用中必须同时考虑吸声系数和吸声带宽，以达到最佳的吸声效果。板后的空腔厚度也会对微穿孔板的吸声频带产生影响，一般情况下空腔尺寸依次为 150 ~ 200mm、80 ~ 120mm 和 30 ~ 50mm 的微穿孔板分别对低频、中频和高频的吸声效果较好。

（5）吸声体。

工程中，也经常采用空间吸声体吸声结构，如图 7 – 7 所示。空间吸声体是一种高效的、自成体系的吸声结构，它主要由多孔性吸声材料加外包装构成，不需要壁板等结构一起形成共振空腔。其特点是吸声性能好、便于安装，要求是质量轻、便于施工等。因此，空间吸声体常采用超细玻璃棉作为填充材料，采用木架或金属框等为支撑结构，采用玻璃丝布作为外包装材料，有时也采用穿孔率大于 20% 的穿孔板作为外包装。

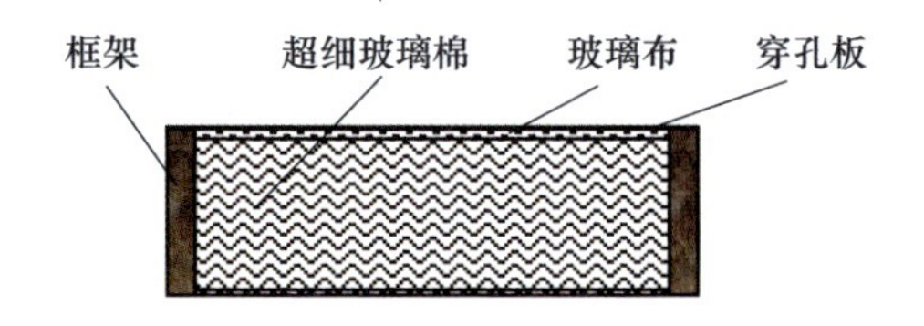

图 7 – 7　空间吸声体示意图

7.2 风洞试验段壁面降噪措施

跨声速风洞一般都为闭口试验段，当试验段壁面为刚性壁面时，在试验段内部空间会形成强烈的混响。在壁面采用吸声设计后会减小混响的影响，从而降低试验段内部噪声。本节将讨论使用微穿孔板吸声技术进行风洞试验段降噪设计的方法及效果。

7.2.1　微穿孔板变参数分析

微穿孔板的吸声性能与其结构密切相关，孔径尺寸、穿孔率、板厚以及空腔厚度都可以影响微穿孔板的吸声效果。实际应用中，通过控制单一变量可以研究不同参数变化对吸声系数的影响。

微穿孔板孔径大小的变化对吸声系数的影响如图 7 – 8 所示。由图可见，孔径越大，吸声系数峰值越高，但是有效吸声频带范围越窄，所以在实际工程应用中，必须寻找合适的孔径来同时满足较高吸声系数和较宽吸声频带。

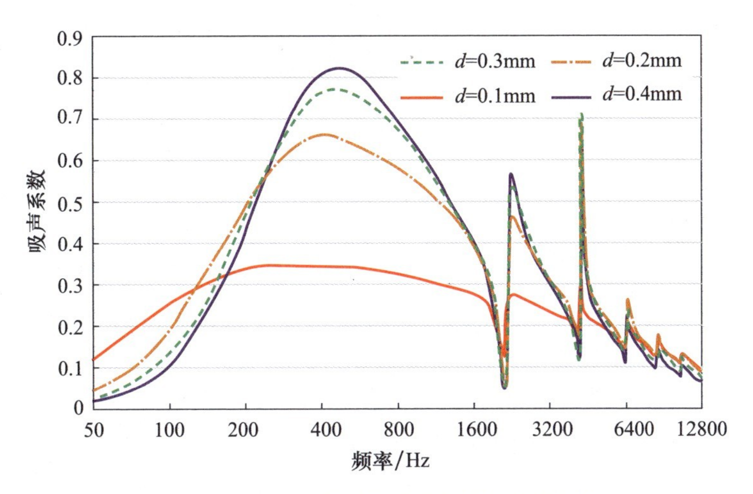

图 7－8　吸声系数随微穿孔板孔径变化规律

微穿孔板穿孔率变化对吸声系数的影响如图 7－9 所示。由图可见,穿孔率越高,吸声系数峰值越大,吸声效果越好;而且吸声频带随着穿孔率变高向高频移动,高频吸声系数增大,低频吸声系数变小。实际应用中可以根据实际噪声声压级的能量分布,选择合适的穿孔率。

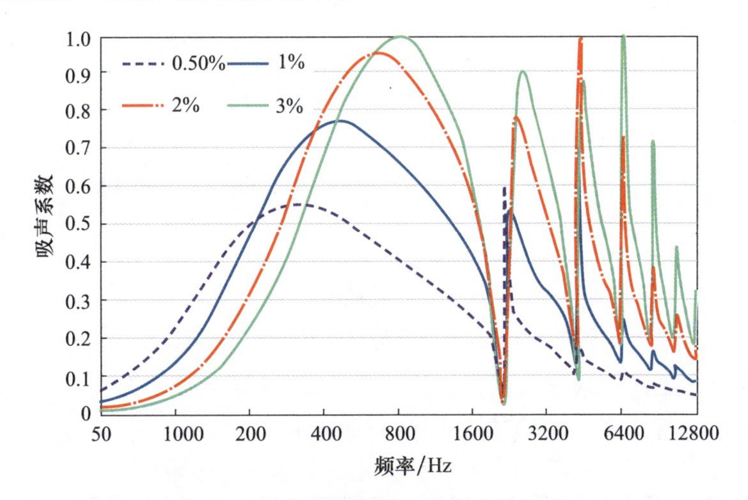

图 7－9　吸声系数随穿孔率变化规律

微穿孔板厚度变化对吸声系数的影响如图 7－10 所示。由图可见,板的厚度变化对吸声系数的影响不大,主要在高频段使吸声系数有一个微小增减量。但是设计时必须考虑板的使用环境以满足强度要求。试验段内气流速度高,温度、压力变化大,微穿孔板的使用不能改变流场特性,也必须具备一定强度。

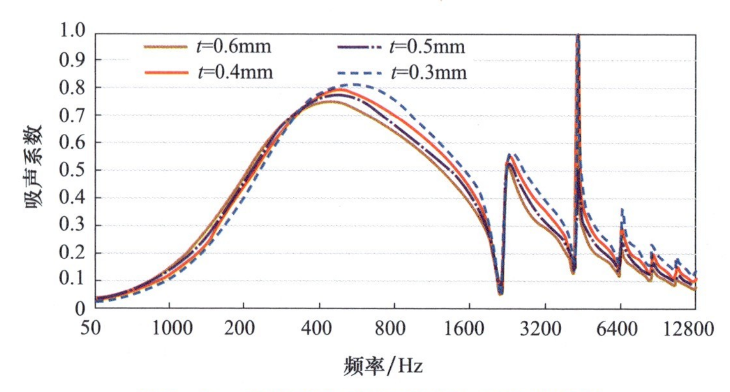

图 7-10　吸声系数随微穿孔板厚度变化规律

微穿孔板后空气层厚度对吸声系数的影响如图 7-11 所示。由图可见，空腔厚度变化可以控制吸声频带的范围。随着空腔厚度的增大，吸声系数曲线向低频移动，有利于提高低频吸声效果。

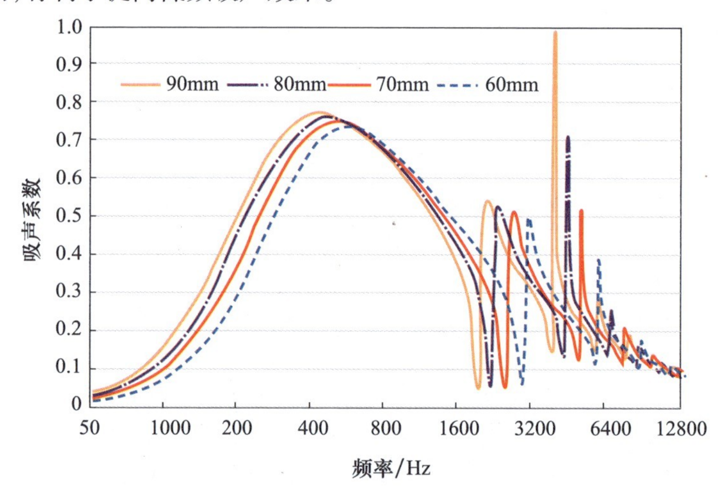

图 7-11　吸声系数随空气层厚度变化规律

为了对比不同参数下微穿孔板的吸声性能，选取了如表 7-1 所示的 4 组微穿孔板参数进行计算，计算结果如图 7-12 所示。

表 7-1　4 组微穿孔板具体设计参数

编号	参数设置			
	孔径 d/mm	穿孔率	板厚 t/mm	空腔厚度 D/mm
1	0.3	1%	0.5	80
2	0.4	1%	0.4	70
3	0.3	1.5%	0.4	70
4	0.5	0.7%	0.6	80

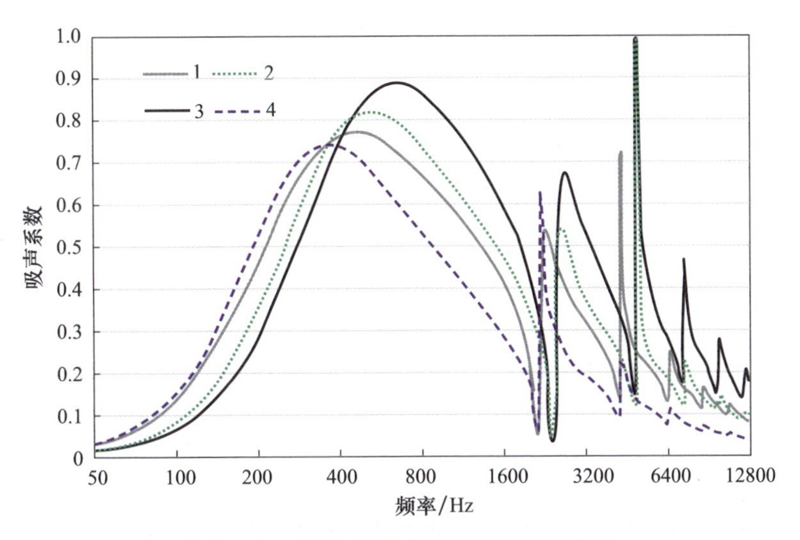

图 7－12　4 组微穿孔板吸声系数频谱曲线

由图 7－12 可见,1 号和 4 号微穿孔板在低频时吸声系数较高,2 号和 3 号微穿孔板吸声系数峰值较高,但是低频效果较差。综合对比 1 号和 4 号板,发现 1 号板整体吸声效果良好,在较宽频带内可以保证较高的吸声系数,因此采用 1 号微穿孔板吸声结构以研究其在风洞导流片和试验段的吸声特性,其结构示意图如图 7－13 所示。

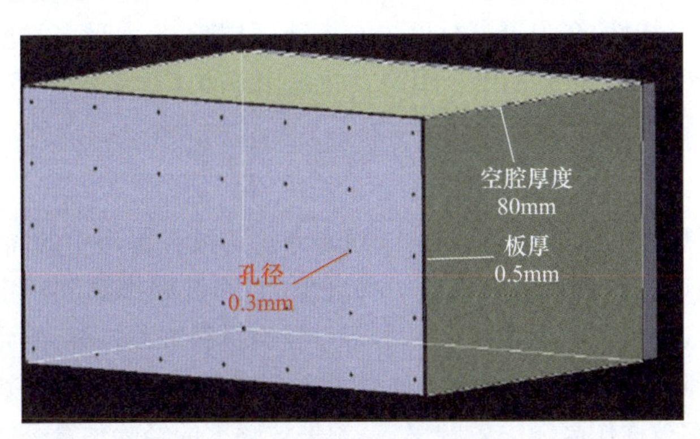

图 7－13　穿孔板结构示意图

为了更清楚地分析 1 号微穿孔板的吸声特性,将其吸声系数频谱曲线单独展示,如图 7－14 所示。由图可见,该微穿孔板的共振频率在 450Hz 左右,半吸收频率约为 1600Hz,同时在 200Hz～3kHz 的频带内能够保证较高的吸声系数,可以用来降低回路内压缩机传播噪声以及气动噪声。

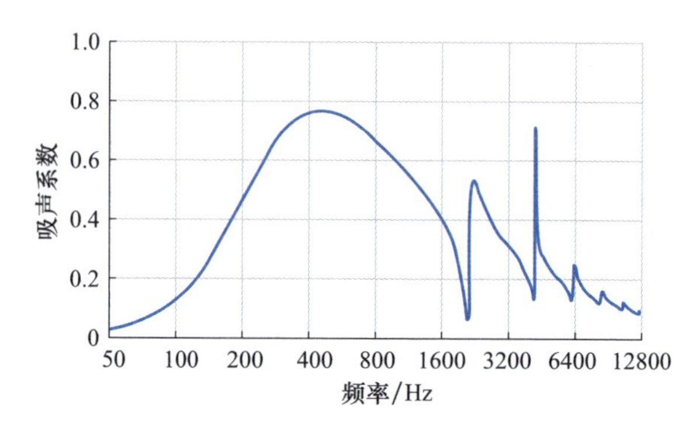

图 7－14　微穿孔板吸声系数

7.2.2　理论降噪量计算

在试验段壁面做微穿孔板吸声处理，其原理类似于单通道直管式阻性消声器。声波在试验段内的传播情况比较复杂，实际应用中根据不同的分析模型可以获得不同的消声量计算公式。目前应用较多的公式是别洛夫公式，表达式如下：

$$L_{NR}=\psi'(\alpha_0)\frac{P}{S}L \tag{7-13}$$

式中：$\psi'(\alpha_0)$为消声系数，它表示传播距离等于管道半宽度时的衰减量，主要取决于壁面的声学特性；P 为吸声衬里的通道截面周长；S 为吸声衬里的通道截面面积；L 为吸声衬里的通道长度。消声系数可用垂直入射的吸声系数 α_0 表示：

$$\psi'(\alpha_0)=4.34\frac{1-\sqrt{1-\alpha_0}}{1+\sqrt{1-\alpha_0}} \tag{7-14}$$

以上是理想化的降噪量计算公式，没有考虑声波在管道中的高频失效现象。高频失效是通道截面较大时出现的一种现象，当声波频率高到一定数值时声波将以窄束状通过消声器，而很少或根本不与吸声材料饰面接触，导致消声器的消声效果明显下降。当声波波长小于通道截面尺寸的一半时，消声效果便开始下降，相应的频率被称作高频失效频率，高频失效频率的经验估算公式为

$$f_e=1.85\frac{c}{\overline{D}} \tag{7-15}$$

式中：c 为声速；$\overline{D}$ 为消声器通道截面边长。以上公式表明，管道截面越大，其高频失效频率越小，消声性能相应地也会变差。

当频率高于失效频率 f_e 以后，每增加一个倍频带，其消声量比在失效频率处的消声量下降约 1/3。高于失效频率时消声量估算公式为

$$L'_{NR}=\left(1-\frac{n}{3}\right)L_{NR} \tag{7-16}$$

式中：L_{NR}为失效频率处的消声量；n 表示高于失效频率的倍频程带数。所以对应于不同的管道截面，微穿孔板吸声结构具有使用截止频率限制。

但是以上消声量的计算公式是基于平面波的条件推导出来的，高频失效也是平面波在管道中传播才会出现的一种现象。而风洞试验段内的噪声主要是气动噪声，是由气流流动产生的脉动压力引起的，本质上由无数个球声源组成。为了便于计算，把试验段内部噪声看成平面波传播，所以理论计算得到的降噪量是相对保守的，仅供参考，实际应用微穿孔板达到的吸声效果可能会比理论计算结果要好一些。

以 0.6m 跨声速风洞为例，计算可得高频失效频率在 1kHz 左右。试验段壁面分为左右实壁以及上下通气壁面。为了不改变试验段气流流动特性，考虑只在左右实壁面处添加微穿孔板吸声结构，处理区域如图 7-15 所示。

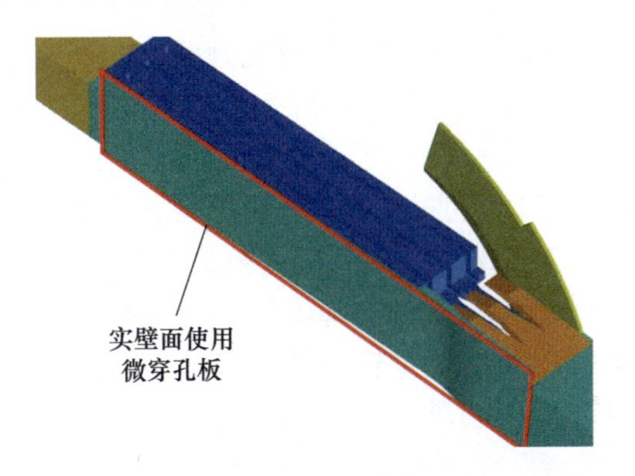

图 7-15 试验段实壁进行吸声处理

理论计算试验段内吸声处理的衰减量如图 7-16 所示。

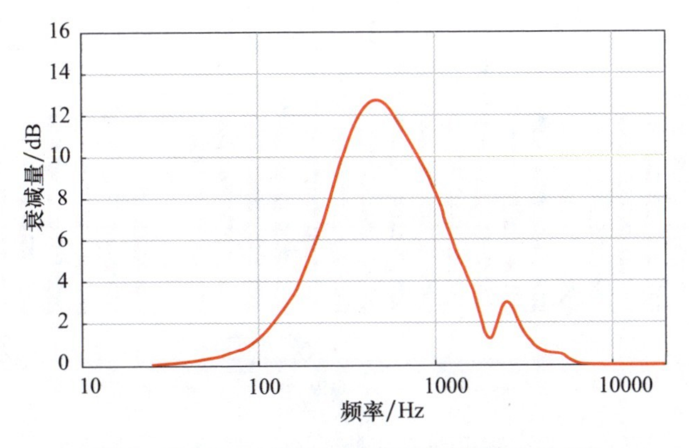

图 7-16 0.6m 风洞试验段吸声处理后衰减量

从图 7－16 中可以看出，低频时降噪量基本符合吸声系数的趋势，在 600Hz 附近降噪量达到峰值，此时的降噪效果最佳。当频率超过 600Hz 时，降噪量便不断下降，直至 8kHz 基本没有吸声效果。需要指出的是，这里计算的噪声衰减量没有考虑气流再生噪声的影响，主要是因为试验段内的流速都比较高，因马赫数变化引起的气流再生噪声相对于试验段内本身的气动噪声量值较小，在此可以不考虑。

7.2.3 数值仿真降噪效果分析

试验段降噪效果与试验段工况有密切关系，不同马赫数下气动特性不同，而且管道内传播噪声规律也不同。为了进一步分析不同马赫数下试验段吸声处理的降噪效果，分别计算了马赫数 0.4、0.9 与 1.3 三个工况试验段吸声处理后的声压级，并与吸声处理前的数据进行了对比分析。选取试验段的一个截面，以此截面的数据为基准，对吸声处理后的试验段噪声做对比分析。

图 7－17 是马赫数 0.4 工况下，吸声处理前后的声压级对比，以密度级形式给出，按 1/3 倍频程处理。要确定吸声降噪处理对总声压级的贡献，还需要考察带级的分布，带级与密度级的差异就在于考虑了分析带宽的影响。图 7－18 所示为带级分析结果。

由图 7－17 和图 7－18 可见，马赫数 0.4 工况下，在 50Hz～5kHz 频段内，降噪效果明显，特别是在 200Hz～3kHz 频段内效果十分显著；但由于存在高频失效现象，导致 8kHz 以上高频区域没有降噪效果。从密度级对比、带级对比两组图均可看出：2kHz 频带的噪声能量较为集中，该频段的降噪量对 25Hz～10kHz 频带的总声级降低具有重要贡献。

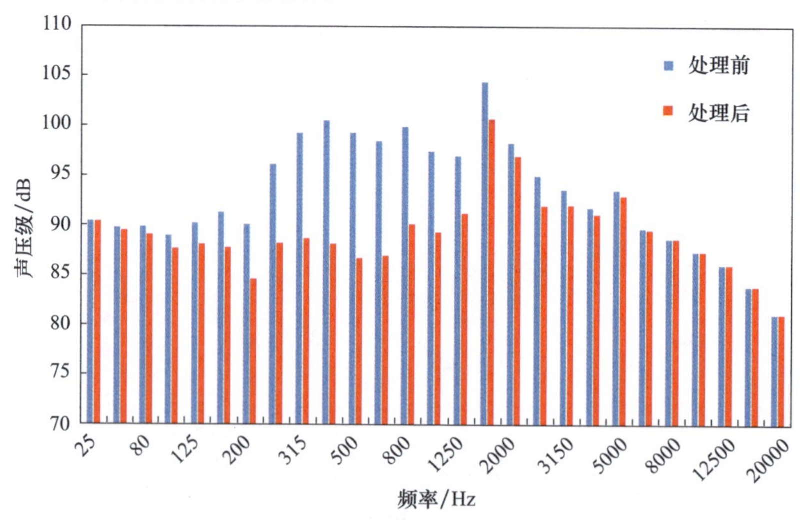

图 7－17　马赫数 0.4 吸声处理前后声压级对比（密度级）

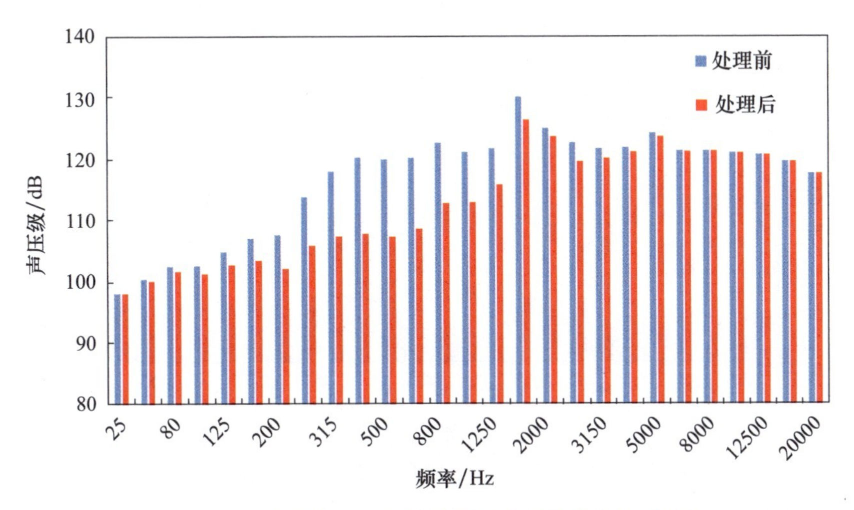

图7-18 马赫数0.4吸声处理前后声压级对比(带级)

为了更加明显地展示马赫数0.4工况试验段总体降噪效果,进一步比较了吸声处理前与吸声处理后的总声压级,如图7-19所示。由图可见,马赫数0.4工况下吸声处理前总声压级为135.5dB,吸声处理后为132.9dB,总声压级降低了2.6dB。

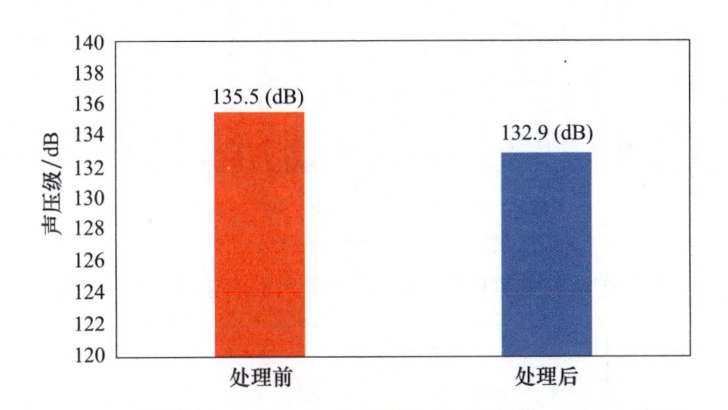

图7-19 马赫数0.4吸声处理前后总声压级对比(25Hz~20kHz)

马赫数0.9工况下吸声效果如图7-20与图7-21所示,其中图7-20给出的是密度级表示形式,图7-21给出的是带级表示形式。

由图7-20和图7-21可见,与马赫数0.4工况相似。为了体现试验段的总体降噪效果,进一步比较了吸声处理前与吸声处理后的总声压级,如图7-22所示。由图可见,马赫数0.9工况试验段吸声处理前总声压级为140.1dB,吸声处理后为137.3dB,总声压级降低了2.8dB。

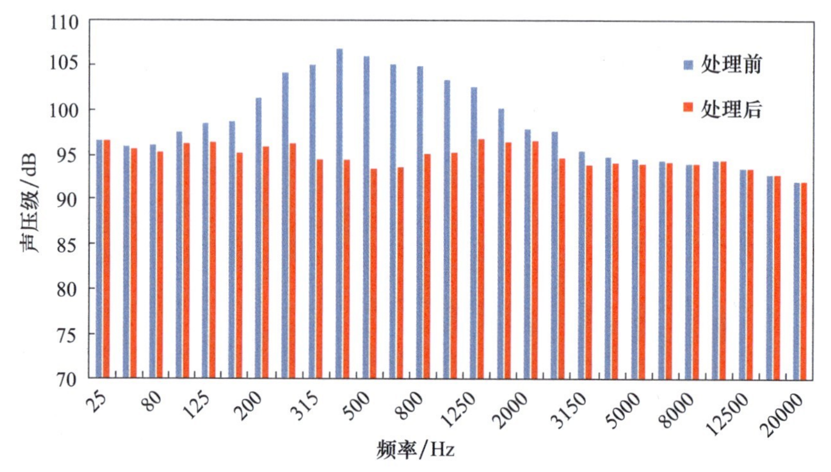

图 7－20　马赫数 0.9 试验段吸声处理前后对比(密度级)

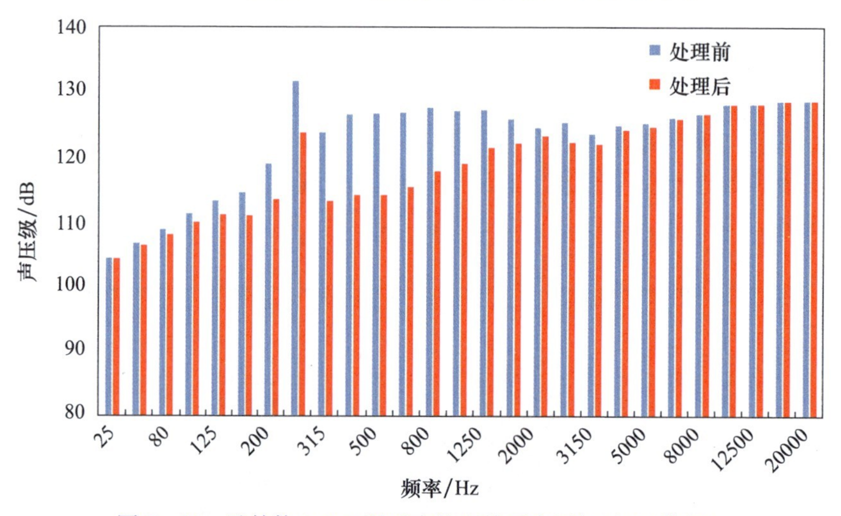

图 7－21　马赫数 0.9 工况吸声处理前后声压级对比(带级)

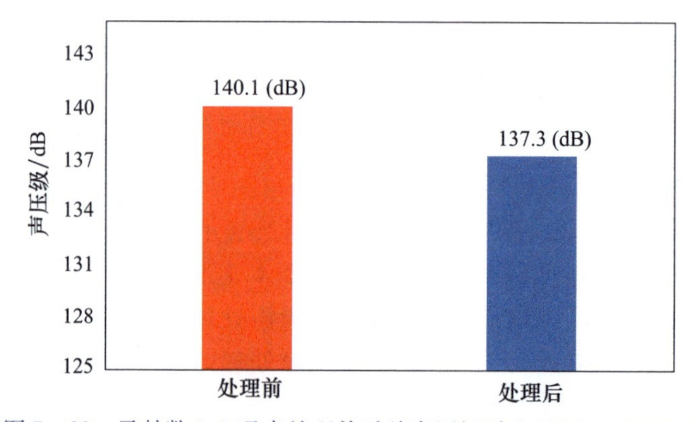

图 7－22　马赫数 0.9 吸声处理前后总声压级对比(25Hz～20kHz)

进一步分析发现,更高马赫数情况下与马赫数0.4、马赫数0.9工况下的噪声分布不完全一样,例如马赫数1.3时压缩机噪声传播规律就与低马赫数不同;相应地,吸声效果也会有所不同。马赫数1.3工况下吸声效果如图7-23与图7-24所示,其中图7-23为密度级表示形式,图7-24为带级表示形式。

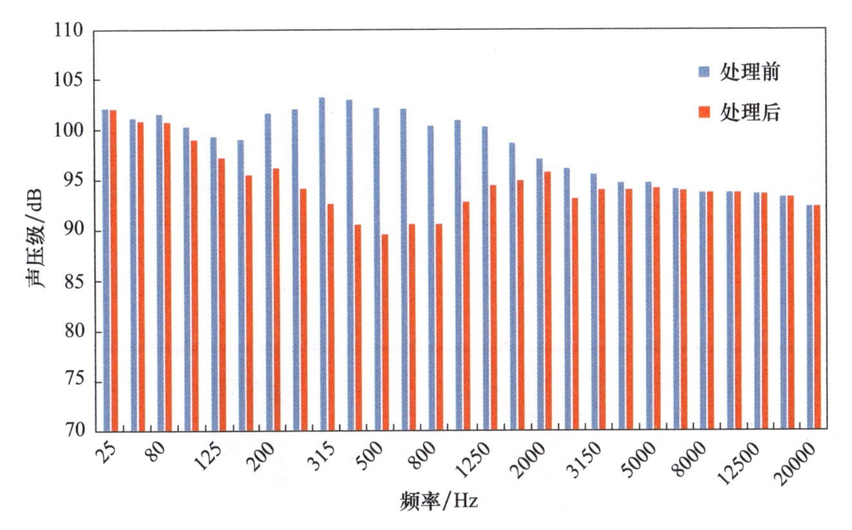

图7-23　马赫数1.3吸声处理前后声压级对比(密度级)

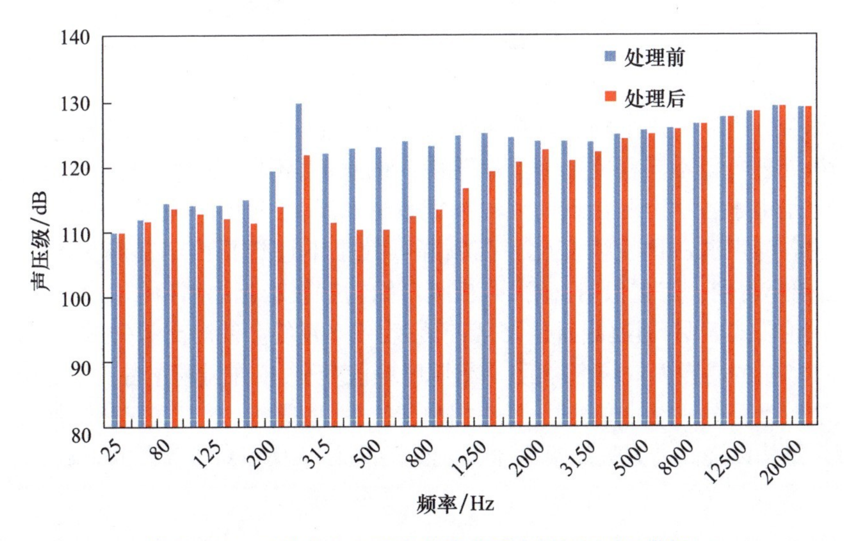

图7-24　马赫数1.3吸声处理前后声压级对比(带级)

由图7-23和图7-24可见,与前两个工况类似,马赫数1.3工况下,在50Hz~5kHz频段内,降噪效果明显,特别是在200Hz~3kHz频段内效果十分显著,在频率8kHz以上存在高频失效现象。在图7-24中可以看出,在250Hz附近,试验测得的声压级有一个明显的峰值。经过吸声处理后,此峰值明显降低,达到了比较理想的效果。另外,马赫数 1.3 工况与前两个工况不同的是,噪声能量在整个频带比较均匀,相对集中于 8kHz 以上的高频段,所以尽管低频段降噪对 25Hz ~ 3kHz 频带内的噪声降低具有重要贡献,频带内噪声从 133.7dB 降低到 130.0dB;但由于低频区域噪声能量较低,低频段降噪对 25Hz ~ 20kHz 频带的总声级影响不大。

为了更加突出吸声处理前后整体效果,计算了从 25Hz ~ 20kHz 频带的总声压级,结果如图 7 - 25 所示。由图可见,马赫数 1.3 工况下试验段吸声处理前总声压级为 138.9dB,吸声处理后为 137.1dB,总声级降低了 1.8dB,总体降噪效果差于马赫数 0.4 及马赫数 0.9 工况。

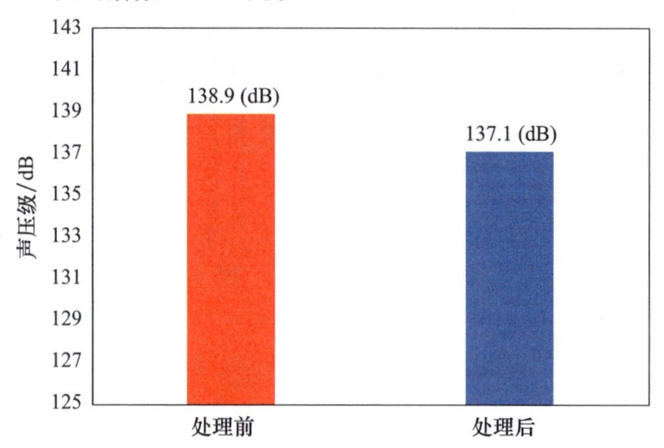

图 7 - 25　马赫数 1.3 吸声处理前后总声压级对比(25Hz ~ 20kHz)

综合分析以上 3 个马赫数吸声降噪结果,可以得出结论:在试验段壁面做微穿孔板处理可以不同程度地降低试验段内的噪声,不同马赫数下降噪量有所不同。这是由于各噪声源在不同频段内能量分布不同,同时马赫数的变化导致试验段内各噪声源占比发生变化。高频降噪效果不理想是由于高频失效所导致的,当频率达到一定量值时,微穿孔板吸声结构就较难起到消声作用了。

理论公式表明,通道截面越大,高频失效频率越低。针对高频失效这一现象,大尺寸风洞的高频失效频率降低,有效降噪频段变窄,仅在风洞左右实壁做微穿孔板处理较难获得理想的降噪量,可在拐角导流片、中隔板、弯刀支架处附加微穿孔板吸声结构以提高高频失效频率,同时控制回路传播噪声对试验段的影响。

7.3 风洞回路降噪措施

虽然跨声速风洞试验段的主要噪声源是试验段内部的气动噪声,回路传播噪声对试验段影响也同样不能被忽略,并且流入试验段的气流扰动也对试验段内的气动噪声有明显的影响。本节总结了几个针对回路传播噪声的降噪方法，包括：在风洞回路拐角处设置拐角导流片、在压缩机附近安装压缩机尾罩以及对稳定段和二喉道段进行降噪处理等多种措施。以下分别阐述各种措施的回路传播噪声降噪方法并分析降噪效果。

1）拐角导流片降噪措施

跨声速风洞一般具有 4 个拐角，气流在经过拐角时容易发生分离，出现较多旋涡，造成流动不均匀或发生脉动。为了防止分离和改善流动，在拐角处一般都设置有拐角导流片。气流及空气介质在拐角处与拐角导流片进行充分接触，比较适合于做吸声降噪处理。本节主要针对在 0.6m 风洞中，试验段上游距离试验段最近的一个拐角处的拐角导流片上进行吸声降噪处理加以介绍，以展示降噪设计的实际运行效果。

在原有第四拐角导流片基础上，在拐角导流片内填充玻璃棉、岩棉组合结构进行降噪处理。导流片为框架加蒙皮结构，其中蒙皮既是导流片的型面又兼作吸声结构的护面板；内部填充复合吸声材料，靠近气流一侧为容重 80kg/m^3 岩棉，厚度 25mm，内层为容重 32kg/m^3 的离心玻璃棉；导流片所在位置壳体夹层内所填吸声材料，参数与上同，表面岩棉层厚 50mm，离心玻璃棉层厚 150mm；为了防止在吹风过程中气流在导流片两侧窜动，增加中部隔板，厚 0.8mm，不开孔，其位置约与导流片中面重合；蒙皮护面穿孔板板厚 2mm，开孔孔径 ϕ5mm，开孔率 35%，呈正三角形排列，如图 7－26 所示。为了分析第四拐角导流片进行降噪处理后的降噪效果，分别对采取措施前及采取措施后的风洞进行了回路噪声测试。

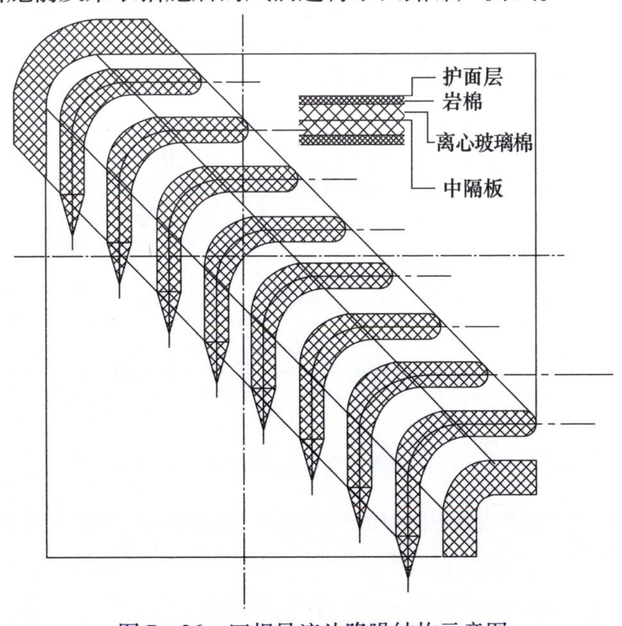

图 7－26　四拐导流片降噪结构示意图

图7－27给出了马赫数为0.7、0.8与1.4时对第四拐角导流片进行降噪处理后，四拐前和四拐后的噪声频谱图。

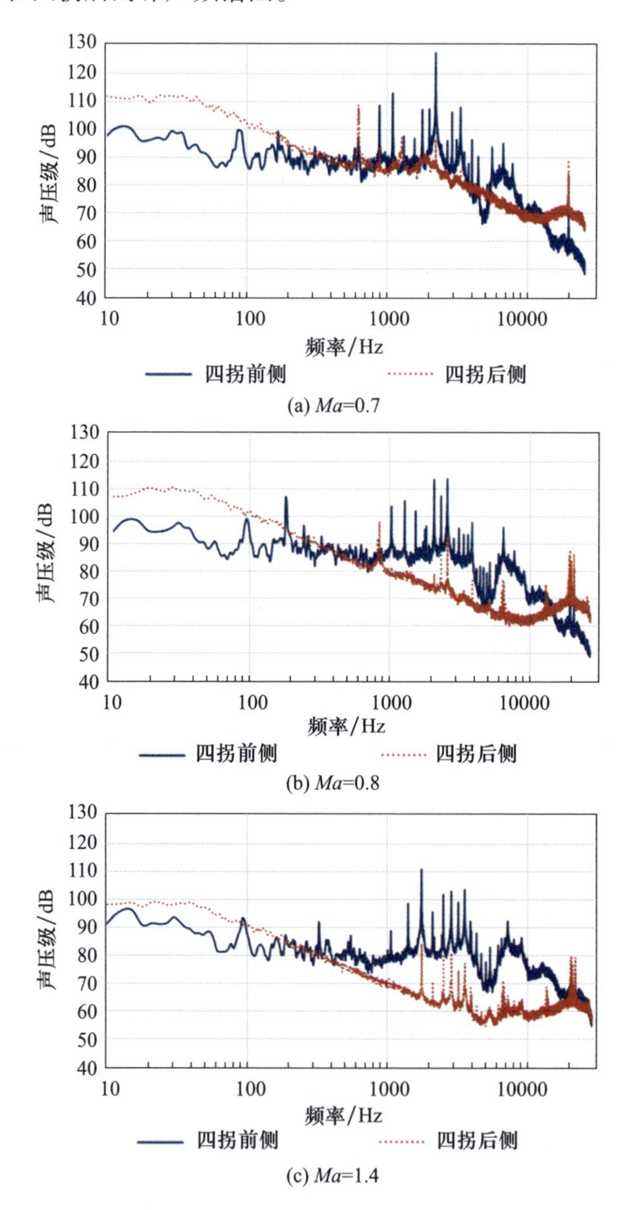

图7－27　四拐前侧和四拐后侧的噪声频谱对比图

由图7－27可见，在200Hz～10kHz频段，上述3个试验马赫数条件下四拐后侧噪声水平都低于四拐前侧，且随着马赫数增大，降噪量提高。对于1～4kHz频段，降噪前频段内有密集线谱，降噪后线谱幅值降低，部分谱峰消失。说明对第四拐角进行降噪处理后,部分特定频率点上的噪声明显下降,对其他频点的噪声也有削弱作用。而在200Hz以下和10kHz以上频段,降噪处理后的噪声升高,且在10kHz以上的高频处出现新的噪声峰值。

第四拐角的降噪处理起到了积极的降噪作用,在整个风洞试验风速范围内,都有很好的表现,而且降噪频带较宽。此外,在采取降噪措施后,200Hz以下及10kHz以上频段的噪声总声压级升高,是由于四拐导流片表面涂层存在突起,摩擦系数较大造成的。因此在后续类似项目的降噪设计过程中,应保证结构表面的平整性和光滑度,降低额外的噪声辐射。

2)压缩机尾罩降噪措施

在马赫数较低时,压缩机噪声是风洞试验段内部的主要噪声源之一,主要呈现出线谱噪声的形式。为了降低风洞回路中压缩机噪声,可以在压缩机出风口位置安装压缩机尾罩吸声降噪结构。压缩机尾罩部位气流通道较窄,且通道形式较为简单,是对压缩机产生的噪声进行降噪处理的理想部位。

风洞还利用微穿孔板降噪结构对压缩机尾罩进行了降噪处理,外层微穿孔板厚度0.8mm,开孔直径0.8mm,开孔率2%;中部微穿孔板将空腔分成两个部分,厚度分别为80mm和120mm,中部微穿孔板厚度0.8mm,开孔直径0.8mm,开孔率1%;在微穿孔板与压缩机段结构件之间预留50mm空腔;沿气流方向布置的轴向隔板将微穿孔板之间的空腔分成约100mm气流互不连通的多个部分;吸声结构各部分之间全部采用焊接的连接方式,如图7-28所示。为了分析压缩机尾罩对风洞回路噪声的影响,在0.6m风洞中,研究了对压缩机尾罩进行吸声处理的降噪效果。分别对降噪设施安装前后的风洞回路噪声进行了测试,获取了噪声测试对比结果。图7-29给出了马赫数为0.2~0.7时,风洞回路压缩机出口位置后方的噪声随马赫数变化情况。

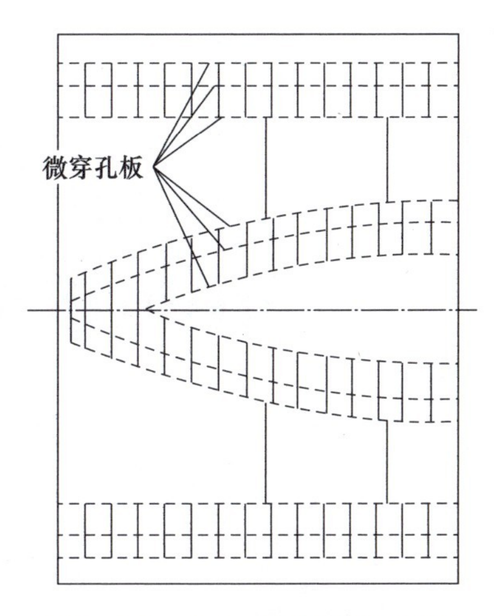

图7-28　0.6m风洞压缩机尾罩降噪结构示意图

由图7-29可见,实施压缩机尾罩降噪后,在马赫数为0.2~0.7范围内,第二拐角后所测噪声声压级明显变小。在$Ma=0.3$时噪声下降最多,约为10dB,表明压缩机尾罩对压缩机噪声降噪作用非常明显。

图7-30所示分别为$Ma=0.3$和$Ma=0.6$时,压缩机后所测噪声的1/3倍频程柱状频谱图。

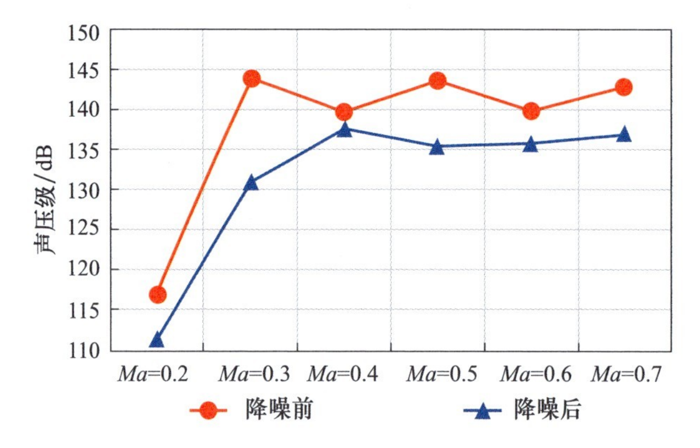

图 7－29　压缩机后的噪声随马赫数变化

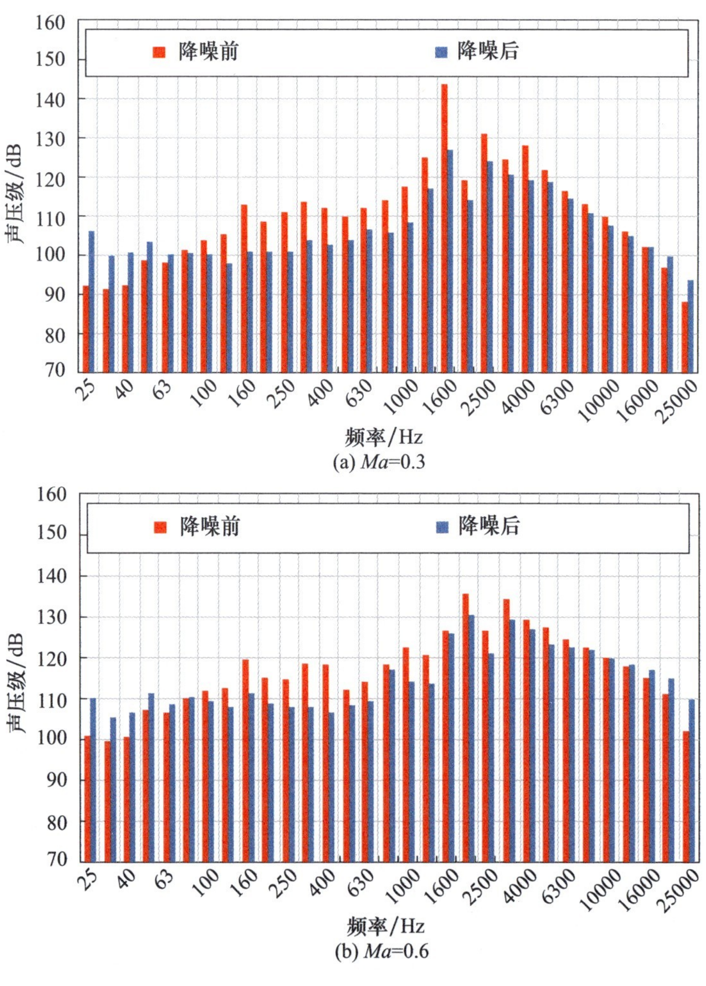

图 7－30　压缩机后噪声频谱对比图

由图可见，在 $Ma=0.3$ 和 $Ma=0.6$ 时，降噪处理后虽然在 25～80Hz 的低频段以及 18kHz 以上的高频段内，噪声总声压级略有升高，但在其余大部分测试频段，噪声量级明显降低。可见，压缩机尾罩的安装有效降低了压缩机后的噪声，且降噪频带较宽。降噪前在 1.5kHz 和 3kHz 附近存在明显峰值，降噪后噪声峰值虽仍存在，但幅值有不同程度的降低。$Ma=0.3$ 时 1.5kHz 频率降噪量达到 18dB 左右。除此之外，对比两个马赫数下的降噪结果可见，$Ma=0.3$ 时的压缩机尾罩对压缩机的整体降噪量高于 $Ma=0.6$ 时的降噪量，这可能是由于随着马赫数的增加气动噪声成分在逐渐增大的缘故。

7.4 风洞压缩机噪声抑制技术

风洞压缩机噪声主要由气动噪声、电机噪声及机械振动噪声组成，而气动噪声是主要的噪声源。在抑制压缩机的气动噪声时主要是针对压缩机的宽频湍流噪声。以下以 0.6m 风洞为例描述抑制压缩机气动噪声的设计要点。

根据要设计的 0.6m 风洞回路的性能要求，主要关注压缩机的两个核心工况：①气动设计点（对应闭口试验段风速 130m/s，压缩机压升 2900Pa，流量 28.6m^3/s）；②声学设计点（对应开口试验段风速 80m/s，压缩机压升 2820Pa，流量 22m^3/s）。在具体设计时，以气动设计点作为压缩机的设计点工况，声学设计点作为压缩机性能的校核点工况。经过设计计算后得到压缩机气动及声学设计点工况的最大升力系数分别是 0.71 和 0.91，大大低于叶片的失速升力系数 1.4，从而降低了因失速而增加的叶尖涡流噪声。同时可以调整叶片载荷，使径向各个截面的载荷均匀分布；优化叶片轴向速度分布，减小径向静压梯度，降低因压缩机表面边界层流动区域内部气流紊乱而带来的边界层湍流噪声。

气流通过旋转的叶片后，会在其尾缘产生脱落涡而产生噪声，这些尾流旋涡离开叶片后与下游的止旋片撞击会使得脱落涡噪声更大。止旋片是提高压缩机压升必不可少的重要部件，因此应优化压缩机叶片与止旋片之间的间隙、同时合理匹配动静叶数目以抑制动静叶的干扰噪声。由于压缩机来流湍流度及支撑片、止旋片的尾流特性对压缩机气动噪声也存在一定影响，因此可采取前掠前支撑片和后掠止旋片及尾支撑片的方式降低压缩机湍流噪声[39]。

为减小压缩机电机运转噪声，在电机制造过程中应向低噪声电机方向设计优化。为减小压缩机电机高速运转时散热而带来的风冷鼓风机的噪声影响，可考虑将压缩机电机与整流罩前罩做成一体，利用风洞回路内部气流流动对电机进行冷却而不再需额外安装风冷鼓风机。对于内置的压缩机电机，与整流罩做成一体省去了多余的电机内部支撑机构，减少了因电机旋转而可能发生的结构振动。

压缩机段宜采用分段制作的方案，压缩机转子、电机及整流罩头罩做成一体，压缩机止旋片及压缩机尾罩做成一体，压缩机与上游第二拐角段、下游第二扩散段可采用软连接，阻止因压缩机旋转而带来的风洞回路振动向相邻部段的结构传导。压缩机下支座可考虑采用独立重型基础，最大限度地增加支座的质量，有效降低其固有频率；同时可将压缩机本体支座与水泥支座通过大面积钢板进行焊接、螺栓固定，以更大限度地减少系统振动及噪声辐射。

整流罩是压缩机的重要组成部分，分为头罩及尾罩两部分，其中头罩的作用是优化压缩机入口流动特性，尾罩的作用是提升压缩机出口压力恢复的能力。传统的压缩机整流罩尾罩采用的是旋转圆锥体形式，这类整流罩能够获得较高的压力恢复效率。但是由于对扩散角有较高的限制，过长的整流罩会导致整个压缩机段较长，同时气流经过整流罩后的尾流衰减的速度也较慢。因此，可优化整流罩尾锥出口部分，将其尾锥尖部截断，这样在达到相同扩散角的同时可大大缩短整流罩的长度，在一定程度上减小了压缩机整流罩的摩擦损失。此外，截断圆形式的尾罩增大了整流罩后部尾流的发展速度，利于第二扩散段内部的流动，对减小整个风洞回路的气动损失也有帮助。

7.5 风洞试验段气动噪声优化措施

试验段内部气动噪声主要由通气壁、模型支架与其他具有不规则形状的结构产生，壁面边界层噪声也有很大的贡献。对气动噪声进行降噪处理的主要措施是对产生噪声源的结构进行声学优化，本节内容简要总结了世界上几种针对跨声速风洞试验段结构的声学优化措施，以使读者对跨声速风洞气动噪声优化有一个初步的了解与认识。

1）孔壁边棱音控制

风洞孔壁试验段壁面存在离散频率的哨音，有时是单个频率，有时有多个频率，是孔壁试验段噪声的重要组成部分，一般称为孔壁边棱音。研究人员在AEDC 16ft 风洞测试中，曾测试到三阶边棱音。当风洞在较低速度时可检测到一阶边棱音；随着流速增加，二、三阶边棱音逐渐出现；进一步提高流速会导致一阶边棱音消失；在更高的流速下，二阶边棱音也逐渐消失。不仅在AEDC 16ft 风洞中存在上述边棱音现象，在 Lewis 6ft × 8ft 风洞试验中也得到了类似结果[40]。相关数值仿真计算模型和试验测试结果表明改变孔的几何形状可以有效控制边棱音噪声，主要包括改变孔相对于壁面的角度、使用大孔并在孔上覆盖丝网、平滑孔的边缘以及制造非圆形孔等措施。

以下以美国马歇尔太空飞行中心的 MSFC 14in 风洞为例，通过相关试验数据说明孔壁在亚声速和跨声速条件下噪声声场产生机制,并介绍孔壁噪声有效降噪措施。图7－31所示为风洞孔壁边棱音噪声分析示意图。

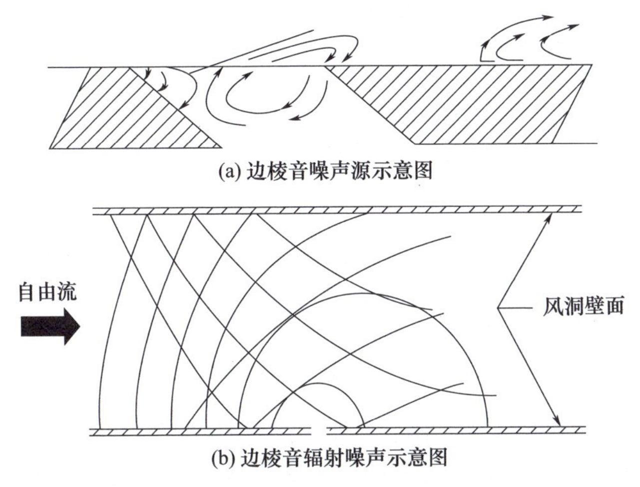

图7－31　边棱音噪声机理分析示意图[41]

在风洞孔壁边棱音噪声具体分析时可以从两方面进行考虑。一方面是边棱音噪声源的产生机制,如图7－31(a)所示。从图中可以看出涡流从椭圆孔(空腔)的前缘和后缘脱落,从后缘脱落的涡流产生了噪声激励源,并建立了一种稳态声反馈机制,系统地触发了空腔前缘的涡流脱落,其主要噪声源类型为单极子辐射模式。另一方面涉及单极子源产生的噪声在风洞管道中的传播和增强机制。单极子源在风洞管道中的传播特性如图7－31(b)所示。由开孔处发出的噪声向风洞内传播时,遇到壁面将不断反射,直达声与多次的反射声叠加在一起后将形成混响场,当辐射的声波与风洞腔体某一阶声腔固有频率吻合时,将产生孔与风洞管道声腔共振现象,导致总噪声级增大。

孔产生的边棱音噪声频率和风洞横向模态固有频率二者都与孔的宽度、自由流速度、模态阶数等参数相关。如果一个(或多个)孔的边棱音噪声频率与一个(或多个)风洞横向模态固有频率相近,则噪声就会增强,导致高背景噪声级。根据多个跨声速风洞的测试结果可知,由于声源频率和风洞固有频率是关于马赫数的连续函数,孔壁风洞会有一个共振马赫数条件,在该马赫数条件下将产生高背景噪声级。

为了降低背景噪声,其中一个直接的方法就是通过抑制噪声源反馈机制来实现消除边棱音噪声源的影响。飞机翼型设计相关研究表明,带孔的翼型与平滑翼相比受到的阻力显著增加。通过在翼型孔上覆盖筛网,将阻力减小到与平滑翼相同的水平,可以抑制由此造成的扰动。因此,在风洞孔壁上合理地覆盖筛网可以预期取得与翼型上相似的效果。为了验证这种猜想,研究人员在MSFC

14in 跨声速风洞开孔洞壁的表面覆盖了筛网,并进行了测试验证。

图 7-32 所示为无筛网以及有筛网时的脉动压力对比图,两个波形图具有相同的数值范围和马赫数,其总压和总温度也保持一致。由图可见,在增加筛网后,脉动压力显著降低,其背景噪声级明显减弱。

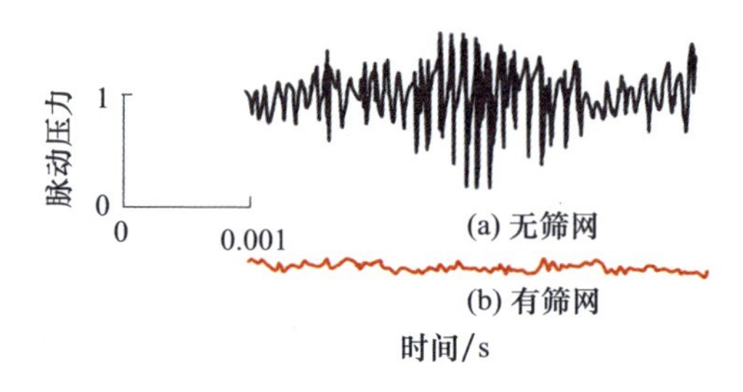

图 7-32　风洞背景噪声[41]

试验中进一步对比了无筛网和有中等筛网时风洞背景噪声随马赫数的变化规律。为了更好地对比测试数据,图 7-33 所示给出了以脉动压力系数形式表示的噪声情况。脉动压力系数定义为 $\Delta C_{p_{rms}} = p_{rms}/q_{\infty}$,其中 p_{rms} 为脉动压力均方值,q_{∞} 为自由流动压。

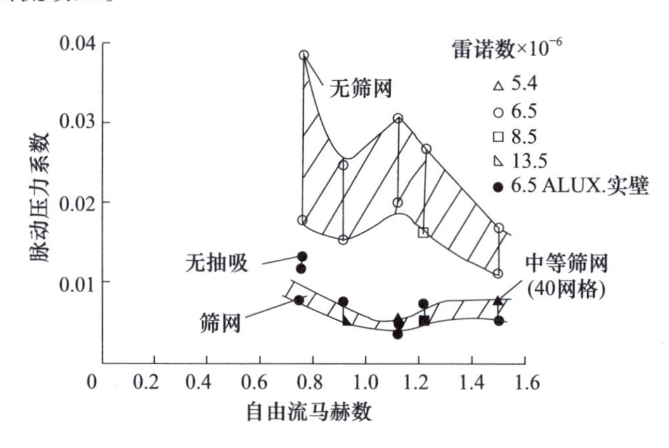

图 7-33　脉动压力系数与自由流马赫数的变化曲线[41]

图 7-33 中实心符号表示有中等筛网结果,空心符号表示无筛网结果。使用中等筛网后的脉动压力系数普遍低于无筛网结果。此外,在没有筛网时,特定马赫数下的 $\Delta C_{p_{rms}}$ 仍有较宽的变化范围,这主要与孔隙率设置有关系,并且雷诺数的变化也有一定的影响。使用中等筛网时,洞壁孔隙率及雷诺数对 $\Delta C_{p_{rms}}$ 的影响较小,图中表现为上下波动变化范围较窄。图中显示的是马赫数在 0.75 ~ 1.46 之间的数据,其他测试同样表明采用筛网并结合驻室抽吸措施后,在马赫数 0.4 和 0.6 时也能实现 $\Delta C_{p_{rms}} \approx 0.8\%$ 的良好声学指标。

为了进一步确定孔噪声的影响因素,壁面孔隙率和雷诺数对脉动压力系数的影响试验结果如图 7-34 所示。

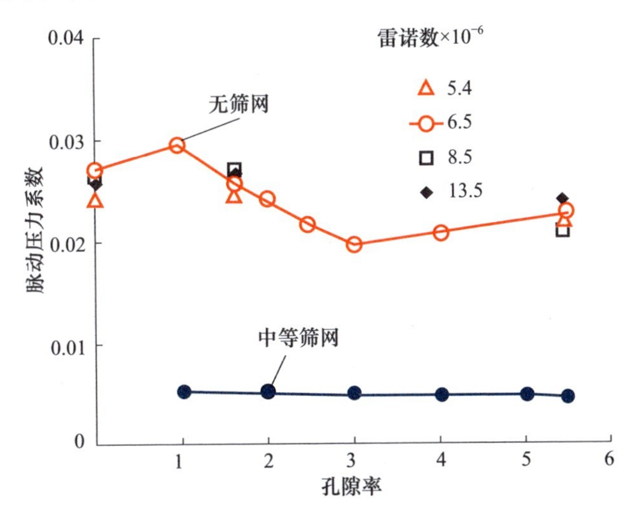

图 7-34 孔隙率及雷诺数对风洞脉动压力系数的影响($Ma_{\infty}=1.1$)[41]

由图 7-34 可见,雷诺数对脉动压力系数的影响并不显著。在无筛网情况下,壁面孔隙率对脉动压力系数有较大影响,低孔隙率容易产生更大的脉动压力系数。而当增加筛网后,壁面孔隙率对于脉动压力系数影响变小,随着孔隙率的增大,脉动压力系数略微增大。

2)槽壁剪切流控制

试验段背景噪声的一个主要成分为壁板流出气流产生的噪声,包括试验段气流和驻室气流之间的剪切流。槽壁剪切流引起的噪声量级与孔壁边棱音相当,但槽壁噪声是由连续的宽频噪声构成而非像孔壁一样的离散窄带噪声。

各种风洞测试结果表明,在槽壁装置中槽壁剪切流是一个重要的噪声源。在 AMES 11ft 风洞中,将槽封闭后测试发现试验段中心噪声强度降低了 35%;在 NLR 0.55m 风洞测试中也同样发现,封闭槽后,在马赫数 0.8 时试验段噪声整体降低了 15%。然而进一步分析表明,封闭槽后虽然使高频噪声降低,但会导致低频噪声增加。

一般情况下可以有两种方法降低槽壁噪声:

(1)减小槽壁面积以产生最小的静态流动;

(2)在开闭比相同条件下,多个窄槽组合一般要优于使用少量宽槽;

(3)在槽上覆盖丝网或穿孔板可以有效降低噪声。

在各种风洞设计及建设过程中研究人员尝试使用了多种降低槽壁噪声的措施:ARL 7in 风洞设计的槽的面积占总面积 20%,将槽面积降低到 7% 后,有效减少了部分频段的噪声;在 RAE 3. 0ft 风洞的 RAE 3. 0ft ×2. 2ft 试验段中,将 U 形穿孔板安装到槽的后面并凸出到驻室中,降低了由槽引起的脉动压力;将 U 形穿孔板替换为穿孔平板后,噪声水平进一步降低[40]。

3)驻室喘振抑制

对于孔壁和槽壁试验段,气流可以在试验段和驻室之间交换,因此在各种风洞中容易引发驻室喘振。由于各风洞设计参数不同,不同的风洞具有不同的喘振频率。AMES 11ft 风洞在 2. 6kHz 和 5. 6kHz 频率引起了强烈扰动,发生驻室喘振;在 AEDC 4ft 风洞中,喘振频率较低,为 180Hz;在 RAE 3. 0ft ×2. 7ft 试验段中,喘振频率更低,为 40Hz 左右。

一般情况下可以通过在驻室中放置隔板,改变驻室内的流动特性及声场特性,从而抑制驻室喘振。此外为了降低驻室喘振,还可以改变驻室与外界的连通情况。一般可以在驻室外壁上穿孔,ARL 30in 风洞相关应用研究表明,在驻室外壁设置 0. 5% 的穿孔率可以降低 90% 的振动强度,具有很好的驻室喘振抑制效果。

4)扩散段不稳定流动

扩散段产生的噪声可通过风洞管道逆向传播进入试验段。由于压力随着气流流速的降低而升高,因此扩散段边界层很容易分离并产生波动。在连续式风洞中,由扩散段不稳定流动产生的噪声一方面可以通过振动的形式通过结构向上游传递到试验段;另一方面,在亚声速流动中,也可以通过气流向上游传递到试验段。在一些风洞设备中,试验段与扩散段之间存在缝隙,这些缝隙附近的流动也会对声场带来扰动。

在各种风洞试验测试过程中,或多或少地发现了扩散段不稳定流动导致的噪声。在 Marshall 14in 风洞试验中发现存在 550Hz 频率的强烈周期性扩散段不稳定流,对试验段具有干扰作用。在 ARL 30in 风洞中也发现了该噪声,通过修改试验段后部形式的优化设计,从而减小了扩散段噪声。在 NLR 1. 6m ×2. 0m 风洞中,当设备在马赫数 1. 25 附近工况运行时,扩散段不稳定流动在试验段产生了强烈的噪声。通过在该风洞上开展延长上下壁面改造,虽然扰动并没有消失,但大幅减小,降低了超过一半的噪声,使脉动压力系数降低为 $\Delta C_{p_{\max}} = 0.0044$。

扩散段不稳定流动可以通过流动稳定装置、使用声学隔离或增设结构阻尼装置来进行控制,改变扩散段入口形式并对其进行优化设计也有一定效果。在 RAE 4in 风洞和 RAE 3. 0ft ×2. 2ft 试验段中,相关的不稳定流动是流过试验段尾部力平衡缝时产生的,通过结构整流解决了该问题。

除此以外,风洞第二喉道也是一个可以用来提升试验段声学指标的装置。风洞二喉道位于试验段下游,为一个收缩截面,在常规超声速风洞中,第二喉道的主要作用是降低风洞运行压比以节省试验用气或降低风洞运转功率。第二喉道的另一个重要作用就是隔离下游压力波动对试验段流场的影响,在风洞运行时,只要保持第二喉道处的气流马赫数略大于1,即形成堵塞的管流,在下游产生经过第二喉道向试验段传播的压力脉动到达喉道部位的声速截面后就不能再继续传播,管道各截面的压力分布不会与第二喉道截面下游保持一致,从而达到隔离压力脉动前传的目的。

7.6 本章小结

本章根据跨声速风洞结构特点和主要噪声成因,针对跨声速风洞降噪措施进行了讨论,包括风洞试验段壁面降噪措施、风洞回路降噪措施、风洞压缩机声学优化措施以及风洞试验段气动噪声优化措施等。以上降噪措施并非针对所有风洞均合适,在进行风洞声学设计时,应具体问题具体分析,根据所设计风洞的具体结构特点,选用合适的降噪措施。通过本章的内容,读者可以对跨声速风洞降噪方案有更为全面的认识,为低噪声跨声速风洞声学设计提供进一步参考。

参考文献

[1] Kovasznay L S. Turbulence in supersonic flow [J]. Journal of the Aeronautical Sciences,1953,20(10):657 -74.

[2] 陈钰,周旭,卢连成,等.0.6 米×0.6 米跨超声速风洞噪声的分析及降噪研究[J].环境工程,2012,30:168 -171.

[3] 伍荣林,王振羽.风洞设计原理[M].北京:北京航空学院出版社,1985.

[4] 孟庆昌,周其斗,方斌,等.用于声学测量的消声风洞研究综述[J].舰船科学技术,2013,9:9 -15.

[5] Schutzenhofer L,Howard P. Suppression of background noise in a transonic wind - tunnel test section [J]. AIAA Journal,1975,13(11):1467 -71.

[6] 谷嘉锦,陈玉清.跨音速风洞的声学扰动述评 [J].南京航空航天大学学报,1982,s(1):137 -48.

[7] Varner M. Noise generation in transonic tunnels [J]. AIAA Journal,1975,13(11):1417 -8.

[8] Medeved B, Elfstrom G, Vitic A. Broadband noise measurement in the transonic test section of the VTIT -38 wind tunnel[C]//AIAA, Space Programs & Technologies Conference. AIAA, Space Programs and Technologies Conference,2013. DOI:10.2514/6.1990 -1418.

[9] Dougherty J N,Steinle J F. Transition Reynolds number comparisons in several major transonic tunnels[J]. aiaa journal,1974. DOI:10.2514/6.1974 -627.

[10] Hayden R,Wilby J. Sources,paths,and concepts for reduction of noise in the test section of the NASA langley 4×7m Wind Tunnel [J]. NASA Contractor Report,1984,172446.

[11] 杜功焕,朱哲民.声学基础[M].2 版.南京:南京大学出版社,2001.

[12] Mabey D G. Analysis and correlation of data on pressure fluctuations in separated flow[J]. Journal of Aircraft,2015,9(9):642 -645.

[13] 陈玉清,谷嘉锦.跨音速风洞的噪声机理[J].南京航空航天大学学报,1982,2:89 -98.

[14] Mabey D G. Some remarks on the design of transonic tunnels with low levels of flow unsteadiness[R]. Washington:National Aeronautics and Space Administration,1976.

[15] 赵松龄.噪声的降低与隔离[M].上海:同济大学出版社,1985.

[16] 钱德进,缪旭弘,庞福振,等.基于统计能量法的隔声瓦减振性能仿真研究[J].声学技术,2015,34(3):237 -242.

[17] 盛美萍,王敏庆.有限子结构导纳功率流方法[M].西安:西北工业大学出版社,2017.

[18] 徐俊伟,吴亚锋,陈耿.气动噪声数值计算方法的比较与应用[J].噪声与振动控制,2012,32(4):14 -18.

[19] Ffowcs Williams J E,Hawkings D L. Sound generation by turbulence and surfaces in arbitrary motion[J]. Philosophical Transactions of the Royal Society A:Mathematical,Physical and Engineering Sciences,1969,264:321 -342.

[20] Lighthill M J. On sound generated aerodynamically. I. General theory[J]. Proceedings of the Royal Society A:Mathematical,Physical and Engineering Sciences,1952,211:564 -587.

[21] Tadamasa A, Zangeneh M. Numerical prediction of wind turbine noise[J]. Renewable Energy, 2011, 36: 1902 - 1912.

[22] Luo K, Zhang S, Gao Z, et al. Large - eddy simulation and wind - tunnel measurement of aerodynamics and aero - acoustics of a horizontal - axis wind turbine[J]. Renewable Energy, 2015, 77: 351 - 362.

[23] Ghasemian M, Nejat A. Aero - acoustics prediction of a vertical axis wind turbine using Large Eddy Simulation and acoustic analogy[J]. Energy, 2015, 88: 711 - 717.

[24] 堵锋, 孙玉东, 钟荣. 锥管中流动工作介质的声传递特性研究[J]. 船舶力学, 2011, 15(7): 806 - 812.

[25] Lowson M V. Prediction of boundary layer pressure fluctuations[R]. Technical Report Affdl - TR - 67 - 167, OHIO: Wright - Patterson Air Force Base, 1968.

[26] 黄磊. 喷注噪声抑制技术研究[D]. 上海: 上海交通大学, 2009.

[27] Everhart J L, Bobbitt P J. Experimental studies of transonic flow field near a longitudinally slotted wind tunnel wall[R]. NASA Langley Technical Report Server, Hampton: Langley Research Center, 1994.

[28] Mabey D G. A semi - empirical theory of the noise in slotted tunnels caused by diffuser suction[C]//Beijing, China: 18th ICAS 1992 of Conference, 1992: 1612 - 1622.

[29] Speeds T, Mobey D G, Nabey D G. Flow unsteadiness and model vibration in wind tunnels at subsonic and transonic speeds[R]. London: Her Majesty's Stationery Office, 1970.

[30] Varner M O. Noise generation in transonic tunnels[J]. AIAA Journal, 1975, 13(11): 1417 - 1418.

[31] Mariano S. Sound souce location effects on the attenuation in acoustically lined rectanglular ducts[J]. Journal of Sound and Vibration, 1971, 19: 261 - 275.

[32] Mariano S. Sound source location effects on the attenuation in acoustically lined rectangular ducts[J]. Journal of Sound and Vibration, 1975, 41: 473 - 491.

[33] Sharland I J. Sources of noise in axial flow fans[J]. Journal of Sound and Vibration, 1964, 1: 302 - 322.

[34] Morfey C. A note on the radiation effciency of acoustic duct modes[J]. Journal of Sound and Vibration, 1969, 9: 367 - 372.

[35] Morse P, Ingard K. Theoretical acoustics[M]. New York: McGraw - hill Book Company, 1968.

[36] Tyler J M, Sofrin T G. Axial flow compressor noise studies[J]. Transactions of the Society of Automotive Engineers, 1962, 70: 309 - 332.

[37] 盛美萍, 王敏庆, 孙进才. 噪声与振动控制技术基础[M]. 北京: 科学出版社, 2001.

[38] 马大猷. 微穿孔板吸声结构的理论和设计[J]. 中国科学, 1975(1): 38 - 50.

[39] 屈晓力, 余永生, 廖达雄, 等. 声学引导风洞高效低噪声风扇设计[J]. 实验流体力学, 2013, 27(3): 103 - 107, 112.

[40] Mccanless G F, Boone J R. Noise reduction in transonic wind tunnels[J]. Journal of the Acoustical Society of America, 1974, 56(5): 1501.

[41] Schutzenhofer L A, Howard P W. Suppression of background noise in a transonic wind - tunnel test section [J]. AIAA Journal, 1975, 13(11): 1467 - 1471.